"十二五"普通高等教育本科国家级规划教材

 普通高等教育"十一五"国家级规划教材

2011年获中国大学出版社图书奖第二届
优秀教材奖二等奖

内 容 简 介

本书是综合性大学和高等师范院校数学系本科生数学分析课程的教材. 全书共分三册. 第一册共六章, 内容为函数、序列的极限、函数的极限与连续性、导数与微分、导数的应用、不定积分; 第二册共六章, 内容为定积分、广义积分、数项级数、函数序列与函数项级数、幂级数、傅里叶级数; 第三册共五章, 内容为 n 维欧氏空间与多元函数的极限和连续、多元函数微分学、重积分与广义重积分、曲线积分与曲面积分及场论、含参变量的积分. 本书每章配有适量习题, 书末附有习题答案或提示, 供读者参考.

作者多年来在北京大学为本科生讲授数学分析课程, 按照教学大纲, 精心选取教学内容并对课程体系优化整合, 经过几届学生的教学实践, 收到了良好的教学效果. 本书注重基础知识的讲述和基本能力的训练, 按照认知规律, 以几何直观、物理背景作为引入数学概念的切入点, 对内容讲解简明、透彻, 做到重点突出、难点分散, 便于学生理解与掌握.

本书可作为高等院校数学院系、应用数学系本科生的教材, 对青年教师本书也是一部很好的教学参考书. 为了帮助读者学习, 本书配有学习辅导书《数学分析解题指南》(材源渠、方企勤编. 书号: ISBN 978-7-301-06550-1; 定价 24.00 元)供读者参考.

作 者 简 介

伍胜健 北京大学数学科学学院教授、博士生导师. 1992 年在中国科学院数学研究所获博士学位. 主要研究方向是复分析. 在北京大学长期讲授数学分析、复变函数、复分析等课程.

北京大学数学教学系列丛书

数 学 分 析

(第 一 册)

伍胜健 编著

图书在版编目(CIP)数据

数学分析·第一册/伍胜健编著. —北京：北京大学出版社，2009.8
(北京大学数学教学系列丛书)
ISBN 978-7-301-15685-8

Ⅰ. 数… Ⅱ. 伍… Ⅲ. 数学分析-高等学校-教材 Ⅳ. O.17

中国版本图书馆 CIP 数据核字（2009）第 145617 号

书　　　　名：	数学分析(第一册)
著作责任者：	伍胜健　编著
责 任 编 辑：	刘　勇
标 准 书 号：	ISBN 978-7-301-15685-8/O · 0787
出 版 发 行：	北京大学出版社
地　　　　址：	北京市海淀区成府路 205 号　100871
网　　　　址：	http://www.pup.cn　电子邮箱：zpup@pup.pku.edu.cn
电　　　　话：	邮购部 62752015　发行部 62750672　编辑部 62752021
	出版部 62754962
印　刷　者：	三河市博文印刷有限公司
经　销　者：	新华书店
	890 毫米×1240 毫米　A5 开本　9.625 印张　255 千字
	2009 年 8 月第 1 版　2022 年 9 月第10次印刷
定　　　价：	39.00 元

未经许可，不得以任何方式复制或抄袭本书之部分或全部内容。
版权所有，侵权必究
举报电话：010-62752024　电子邮箱：fd@pup.pku.edu.cn

《北京大学数学教学系列丛书》编委会

名誉主编：姜伯驹

主　　编：张继平

副 主 编：李　忠

编　　委：（按姓氏笔画为序）

　　　　　　王长平　刘张炬　陈大岳　何书元

　　　　　　张平文　郑志明　柳　彬

编委会秘书：方新贵

责 任 编 辑：刘　勇

序　言

自 1995 年以来,在姜伯驹院士的主持下,北京大学数学科学学院根据国际数学发展的要求和北京大学数学教育的实际,创造性地贯彻教育部"加强基础,淡化专业,因材施教,分流培养"的办学方针,全面发挥我院学科门类齐全和师资力量雄厚的综合优势,在培养模式的转变、教学计划的修订、教学内容与方法的革新,以及教材建设等方面进行了全方位、大力度的改革,取得了显著的成效. 2001 年,北京大学数学科学学院的这项改革成果荣获全国教学成果特等奖,在国内外产生很大反响.

在本科教育改革方面,我们按照加强基础、淡化专业的要求,对教学各主要环节进行了调整,使数学科学学院的全体学生在数学分析、高等代数、几何学、计算机等主干基础课程上,接受学时充分、强度足够的严格训练;在对学生分流培养阶段,我们在课程内容上坚决贯彻"少而精"的原则,大力压缩后续课程中多年逐步形成的过窄、过深和过繁的教学内容,为新的培养方向、实践性教学环节,以及为培养学生的创新能力所进行的基础科研训练争取到了必要的学时和空间. 这样既使学生打下宽广、坚实的基础,又充分照顾到每个人的不同特长、爱好和发展取向. 与上述改革相适应,积极而慎重地进行教学计划的修订,适当压缩常微、复变、偏微、实变、微分几何、抽象代数、泛函分析等后续课程的周学时,并增加了数学模型和计算机的相关课程,使学生有更大的选课余地.

在研究生教育中,在注重专题课程的同时,我们制定了30

多门研究生普选基础课程(其中数学系 18 门),重点拓宽学生的专业基础和加强学生对数学整体发展及最新进展的了解.

教材建设是教学成果的一个重要体现. 与修订的教学计划相配合, 我们进行了有组织的教材建设. 计划自 1999 年起用 8 年的时间修订、编写和出版 40 余种教材. 这就是将陆续呈现在大家面前的《北京大学数学教学系列丛书》. 这套丛书凝聚了我们近十年在人才培养方面的思考, 记录了我们教学实践的足迹, 体现了我们教学改革的成果, 反映了我们对新世纪人才培养的理念, 代表了我们新时期的数学教学水平.

经过 20 世纪的空前发展, 数学的基本理论更加深入和完善, 而计算机技术的发展使得数学的应用更加直接和广泛, 而且活跃于生产第一线, 促进着技术和经济的发展, 所有这些都正在改变着人们对数学的传统认识. 同时也促使数学研究的方式发生巨大变化. 作为整个科学技术基础的数学, 正突破传统的范围而向人类一切知识领域渗透. 作为一种文化, 数学科学已成为推动人类文明进化、知识创新的重要因素, 将更深刻地改变着客观现实的面貌和人们对世界的认识. 数学素质已成为今天培养高层次创新人才的重要基础. 数学的理论和应用的巨大发展必然引起数学教育的深刻变革. 我们现在的改革还是初步的. 教学改革无禁区, 但要十分稳重和积极; 人才培养无止境, 既要遵循基本规律, 更要不断创新. 我们现在推出这套丛书, 目的是向大家学习. 让我们大家携起手来, 为提高中国数学教育水平和建设世界一流数学强国而共同努力.

张继平

2002 年 5 月 18 日

于北京大学蓝旗营

前　言

　　数学分析是高等院校数学院系本科生最重要的基础课之一,其重要性是不言而喻的.它也是大学生学习许多后续课程,进入数学领域学习和工作的重要基础.由于现在高等院校数学院系的专业构成与以前相比大不相同,教育部为此根据高等教育的发展趋势提出了"加强基础、淡化专业、因材施教、分流培养"的办学方针,因此,为满足教学和课程内容改革的需要,出版一套适合当前数学院系各专业学生学习的数学分析教材是必要的.

　　本套教材正是为此目的而编写的.本书按照数学分析教学大纲精选内容,并结合作者的教学体会进行了优化整合.具体地说,在以下几个方面作了尝试:

　　1. 强调基础内容,加强基础训练.作者试图对广大学生今后常用的重要基础知识讲深、讲透.为此加强了极限、收敛、一致收敛、连续与一致连续等概念与相关定理的重点讲述.强调了用肯定语气来叙述一些否命题,在例题和习题选取上关注这些重要概念和定理的内在联系,这样做对学生掌握概念和理论的准确性有很大帮助,从而对相关理论有更深刻的理解与掌握.

　　2. 在要求学生掌握数学理论的同时,作者试图强调数学研究方法的重要性.在引导学生提出问题、分析问题等方面,有很多尝试:如定积分的引入过程,多项式逼近连续函数等方面.另外在例子的选取方面作者也花费了不少的精力,如在多元函数微分学的学习中,初学者总是觉得举反例是一件困难的事情,我们在例子中引入函数的极坐标表示,就使得读者可以举出许多有趣的反例.希望读者可以发现此书有一些它的独到之处.

3. 在加强基础概念与理论的同时, 对一些烦琐的计算则只要求学生掌握基本方法, 而不过分强调各种特别技巧的掌握. 数学分析作为大学低年级学生的基础课, 希望学生在系统掌握整个数学分析的理论上集中精力, 为以后的学习打好坚实的基础, 因此本书没有特意去强调一些数学分析在其他学科的应用.

4. 本书对实数理论做了必要的简介: 给出了戴特金分割的定义和戴特金定理的精确形式, 由此可以证明实数域的完备性定理. 尽管对实数理论没有过多地展开, 我们认为这样做不会影响数学分析整个理论的完整性. 本书还在同学能理解的前提下适当地引入了一些课外内容: 如在函数复合与反函数方面简单介绍了分式线性函数; 在定积分的变量替换的例子中引入双曲度量有关的内容等. 这样做主要是考虑到可以引导一些学习有余力的同学有目的地阅读一些课外内容; 另一方面也不会增加大部分同学的学习负担.

本套教材被列入《北京大学数学教学系列丛书》并一直得到北京大学数学科学学院领导的大力支持, 对此作者表示感谢. 本套教材在北京大学数学学院曾由李伟固、王冠香、杨家忠、张宁等教授以及本人试讲了多年, 供几届学生使用, 教学效果很好. 在试用过程中, 他们对本书提出不少改进意见, 为此作者向他们致以衷心的感谢. 在本书的编写过程中, 沈良、符自详、黄华鹰、黄炎等同志做了许多技术性工作; 北京大学出版社的编辑刘勇、曾琬婷同志为本书的出版付出了辛勤的劳动, 在此作者向他 (她) 们一并表示深切的感谢.

最后值得指出的是, 作者虽然力图使本套教材尽可能地离原定目标近一些, 但由于水平有限, 书中错误与不足之处肯定难免, 恳请广大读者提出宝贵意见.

作　者

2009 年 5 月于北京大学

目 录

第一章 函数 ··· 1
§1.1 实数 ··· 1
  1.1.1 数集 ··· 1
  1.1.2 实数系的连续性 ··· 3
  1.1.3 有界集与确界 ··· 5
  1.1.4 几个常用不等式 ··· 7
  1.1.5 常用记号 ··· 9
§1.2 函数的概念 ··· 10
  1.2.1 函数的定义 ··· 10
  1.2.2 由已知函数构造新函数的方法 ··· 14
§1.3 函数的性质 ··· 20
  1.3.1 函数的有界性 ··· 20
  1.3.2 函数的单调性 ··· 21
  1.3.3 函数的周期性 ··· 22
  1.3.4 函数的奇偶性 ··· 23
§1.4 初等函数 ··· 24
习题一 ··· 25

第二章 序列的极限 ··· 29
§2.1 序列极限的定义 ··· 29
  2.1.1 序列 ··· 29
  2.1.2 序列极限的定义 ··· 30
  2.1.3 无穷小量 ··· 35
  2.1.4 无穷大量 ··· 36

- §2.2 序列极限的性质 40
- §2.3 单调收敛原理 49
  - 2.3.1 单调收敛原理 49
  - 2.3.2 无理数 e 和欧拉常数 c 53
- §2.4 实数系连续性的基本定理 56
  - 2.4.1 闭区间套定理 56
  - 2.4.2 有限覆盖定理 59
  - 2.4.3 聚点原理 62
  - 2.4.4 柯西收敛准则 65
- §2.5 序列的上、下极限 68
- 习题二 76

第三章 函数的极限与连续性 83
- §3.1 函数的极限 83
  - 3.1.1 函数极限的定义 83
  - 3.1.2 函数极限的性质 86
  - 3.1.3 函数极限概念的推广 90
  - 3.1.4 序列极限与函数极限的关系 95
  - 3.1.5 极限存在性定理和两个重要极限 97
- §3.2 函数的连续与间断 103
  - 3.2.1 函数的连续与间断 103
  - 3.2.2 连续函数的性质 109
  - 3.2.3 初等函数的连续性 111
- §3.3 闭区间上连续函数的基本性质 113
- §3.4 无穷小量与无穷大量的阶 121
- 习题三 127

第四章 导数与微分 134
- §4.1 导数 134

  4.1.1　导数概念的引入 ································ 134
  4.1.2　导数的定义 ···································· 137
  4.1.3　单侧导数 ······································ 140
§4.2　求导数的方法 ·· 141
  4.2.1　函数四则运算的导数 ···························· 142
  4.2.2　反函数的求导法则 ······························ 143
  4.2.3　复合函数的求导法则 ···························· 145
  4.2.4　隐函数的求导法 ································ 147
  4.2.5　参数式函数的求导法 ···························· 150
  4.2.6　极坐标式函数的求导法 ·························· 152
§4.3　微分 ·· 154
  4.3.1　微分的定义 ···································· 154
  4.3.2　一阶微分的形式不变性 ·························· 158
§4.4　高阶导数与高阶微分 ·································· 161
  4.4.1　高阶导数 ······································ 161
  4.4.2　莱布尼茨公式 ·································· 164
  4.4.3　一般函数的高阶导数 ···························· 168
  4.4.4　高阶微分 ······································ 169
习题四 ·· 170

第五章　导数的应用 ·· 177
§5.1　微分中值定理 ·· 177
  5.1.1　费马定理 ······································ 177
  5.1.2　罗尔微分中值定理 ······························ 178
  5.1.3　拉格朗日微分中值定理 ·························· 180
  5.1.4　柯西微分中值定理 ······························ 184
§5.2　洛必达法则 ·· 186
  5.2.1　$\dfrac{0}{0}$ 型不定式 ·································· 187
  5.2.2　$\dfrac{\infty}{\infty}$ 型不定式 ·································· 190

5.2.3 其他类型不定式 ·· 194
 §5.3 泰勒公式 ·· 197
  5.3.1 带佩亚诺余项的泰勒公式 ································ 197
  5.3.2 带拉格朗日余项的泰勒公式 ······························ 203
  5.3.3 拉格朗日插值多项式 ·· 207
 §5.4 利用导数研究函数 ··· 210
  5.4.1 函数的单调性 ··· 210
  5.4.2 函数的极值 ·· 212
  5.4.3 函数的凹凸性 ··· 218
  5.4.4 拐点 ··· 225
  5.4.5 渐近线 ·· 225
  5.4.6 函数的作图 ·· 227
 习题五 ·· 229

第六章 不定积分 ··· 241
 §6.1 原函数与不定积分 ··· 241
  6.1.1 原函数与不定积分的概念 ··································· 241
  6.1.2 基本不定积分表和不定积分的线性性质 ················ 243
 §6.2 换元法与分部积分法 ·· 245
  6.2.1 第一换元法 ·· 246
  6.2.2 第二换元法 ·· 252
  6.2.3 分部积分法 ·· 254
 §6.3 其他类型函数的不定积分 ···································· 259
  6.3.1 有理函数的不定积分 ··· 259
  6.3.2 三角函数有理式的不定积分 ······························· 263
  6.3.3 无理函数的不定积分 ··· 267
 习题六 ·· 270

部分习题答案与提示 ··· 274
名词索引 ··· 291

第一章 函　　数

数学分析主要由微积分和级数理论组成,它所研究的主要对象是实函数,即以实数为自变量并且在实数中取值的函数. 因此, 在本章中我们首先简要地介绍一下实数系的连续性,然后介绍函数的概念和有关的基本知识.

§1.1　实　　数

在近几个世纪中科学技术之所以取得了辉煌的成就, 在很大程度上是因为数学研究取得了重大进展, 其中微积分的创立是现代数学的里程碑. 微积分在物理、天文、技术、化学、生物等的研究中显示了强大的威力, 解决了许多过去认为高不可攀的困难问题, 促进了科学技术的发展. 然而, 由于在创建初期微积分是以几何直观和物理直觉为依据而进行演绎推理的, 因此就形成了方法上有效但逻辑上不能自圆其说的矛盾局面. 为了解决微积分在理论上面临的问题, 许多著名数学家都投身于微积分理论基础的研究. 人们后来发现, 微积分的主要理论基础是严格的极限理论. 到了 19 世纪初, 柯西 (Cauchy) 以极限理论为微积分奠定了理论基础. 但是柯西构筑的理论大厦起初并不完善, 这是因为柯西并没有对实数给出严格的定义. 而后来人们又发现, 极限理论的某些基本原理依赖于实数系的连续性. 为此, 本节简要地介绍一下这方面的内容.

1.1.1　数集

在介绍实数理论前, 我们简要地介绍一下集合的概念.

在数学中, 所谓**集合**是将具有某种特性的对象的全体放在一起作为一个整体, 通常用大写字母 A, B, C, X, Y 等记之. 这些对象称为集合中的**元素**, 通常用小写字母 a, b, c, x, y 等记之. 若 a 是 A 中的元素, 则记为 $a \in A$, 并读做 a 属于 A. 如果 a 不是 A 中的元素, 则记为 $a \notin A$, 并读做 a 不属于 A. 集合的概念是最基本的概念, 它不能用别的概念来加以定义.

集合通常有列举法和描述法两种表示法. 列举法是将集合中的元素全部列出, 如: $A = \{1, 2, 3, \cdots, 10\}$; 而描述法是将集合的特性精确给出, 如: $B = \{x : x 是 x^2 - 1 = 0 的根\}$; $E = \{x : x 是正有理数\}$. 一般来说, 在数学分析中我们主要研究由数构成的集合, 并且很少研究由有限个元素构成的集合, 大部分集合是由无穷多个元素组成 (这种集合简称为无穷集合), 因此这些集合必须用描述法表示.

若集合 A 中的每一个元素 x 都属于集合 B, 则称 B **包含** A, 记为 $A \subseteq B$, 此时也称 A 是 B 的**子集**. 如果 $A \subseteq B$ 和 $B \subseteq A$ 同时成立, 则认为 A, B 是同一个集合, 此时也记为 $A = B$. 如上面的集合 $B = \{x : x 是 x^2 - 1 = 0 的根\}$ 与 $C = \{1, -1\}$ 是相等的.

若 $A \subseteq B$ 且 $A \neq B$, 则称 A 是 B 的**真子集**, 记为 $A \subset B$. 特别地, 我们引入空集 $\varnothing$; 即 $\varnothing$ 中不含有任何元素. 因此 $\varnothing$ 是任何集合的子集.

集合有如下的运算: 给定集合 A, B, 有

$A \cup B = \{x : x \in A 或 x \in B\}$ 称为 A 与 B 的**并**;

$A \cap B = \{x : x \in A 且 x \in B\}$ 称为 A 与 B 的**交**;

$A \backslash B = \{x : x \in A 且 x \notin B\}$ 称为 A 与 B 的**差**.

读者容易将集合的并与交推广到多个集合的情形.

为了数学论述简便, 习惯上常将逻辑推理中一些常用的词用符号表示. 现将本书常用的两个数学记号 $\forall$ 和 $\exists$ 说明如下:

$\forall$ 代表 "任意一个";

$\exists$ 代表 "存在".

利用上述记号可以使得我们以后在行文上非常方便. 例如, 我们可以将 $A \subset B$ 的定义叙述为: $\forall x \in A$, 有 $x \in B$.

1.1.2 实数系的连续性

人类所认识的第一个数系就是自然数系, 它的定义为 $\{0,1,2,\cdots\}$. 虽然自然数对于计数来说是够用了, 但是自然数系并不是一个完善的数系. 首先作为量的描述手段, 它只能表示一个单位量的整数倍, 而无法去表示此单位量的部分. 此外, 作为量的运算手段, 它只能自由地进行加、乘运算, 而不能自由地进行加、乘运算的逆运算. 自然数的这种离散性和运算的不完备性, 促使人们去对它进行扩充. 人们首先引进了负数, 得到了整数系. 对整数系人们可以自由进行加、减运算. 人们为了得到可以自由地进行加、减、乘、除四则运算的数系, 对整数系中的任意两个数进行加、减、乘、除 (除数不为零) 得到的数的全体记为一个新的数系, 这就是随后得到的有理数系.

对于一个数集 K, 若 K 中至少有一个非零元素, 且 K 中任何两个元素的加、减、乘、除 (除数不为零) 运算后得到的数仍然属于 K, 即 K 关于四则运算封闭, 则称 K 为一个数域. 容易看出, 有理数集就是一个数域. 从代数上来讲, 有理数系已经是一个完美的数系, 它可以在任何精度要求下对一个量进行表示和实施有效的运算, 并且任何两个有理数之间必有有理数存在 (或说有理数有稠密性). 然而, 早在 2500 年前, 人们就发现有理数系也有缺陷. 例如, 若用 c 来表示一个边长为 1 的正方形的对角线的长度, 则 c 就无法用有理数表示. 所以, 有理数虽然在数轴上密密麻麻, 但并没有布满整个数轴, 留有许多"空隙". 这说明还有新的数存在, 但它没有被严格地定义. 由于有理数系已经对四则运算封闭, 因此我们必须用不同于以前的数系的扩充才有可能得到新的数. 我们前面曾经指出, 微积分的理论基础是极限论, 但在这种具有"空隙"的有理数系上实施极限运算, 就会极为不便. 因此, 正如四则运算需要一个封闭的数域一样, 极限运算也需要一个关于极限封闭的数域. 这就需要将有理数进行扩充, 使其能够填补有理数在数轴上留下的所有这些"空隙". 于是, 这又归结到如何定义无理数的问题上了. 这一历史任务, 终于在 19 世纪后半叶, 由戴德金 (Dedekind) 和康

托尔 (Cantor) 等人完成. 以下我们简要地介绍一下戴德金关于实数的构造方法.

定义 1.1.1 设 S 是一个有大小顺序的非空数集, A 和 B 是它的两个子集, 如果它们满足以下条件:

(1) $A \neq \varnothing$, $B \neq \varnothing$;

(2) $A \cup B = S$;

(3) $\forall a \in A, \forall b \in B$, 都有 $a < b$;

(4) A 中无最大数,

则我们将 A, B 称为 S 的一个**分划**, 记为 $(A|B)$.

现在我们来考虑有理数系 $\mathbb{Q}$ 的分划. 对 $\mathbb{Q}$ 的任意分划 $(A|B)$, 必有以下两种情形之一发生:

(1) B 中存在最小数, 此时称 $(A|B)$ 是一个**有理分划**;

(2) B 中不存在最小数, 此时称 $(A|B)$ 是一个**无理分划**.

例 1.1.1 记

$$A = \{x \in \mathbb{Q} : x \leqslant 0 \text{ 或 } x > 0 \text{ 且 } x^2 < 2\}, \quad B = \mathbb{Q} \setminus A,$$

则 $(A|B)$ 是一个无理分划.

有理数系 $\mathbb{Q}$ 的所有分划构成了一个集合, 我们称这个集合为**实数系**, 并记为 $\mathbb{R}$. 显然, 有理数集与 $\mathbb{R}$ 中的有理分划是一一对应的. 因此 $\mathbb{R}$ 可以被认为是由有理数集加上无理分划所构成. 我们称 $\mathbb{R}$ 中的这些无理分划为**无理数**. 换句话说, $\mathbb{R}$ 是由全体有理数与无理数所构成的集合. 例如, 例 1.1.1 中的无理分划对应的就是大家熟知的无理数 $\sqrt{2}$. 我们可以在 $\mathbb{R}$ 上很自然地定义大小顺序关系及四则运算, 经过冗长但不是很困难的论证, 可以证明它是一个以有理数域为其子域的有序域.

前面我们已经指出有理数系有稠密性, 但没有连续性, 即有理数之间有许多"空隙". 下面的戴德金分割定理告诉我们, 在有理数集合中加入无理数之后, 就没有"空隙"了, 也就是说实数系具有了连续性. 对于一个数集 A, 若对任意两个数 $a, b \in A$, a, b 之间的所有的数都在 A 中, 则称 A 是**连通的**. 换句话说, 实数集是一个连通的集合.

定理 1.1.1 (戴德金分割定理) 对 $\mathbb{R}$ 的任一分划 $(A|B)$, B 中必有最小数.

定理 1.1.1 告诉我们, 对 $\mathbb{R}$ 再进行分划就不可能产生新数了. 换句话说, $\mathbb{R}$ 已将整个实轴填满了. 因此 $\mathbb{R}$ 是一个有序的连通域. 对于每一个实数 x, 若 $x \geqslant 0$, 则它在原点 O 的右边且它到 O 的距离为 x; 若 $x < 0$, 则它在原点 O 的左边且它到 O 的距离为 $-x$. 根据上面的对应法则, 显然, 对于 $\mathbb{R}$ 中的每个数, 在数轴上有且只有一个点与之对应. 反之, 任给数轴上的一个点 A, 若 A 就是原点 O, 则它与 $0 \in \mathbb{R}$ 对应; 若 A 在原点 O 的右边, 则它与 A 到 O 的距离 $x \in \mathbb{R}$ 对应; 若 A 在原点 O 的左边, 则它与 $-x$ 对应, 其中 x 为 A 到 O 的距离. 这样, 我们就建立了 $\mathbb{R}$ 中的数与数轴上的点之间的一一对应. 因此, 今后我们将不再区分数轴上的点与它所对应的实数.

1.1.3 有界集与确界

设集合 $E \subseteq \mathbb{R}$, 并且 $E \neq \varnothing$. 如果存在 $M \in \mathbb{R}$, 使得对 $\forall x \in E$, 有 $x \leqslant M$, 则称 E 是有**上界的**, 并且说 M 是 E 的一个**上界**; 如果存在 $m \in \mathbb{R}$, 使得对 $\forall x \in E$, 有 $x \geqslant m$, 则称 E 是有**下界的**, 并且说 m 是 E 的一个**下界**; 如果 E 既有上界又有下界, 则称 E 是**有界的**. 显然, E 是有界的充分必要条件是: 存在 $M > 0$, 使得对任意的 $x \in E$, 有 $|x| \leqslant M$.

例 1.1.2 集合
$$E = \left\{0, \frac{3}{2}, \frac{2}{3}, \cdots, 1 + \frac{(-1)^n}{n}, \cdots\right\}$$
是有界集, 它的一个上界是 $\frac{3}{2}$, 一个下界是 0.

例 1.1.3 集合
$$E = \left\{1, \frac{1}{2}, \frac{1}{3}, \cdots, \frac{1}{n}, \cdots\right\}$$
是有界集, 其中 1 是它的一个上界, 0 是它的一个下界.

若 E 是一个有界数集时, 它的上 (下) 界必有无穷多个. 是否有一个最小 (大) 的上 (下) 界呢? 为了对此进行精确描述, 我们引入:

定义 1.1.2　设 $E \subset \mathbb{R}$ 为一个非空数集. 若有 $M \in \mathbb{R}$ 满足
(1) M 是 E 的一个上界, 即 $\forall x \in E$, 有 $x \leqslant M$;
(2) 对 $\forall \varepsilon > 0$, 存在 $x' \in E$, 使得 $x' > M - \varepsilon$,
则称 M 为 E 的**上确界**, 记为 $M = \sup E = \sup\limits_{x \in E}\{x\}$.

若有 $m \in \mathbb{R}$ 满足
(1) m 是 E 的一个下界, 即 $\forall x \in E$, 有 $x \geqslant m$;
(2) 对 $\forall \varepsilon > 0$, 存在 $x' \in E$, 使得 $x' < m + \varepsilon$,
则称 m 为 E 的**下确界**, 记为 $m = \inf E = \inf\limits_{x \in E}\{x\}$.

从定义容易看出, E 的上确界就是它的最小上界, 而下确界就是它的最大下界. 如果 $\sup E \in E$, 则 $\sup E$ 可记为 $\max E$, 这时上确界即为 E 中的最大数; 如果 $\inf E \in E$, 则 $\inf E$ 可记为 $\min E$, 这时下确界即为 E 中的最小数.

此外, 引入记号 $+\infty$ 和 $-\infty$, 分别表示正无穷大和负无穷大, 简称正无穷和负无穷. 为了以后行文方便, 我们约定: 当数集 E 无上界时, 记做 $\sup E = +\infty$; 当数集 E 无下界时, 记做 $\inf E = -\infty$. 这里需特别指出的是, $+\infty$ 和 $-\infty$ 只是记号而不是实数. 当数集 E 满足 $\sup E = +\infty (\inf E = -\infty)$ (即 E 是无上界 (下界)) 时, 它的等价说法是: $\forall M > 0, \exists x \in E$, 并且有 $x > M (x < -M)$.

例 1.1.4　设
$$E = \left\{\frac{p}{q} : p, q \text{ 为正整数, 而且满足 } p \leqslant q\right\},$$
则有 $\inf E = 0 \notin E$, $\sup E = 1 = \max E$. 这表明,E 中没有最小数, 而有最大数 1.

下面的定理与戴德金分割定理等价, 即如下定理是实数系连续性的另一种表述, 但它使用起来特别方便.

定理 1.1.2 (确界存在定理)　非空有上界的实数集必有上确界; 非空有下界的实数集必有下确界.

证明　我们只证明上确界的情形, 下确界的情形完全类似.

设 E 是一个非空有上界的实数集. 若 E 中存在最大数 M 时, 则
$$\sup E = \max E = M.$$

现假设 E 中没有最大数. 我们对 $\mathbb{R}$ 作分划: B 是由 E 的所有上界组成的集合, 而 $A = \mathbb{R} \setminus B$. 由 E 的有界性, 推出 $B \neq \varnothing$; 而由 $E \neq \varnothing$, 推出 $A \neq \varnothing$. 显然, 对任意 $a \in A$ 和 $b \in B$, 有 $a < b$, 而且 A 中无最大数. 因此, $(A|B)$ 是 $\mathbb{R}$ 的一个分划, 从而由戴德金分割定理知, B 中存在最小数 M, 即 $M = \sup E$.

1.1.4　几个常用不等式

下面介绍几个常用的不等式. 实数 x 的绝对值定义为
$$|x| = \begin{cases} x, & x \geqslant 0, \\ -x, & x < 0. \end{cases}$$

由此可知, 对任何 $x, y \in \mathbb{R}$, 有
$$-|x| \leqslant x \leqslant |x|, \quad -|y| \leqslant y \leqslant |y|,$$

将此两个不等式相加, 即得
$$-(|x| + |y|) \leqslant x + y \leqslant (|x| + |y|),$$

因此有
$$|x + y| \leqslant |x| + |y|.$$

这一不等式通常称做**三角不等式**. 运用三角不等式, 可以得到
$$\big||x| - |y|\big| \leqslant |x - y|.$$

伯努利 (Bernoulli) 不等式　对任意的 $x \geqslant -1$ 和任意正整数 n, 有
$$(1 + x)^n \geqslant 1 + nx.$$

证明 我们采用数学归纳法来证明这一不等式. 当 $n = 1$ 时, 上述不等式显然成立. 假设我们已经证明了

$$(1+x)^{n-1} \geqslant 1 + (n-1)x$$

对一切的 $x \geqslant -1$ 成立, 则有

$$\begin{aligned}(1+x)^n &= (1+x)^{n-1}(1+x) \\ &\geqslant \big(1+(n-1)x\big)(1+x) \\ &= 1 + nx + (n-1)x^2 \\ &\geqslant 1 + nx.\end{aligned}$$

由数学归纳法原理知, 伯努利不等式对一切的正整数 n 成立.

算术–几何平均不等式 对任意 n 个非负实数 $x_1, x_2, \cdots, x_n$, 有

$$\frac{x_1 + x_2 + \cdots + x_n}{n} \geqslant \sqrt[n]{x_1 x_2 \cdots x_n}.$$

证明 我们同样采用数学归纳法来证明这一不等式. 当 $n = 1$ 时, 上述不等式显然成立. 假设我们已经证明了, 对任意 $n-1$ 个非负实数, 算术–几何平均不等式成立. 下面我们来考虑任意 n 个非负实数 $x_1, x_2, \cdots, x_n$ 的情形. 不妨假定 x_n 是这 n 个数中最大的一个, 并且令

$$y = \frac{x_1 + x_2 + \cdots + x_{n-1}}{n-1},$$

则有

$$x_n \geqslant y = \frac{x_1 + x_2 + \cdots + x_{n-1}}{n-1} \geqslant \sqrt[n-1]{x_1 x_2 \cdots x_{n-1}},$$

从而有

$$\begin{aligned}\left(\frac{x_1 + x_2 + \cdots + x_n}{n}\right)^n &= \left(y + \frac{x_n - y}{n}\right)^n \\ &= y^n + n y^{n-1} \frac{x_n - y}{n} + \cdots + \left(\frac{x_n - y}{n}\right)^n \\ &\geqslant y^n + n y^{n-1} \frac{x_n - y}{n} \\ &= y^{n-1} x_n \\ &\geqslant x_1 x_2 \cdots x_n,\end{aligned}$$

即有
$$\frac{x_1+x_2+\cdots+x_n}{n} \geqslant \sqrt[n]{x_1 x_2 \cdots x_n}.$$
由数学归纳法原理知, 算术–几何平均不等式对一切的正整数成立.

1.1.5 常用记号

全体正整数组成的集合、全体整数组成的集合、全体有理数组成的集合和全体实数组成的集合是本书最常遇到的数集, 我们约定分别用空心字母 $\mathbb{N}, \mathbb{Z}, \mathbb{Q}$ 和 $\mathbb{R}$ 表示, 即

$\mathbb{N}$ 表示全体正整数组成的集合;

$\mathbb{Z}$ 表示全体整数组成的集合;

$\mathbb{Q}$ 表示全体有理数组成的集合;

$\mathbb{R}$ 表示全体实数组成的集合.

显然有
$$\mathbb{N} \subset \mathbb{Z} \subset \mathbb{Q} \subset \mathbb{R}.$$

本书中常要用到以下形式的实数子集:

闭区间
$$[a,b] = \{x \in \mathbb{R} : a \leqslant x \leqslant b\};$$

开区间
$$(a,b) = \{x \in \mathbb{R} : a < x < b\};$$

左开右闭区间
$$(a,b] = \{x \in \mathbb{R} : a < x \leqslant b\};$$

左闭右开区间
$$[a,b) = \{x \in \mathbb{R} : a \leqslant x < b\}.$$

这里 $a, b \in \mathbb{R}$, 且 $a < b$.

推广区间的概念, 把

$$(-\infty, b), \quad (-\infty, b], \quad (a, +\infty), \quad [a, +\infty), \quad (-\infty, +\infty)$$

都称做**无穷区间**. 读者应该清楚知道上面每个无穷区间的精确定义, 例如 $(-\infty, b] = \{x \in \mathbb{R} : x \leqslant b\}$.

今后, 我们提及的区间必是以上形式的区间之一. 特别地, 对 $a \in \mathbb{R}$, 我们把开区间 $(a-\varepsilon, a+\varepsilon)(\varepsilon > 0)$ 称为 a 的一个 ε **邻域**, 记为 $U(a,\varepsilon)$; 而把 $(a-\varepsilon, a+\varepsilon) \setminus \{a\}$ 称为 a 的一个**去心邻域**, 记为 $U_0(a,\varepsilon)$.

在本书第一册中, 我们还要遇到平面内的点集. 在平面直角坐标系中, 平面上的点集 E 可以通过描述 E 中元素的坐标所具有的特性来定义. 如 $E = \{(x,y) : x^2 + y^2 = 1\}$ 就是平面内以原点 O 为圆心, 以 1 为半径的圆周上的点组成的集合.

§1.2 函数的概念

1.2.1 函数的定义

当我们观察或者研究客观世界的各种事物时, 会遇到很多不同的量. 这些量一般来说都是在不断变化的, 这是客观世界不断变化、不断运动、不断发展在量的方面的体现. 例如, 当我们研究一个自由落体运动时, 就会遇到地球的引力、空气的浮力、时间、物体的高度等各种量, 这些量都是变化的, 叫做变量. 我们知道, 客观世界中各个事物之间是相互联系、相互依赖与相互制约的. 因此, 从量的方面来看, 各个变量之间也是相互联系和相互制约的. 变量之间的这种相互依赖的关系就是所谓的函数关系.

例如, 若在研究自由落体运动时设初始高度为 h_0, 则在不计空气阻力等其他因素的前提下, 该物体距地面的高度 h 与时间 t 有以下关系:

$$h = h_0 - \frac{1}{2}gt^2, \quad t \in [0, \sqrt{h_0/g}], \tag{1.2.1}$$

其中 g 是重力加速度.

在以上自由落体运动过程中, g 始终保持不变, 因此它是一个常量; 当时间 t 在 $[0,\sqrt{h_0/g}]$ 中不断变化时, h 也随着 t 的变化而不断地变化, 因此它们都是变量. 在这一过程中, 只要知道时间 t, 根据关系 (1.2.1), 我们就可以知道物体距地面的高度 h. 换句话说, 对于每一个 $t\in[0,\sqrt{h_0/g}]$, 根据 (1.2.1) 所规定的对应法则, 就有唯一确定的一个高度 h 与之对应. 这就是自由落体运动中的函数关系. 一般地, 我们有

定义 1.2.1 对于给定的集合 $X\subseteq\mathbb{R}$, 如果存在某种对应法则 f, 使得对 X 中的每一个数 x, 在 $\mathbb{R}$ 中存在唯一的数 y 与之对应, 则称对应法则 f 为从 X 到 $\mathbb{R}$ 的一个**函数**, 记做

$$f:X\to\mathbb{R},$$
$$x\mapsto y=f(x),$$

其中 y 称为 f 在点 x 的**值**, X 称为函数 f 的**定义域**, 数集 $\{f(x):x\in X\}$ 称为函数 f 的**值域**, 记为 $f(X)$; x 称做**自变量**, y 称做**因变量**.

简言之, 函数就是由定义域到它的值域的一个单值对应. 此外, 构成一个函数必须具备三个基本要素: 定义域、值域和对应法则. 但其中最重要的两个基本的要素是定义域和对应法则, 而值域可由定义域和对应法则所确定. 通常, 我们用 $y=f(x)(x\in X)$ 记定义在 X 上的一个函数. 有时, 我们也用 $y=g(x),y=\varphi(x)$ 等记号来表示不同的函数.

在自由落体的运动中, $X=[0,\sqrt{h_0/g}]$ 是定义域, 对应法则是 f: 对每一个 $t\in[0,\sqrt{h_0/g}]$, 由解析式 $h=h_0-\frac{1}{2}gt^2$ 来确定对应的数 $h\in\mathbb{R}$. 由于对每一个 t, 此解析式可确定唯一的数 (即物体高度) 与之对应. 因此, 物体自由下落这个过程确定了其高度与时间的函数关系.

设 $y=f(x)$ 是定义在 X 上的一个函数, 通常称平面点集

$$T=\{(x,y):y=f(x),x\in X\}$$

为该函数的**图像**. 一般来讲, 它是平面内的一条曲线, 它和任何一条平行于 y 轴的直线至多只有一个交点.

在中学数学中, 我们所遇到的主要是如下的六类函数:
① 常值函数 $y = C$;
② 幂函数 $y = x^\alpha$ $(\alpha > 0)$;
③ 指数函数 $y = a^x$ $(a > 0)$;
④ 对数函数 $y = \log_a x$ $(a > 0,\ a \neq 1)$;
⑤ 三角函数 $y = \sin x,\ y = \cos x,\ y = \tan x,\ y = \cot x$;
⑥ 反三角函数 $y = \arcsin x,\ y = \arccos x,\ y = \arctan x$,
$\qquad y = \operatorname{arccot} x$.

这些函数统称为**基本初等函数**, 它们的定义域是使得其解析式有意义的数 x 的全体. 在本书中, 它们仍将是我们研究的主要对象. 基本初等函数的主要特点是函数关系有明显的解析表达式. 值得注意的是, 这些解析式有着各自特殊的意义. 如 $y = \sin x$, 我们是用以下方式来确定这个函数关系的.

对每个 $x \in [0, 2\pi)$, 在 $O\xi\eta$ 坐标平面中取射线 $\overrightarrow{OP}$, 使得 $O\xi$ 轴正向逆时针旋转到 $\overrightarrow{OP}$ 的角度为 x. 设 $\overrightarrow{OP}$ 与单位圆周的交点为 P, 则 P 的纵坐标即是 $y = \sin x$ 的值 (图 1.2.1); 再规定 x 与 $x + 2k\pi$ $(k \in \mathbb{Z})$ 取相同的函数值, 就得到了定义在 $(-\infty, +\infty)$ 上的函数 $y = \sin x$.

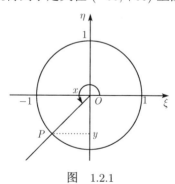

图 1.2.1

另外, 在中学数学中, 对某些函数关系也没有给出精确定义. 如, 在初等数学中就很难弄清楚 $(\sqrt{2})^\pi$ (它是函数 $f(x) = x^\pi$ 在 $x = \sqrt{2}$ 处的取值) 是如何定义的. 我们将在后续章节中给出它们的精确定义. 今后对于具有解析表达式的函数, 若无特殊说明, 该函数的定义域即为使得该解析式有意义的自变量的全体所构成的集合. 因此, 有时候我们对具有解析式的函数不特别指出其定义域.

作为练习, 请读者做出基本初等函数的图像.

函数的表示法有穷举法、描述法、列表法及图形法等, 以上表示法在中学教科书中已有相应的例子, 我们在这里不再赘述. 下面我们给出几个中学数学中未曾出现的但在数学分析中经常用到的函数的例子.

例 1.2.1 (符号函数) 所谓符号函数, 是指如下函数:
$$y = \operatorname{sgn} x = \begin{cases} 1, & x > 0, \\ 0, & x = 0, \\ -1, & x < 0, \end{cases}$$

其图像如图 1.2.2 所示. 这个函数的表达式是分段给出的, 通常称这样的函数为分段函数. 读者应该注意它是一个函数, 而不是三个函数.

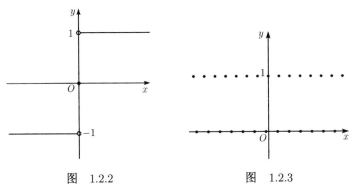

图 1.2.2　　　　　　　图 1.2.3

例 1.2.2 (狄利克雷 (Dirichlet) 函数) 函数
$$y = D(x) = \begin{cases} 1, & x \in \mathbb{Q}, \\ 0, & x \in \mathbb{R} \setminus \mathbb{Q} \end{cases}$$

称为狄利克雷函数. 这一函数的图像, 是分布在 $y = 0$ 和 $y = 1$ 这两条直线上的两个离散的点集 (参见图 1.2.3). 注意, 这样函数的图像是无法精确画出的.

例 1.2.3 (高斯 (Gauss) 取整函数) 取整函数定义为 $y = [x]$, 其中 $[x]$ 表示不超过 x 的最大整数, 即若 $n \leqslant x < n+1$, 则 $[x] = n$. 其图像如图 1.2.4 所示.

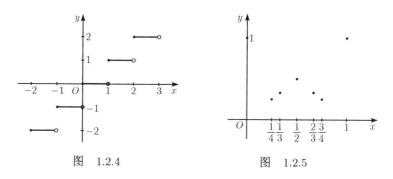

图 1.2.4 图 1.2.5

例 1.2.4 (黎曼 (Riemann) 函数) 所谓的黎曼函数, 是指由下式确定的函数:
$$y = R(x) = \begin{cases} \dfrac{1}{p}, & x = \dfrac{q}{p} \in (0, 1), p, q \text{ 为互素的正整数}, \\ 0, & x \in [0, 1] \setminus \mathbb{Q}, \\ 1, & x = 0 \text{ 或 } 1. \end{cases}$$

它的图像也不是连续不断的曲线 (参见图 1.2.5), 也是无法精确画出的.

例 1.2.5 (特征函数) 设 $E \subset \mathbb{R}$, 定义在 $\mathbb{R}$ 中的函数
$$y = \chi_E(x) = \begin{cases} 1, & x \in E, \\ 0, & x \notin E \end{cases}$$

称为集 E 的特征函数.

1.2.2 由已知函数构造新函数的方法

从已知函数出发, 可以通过代数四则运算、限制与延拓、复合运算和取反函数等手段构造出许多新的函数.

1. 函数的四则运算

设 $y = f_j(x), x \in X_j \subset \mathbb{R}\,(j = 1, 2)$ 为两个已知函数, 且 $X = X_1 \cap X_2 \neq \varnothing$, 则我们可以利用实数的四则运算构造新函数如下:

$$(f_1 \pm f_2)(x) = f_1(x) \pm f_2(x), \qquad x \in X;$$
$$(f_1 f_2)(x) = f_1(x) f_2(x), \qquad x \in X;$$
$$\frac{f_1}{f_2}(x) = \frac{f_1(x)}{f_2(x)}\,(f_2(x) \neq 0), \qquad x \in X.$$

显然, 函数的加法、减法与乘法运算可推广到任意有限个函数的情形, 而且对于加法和乘法运算, 它们具有交换律与结合律.

2. 函数的限制与延拓

设函数 $f(x), x \in X_1$ 和 $g(x), x \in X_2$ 满足: $X_1 \subset X_2$, 且 $f(x) \equiv g(x), \forall x \in X_1$, 则称 $f(x)$ 是 $g(x)$ 在 X_1 上的**限制**, 而 $g(x)$ 是 $f(x)$ 在 X_2 上的**延拓**. 这样, 我们就可以从一个已知函数出发, 通过限制和延拓来产生新函数.

这里须特别指出的是, 对于两个函数而言, 只有当它们的定义域及对应关系完全一样时, 才能说它们是相等的! 例如, $y_1 = |x|, x \in (-\infty, +\infty)$ 和 $y_2 = x\,\mathrm{sgn}\,x, x \in (-\infty, +\infty)$, 虽然形式不同, 但由于它们具有同样的定义域和对应关系, 所以 y_1 和 y_2 是同一个函数; 而 $f(x) = x^2, x \in (-\infty, +\infty)$ 和 $g(x) = x^2, x \in (0, +\infty)$ 就是两个不同的函数.

3. 函数的复合

函数的复合运算是数学中一种重要的运算. 设 $y = f_j(x), x \in X_j \subset \mathbb{R}\,(j = 1, 2)$ 为两个函数, 若 $Y_1 = f_1(X_1) \subseteq X_2$, 则定义在 X_1 上的函数 $y = f_2(f_1(x))$ 称为 f_1 和 f_2 的**复合函数**, 记做 $f_2 \circ f_1 : X_1 \to \mathbb{R}$. 通常称 f_1 为该复合函数的**内函数**, f_2 为**外函数**.

同样我们可以考虑多个函数的复合 (如果复合有意义的话). 一般来说, 函数复合不具有交换律. 例如, 取 $f(x) = x^2 + 1, x \in \mathbb{R}$, $g(x) = x^4, x \in \mathbb{R}$, 则 $f(g(x)) = x^8 + 1, x \in \mathbb{R}$, 而 $g(f(x)) = (x^2 + 1)^4, x \in \mathbb{R}$.

读者要特别注意是：函数的复合运算可以进行的前提条件是，外函数的定义域必须包含内函数的值域. 当然，当两个函数的定义域都是 $\mathbb{R}$ 时，则复合运算可以自由地进行.

函数的复合运算是构造新函数的重要途径.

例 1.2.6 设 $f(x) = \dfrac{x}{\sqrt{1+x^2}}$，试求出 n 次复合函数 $\underbrace{f \circ f \circ \cdots \circ f}_{n \text{个}}(x)$ 的表达式.

解 显然，$f(x)$ 的定义域是 $(-\infty, +\infty)$，因此所要讨论的复合运算是可行的. 从

$$f \circ f(x) = \dfrac{\dfrac{x}{\sqrt{1+x^2}}}{\sqrt{1 + \dfrac{x^2}{1+x^2}}} = \dfrac{x}{\sqrt{1+2x^2}}$$

我们猜出 n 次复合的结果应该为

$$\underbrace{f \circ f \circ \cdots \circ f}_{n \text{个}}(x) = \dfrac{x}{\sqrt{1+nx^2}}.$$

下面用归纳法证之. 当 $n=1$ 时，结论显然成立. 现在假定当 $n=k$ 时，有

$$\underbrace{f \circ f \circ \cdots \circ f}_{k \text{个}}(x) = \dfrac{x}{\sqrt{1+kx^2}},$$

则当 $n = k+1$ 时，有

$$f \circ \underbrace{(f \circ \cdots \circ f \circ f)}_{k \text{个}}(x) = f\left(\dfrac{x}{\sqrt{1+kx^2}}\right) = \dfrac{x}{\sqrt{1+(k+1)x^2}}.$$

这样，由数学归纳法原理知，对一切的 n，有

$$\underbrace{f \circ f \circ \cdots \circ f}_{n \text{个}}(x) = \dfrac{x}{\sqrt{1+nx^2}}.$$

4. 反函数

在函数的定义中，我们要求对 $\forall x \in X$，在 $\mathbb{R}$ 中必须有唯一的数 $f(x)$ 与之对应，但我们并没有要求 X 中的任何两个不同的数 x_1

和 x_2, 在 $\mathbb{R}$ 中与之对应的两个数 $f(x_1)$ 和 $f(x_2)$ 也必须不同. 最极端的例子是常值函数, 其所有点上的函数值取同一个数.

设 $f: X \to Y$ 是一个函数. 若对任意的 $x_1, x_2 \in X$, 只要 $x_1 \neq x_2$, 就有 $f(x_1) \neq f(x_2)$ 成立, 则称 $f(x)$ 是**单的**; 若 $Y = f(X)$, 则称 $f(x)$ 为**满的**; 若 $f(x)$ 既是单的又是满的, 则称它为一个**一一对应**.

定义 1.2.2 设 $f: X \to Y$ 是一个一一对应. 定义函数 $g: Y \to X$ 如下: 对任意的 $y \in Y$, 函数值 $g(y)$ 规定为由关系式 $y = f(x)$ 所唯一确定的 $x \in X$. 这样定义的函数 $g(y)$ 称为是函数 $f(x)$ 的**反函数**, 记为 $g = f^{-1}$.

反函数 $x = f^{-1}(y)$ 的定义域和值域恰为原来函数 $y = f(x)$ 的值域和定义域. 函数 f 和其反函数 f^{-1} 满足:

$$f\big(f^{-1}(y)\big) = y, \quad \forall y \in Y,$$
$$f^{-1}\big(f(x)\big) = x, \quad \forall x \in X.$$

习惯上, 我们总是把自变量记为 x, 因变量记为 y. 因此, 为了遵从统一性, $y = f(x)$ 的反函数也记为 $y = f^{-1}(x)$. 这样一来, 从几何上来看, $y = f(x)$ 的图像与它的反函数 $y = f^{-1}(x)$ 的图像正好关于直线 $y = x$ 对称.

在中学数学中, 我们曾经学习过反三角函数. 回想一下, 在定义这类函数时, 我们必须将三角函数限制在某个区间上. 这说明, 一个函数在它的定义域中可能不是单的, 但把它做适当的限制后则常常可以变成单的, 从而可以定义它的反函数.

例 1.2.7 求 $y = f(x) = \dfrac{\mathrm{e}^x - \mathrm{e}^{-x}}{2}$ 的反函数, 这里 $\mathrm{e} = 2.7182\cdots$ 为一常数.

解 固定 y, 为了从方程 $y = \dfrac{\mathrm{e}^x - \mathrm{e}^{-x}}{2}$ 中求出 x, 我们令 $\mathrm{e}^x = z$, 则有
$$2zy = z^2 - 1.$$
解之, 得
$$z = y \pm \sqrt{y^2 + 1}.$$

由于 $z = e^x > 0$, 故舍去 $y - \sqrt{y^2+1}$, 从而有 $x = \ln(y + \sqrt{y^2+1})$. 因此, 所求的反函数为

$$y = f^{-1}(x) = \ln(x + \sqrt{x^2+1}), \qquad x \in (-\infty, +\infty).$$

本题中的函数 $f(x)$ 称为双曲正弦函数, 并记为 $f(x) = \sinh x$ (以后我们将给出所有双曲函数的定义), 它的反函数 $\sinh^{-1} x$ 称为反双曲正弦函数. 双曲正弦函数和反双曲正弦函数的图像如图 1.2.6 所示.

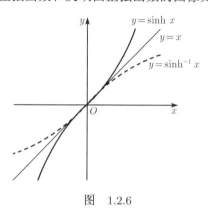

图 1.2.6

例 1.2.8 设 $y = f(x)$ 为定义在 X 上的一个函数, 并且记 $Y = f(X)$. 证明: 若存在 Y 上定义的函数 $g(y)$, 使得 $g(f(x)) = x$, 则 $f(x)$ 的反函数存在, 而且 $g = f^{-1}$.

证明 容易验证, 复合函数是单的充分必要条件是其内、外函数都是单的. 由 $g(f(x)) = x$ 是 X 的恒等函数可知, $f(x)$ 是单的, 从而 $f(x)$ 是 X 到 Y 的一一对应. 于是, $f(x)$ 的反函数存在, 而且对 $\forall y \in Y = f(X)$, 有 $g(y) = g(f(x)) = x = f^{-1}(y)$, 即有 $g = f^{-1}$.

作为本节的结束, 我们来讨论一下分式线性函数的反函数和复合函数. 形如

$$y = \frac{ax+b}{cx+d} \quad (ad-bc \neq 0)$$

的函数称为**分式线性函数**, 这里的条件 $ad - bc \neq 0$ 是防止它变成一个常值函数.

由 $y = \dfrac{ax+b}{cx+d}$, 可推出 $x = \dfrac{b-dy}{cy-a}$, 而且有
$$(-d)(-a) - bc = ad - bc \neq 0.$$
这表明, 任何一个分式线性函数都具有反函数, 而且其反函数仍然为分式线性函数.

另外, 设
$$f_j(x) = \frac{a_j x + b_j}{c_j x + d_j} \ (a_j d_j - b_j c_j \neq 0), \qquad j = 1, 2,$$
则容易导出
$$f_1 \circ f_2(x) = \frac{(a_1 a_2 + b_1 c_2)x + a_1 b_2 + b_1 d_2}{(c_1 a_2 + d_1 c_2)x + c_1 b_2 + d_1 d_2},$$
而且
$$(a_1 a_2 + b_1 c_2)(c_1 b_2 + d_1 d_2) - (a_1 b_2 + b_1 d_2)(c_1 a_2 + d_1 c_2)$$
$$= (a_1 d_1 - b_1 c_1)(a_2 d_2 - b_2 c_2) \neq 0.$$
这表明, 任意两个分式线性函数的复合还是分式线性函数.

分式线性函数在数学的许多分支中起着重要的作用. 这个函数类有着许多有趣的性质. 例如, 每个分式线性函数 $y = \dfrac{ax+b}{cx+d} (ad - bc \neq 0)$ 可对应一个 2×2 矩阵 $\begin{pmatrix} a & b \\ c & d \end{pmatrix}$. 有趣的是, 任何分式线性函数的反函数所对应的矩阵刚好是它对应矩阵的逆乘以它的行列式的 -1 倍, 而任意两个分式线性函数的复合函数所对应的矩阵则刚好是它们各自对应矩阵的乘积.

细心的读者可以发现, 对 $y = f(x) = \dfrac{ax+b}{cx+d}$ 来说, 当 $c \neq 0$ 时, $f(x)$ 在 $x = -\dfrac{d}{c}$ 没有定义; 另外 $f(x)$ 的值域也不包含 $\dfrac{a}{c}$. 如果我们形式地令 $f\left(-\dfrac{d}{c}\right) = \infty$ 和 $f(\infty) = \dfrac{a}{c}$, 而当 $c = 0$ 时令 $f(\infty) = \infty$, 则可以验证 $f(x)$ 是 $\mathbb{R} \cup \{\infty\}$ 到 $\mathbb{R} \cup \{\infty\}$ 的一个一一对应, 从而以上的求反函数和复合的运算可以自由地进行.

§1.3 函数的性质

在本节中,我们主要介绍某些函数具有的一些特别性质. 这些性质的讨论是我们以后经常要遇到的,因此要求读者能用准确的数学语言来叙述它们的定义和一些等价的命题.

1.3.1 函数的有界性

设 $y = f(x)$ 是定义在 X 上的函数. 若存在常数 M, 使得对 $\forall x \in X$, 都有 $f(x) \leqslant M$, 则称 $f(x)$ 在 X 上**有上界**, 同时称 M 是 $f(x)$ 的一个**上界**; 若存在常数 m, 使得对 $\forall x \in X$, 都有 $f(x) \geqslant m$, 则称 $f(x)$ 在 X 上**有下界**, 同时称 m 是 $f(x)$ 的一个**下界**; 若 $f(x)$ 在 X 上既有上界 M 又有下界 m, 则称 $f(x)$ 在 X 上**有界**. 此时, 对 $\forall x \in X$, 有 $m \leqslant f(x) \leqslant M$. 若 $|f(x)| \leqslant M (x \in X)$, 则称 M 是 $f(x)$ 的一个**界**.

容易看出, $f(x)$ 在 X 上有界的充分必要条件是存在 $M > 0$, 使得当 $x \in X$ 时, 有 $|f(x)| \leqslant M$, 即 $f(X) \subseteq [-M, M]$. 换句话说, $f(x)$ 在 X 有界也就是其值域 $f(X)$ 是一个有界集.

从几何上来看, 若函数 $y = f(x)$ 在 X 上有上界 M, 则 $f(x)$ 的图像将位于直线 $y = M$ 的下面; 若 $f(x)$ 有下界 m, 则 $f(x)$ 的图像在直线 $y = m$ 的上面; 若 $f(x)$ 有界, 则必存在 $M > 0$, 使得 $f(x)$ 的图像位于直线 $y = M$ 和 $y = -M$ 之间.

例 1.3.1 函数 $y = \sin x$ 和 $y = \cos x$ 在 $\mathbb{R}$ 上有界, $M = 1$ 就是它们的一个界. 而对函数 $y = x^n$, $x \in (-\infty, +\infty)$ (n 为正整数) 来说, 当 n 为奇数时, 它既无上界, 又无下界; 而当 n 为偶数时, 它无上界, 但有下界 $m = 0$.

若 $f(x)$ 不是 X 上的有界函数, 则称该函数在 X 上**无界**. 如何用肯定的语气来叙述函数的无界性呢? 我们分析一下, $f(x)$ 在 X 上无界的等价说法是, 任何正数 M 都不是 $y = f(x)$ 在 X 上的界. 而 M 不是 $y = f(x)$ 在 X 上的界, 就等价于, 必然 $\exists x_0 \in X$, 使得 $|f(x_0)| > M$.

因此, 若用肯定的语气, 函数 $f(x)$ 在 X 上无界可以叙述为: $\forall M > 0$, $\exists x_0 \in X$, 使得 $|f(x_0)| > M$.

同理我们也可以给出函数 $f(x)$ 在 X 上无上界或无下界的定义, 请读者自己给出这些定义的精确数学语言的描述.

例 1.3.2 证明: $f(x) = \dfrac{\sin \dfrac{1}{x}}{x}$ 在 $(0,1]$ 区间上既无上界也无下界, 但它却在 $[a,1]$ 上有界, 这里 $1 > a > 0$.

证明 $\forall M > 0$, 取正整数 $n_0 > M$ 并取 $x_0 = \dfrac{1}{2n_0\pi + \pi/2} \in (0,1]$, 则有 $f(x_0) = \dfrac{1}{x_0} = 2n_0\pi + \dfrac{\pi}{2} > n_0 > M$. 这就证明了 $y = \dfrac{\sin \dfrac{1}{x}}{x}$ 在 $(0,1]$ 上是无上界的.

取 $x_1 = \dfrac{1}{2n_0\pi - \pi/2} \in (0,1]$, 则有 $f(x_1) = \dfrac{-1}{x_1} = -\left(2n_0\pi - \dfrac{\pi}{2}\right) < -n_0 < -M$. 这就证明了 $y = \dfrac{\sin \dfrac{1}{x}}{x}$ 在 $(0,1]$ 上是无下界的.

对 $a > 0$, 取 $M = \dfrac{1}{a} > 0$, 则 $\forall x \in [a,1]$, 有 $\left|\dfrac{\sin \dfrac{1}{x}}{x}\right| \leqslant \left|\dfrac{1}{x}\right| \leqslant M$, 即 $y = \dfrac{\sin \dfrac{1}{x}}{x}$ 在 $[a,1]$ 上有界.

1.3.2 函数的单调性

设 $y = f(x)$ 是定义在 X 上的一个函数. 若对任意的 $x_1, x_2 \in X$, 只要 $x_1 < x_2$, 便有 $f(x_1) \leqslant f(x_2)(f(x_1) \geqslant f(x_2))$, 则称 $f(x)$ 在 X 上是**单调上升 (下降) 函数**或**单调递增 (递减) 函数**. 在上述不等式中将 "$\leqslant$"("$\geqslant$") 换成 "$<$"("$>$"), 则称 $f(x)$ 在 X 上是**严格单调上升 (下降) 函数**. 单调上升函数和单调下降函数统称为**单调函数**.

严格单调的函数是定义域到值域的一一对应, 所以它存在反函数. 但存在反函数的函数未必是单调的.

例 1.3.3 $y = \sin x (x \in \mathbb{R})$ 不是单调函数, 但当其定义域 X 取为 $\left[-\dfrac{\pi}{2}, \dfrac{\pi}{2}\right]$ 时, 它是严格单调递增函数; 当 X 取为 $\left[\dfrac{\pi}{2}, \dfrac{3\pi}{2}\right]$ 时, 它是严格单调递减函数. 因此该函数在这两个区间都分别存在反函数. 在习惯上, 我们用 $y = \arcsin x$ 表示 $y = \sin x$ 在 $\left[-\dfrac{\pi}{2}, \dfrac{\pi}{2}\right]$ 上的反函数.

例 1.3.4 考查函数
$$y = f(x) = \begin{cases} x, & x \in [0,1] \cap \mathbb{Q}, \\ 1-x, & x \in [0,1] \setminus \mathbb{Q}. \end{cases}$$

容易看出, 该函数的反函数就是它自己, 但 $f(x)$ 在 $[0,1]$ 的任何子区间都不是单调的.

1.3.3 函数的周期性

设 $y = f(x)$ 是在 X 上有定义的函数. 若存在 $T > 0$, 使得对任意 $x \in X$ 有 $f(x+T) = f(x)$, 则称 $f(x)$ 为**周期函数**, T 称为 $f(x)$ 的一个**周期**. 若存在一个最小的周期 T_0, 则称 T_0 为 $f(x)$ 的**基本周期**.

显然, 以 T 为周期的周期函数 $f(x)$ 的定义域 X 必须满足条件: 对一切的 $x \in X$, 有 $T + x \in X$.

例 1.3.5 函数 $y = \tan x$ 的定义域为
$$\mathbb{R} \setminus \left\{ \dfrac{\pi}{2} + n\pi : n \in \mathbb{Z} \right\},$$
它是以 π 为基本周期的周期函数.

这里须特别指出的是, 并非所有的周期函数都有基本周期.

例 1.3.6 容易验证, 任何正有理数都是狄利克雷函数 $D(x)$(参看例 1.2.2) 的周期. 因此, 它没有基本周期.

若一个定义在闭区间 $[a,b]$ 上的函数 $f(x)$ 满足 $f(a) = f(b)$, 则可将它延拓成 $(-\infty, +\infty)$ 上以 $T = b - a$ 为周期的周期函数 $\widetilde{f}(x)$.

例 1.3.7 设 $f(x)$ 为定义在 $\mathbb{R}$ 上的周期函数, 并且有基本周期 $\tau > 0$. 证明: 若 $\forall x \in (0, \tau)$, 有 $f(x) \neq f(0)$, 则 $g(x) = f(x^2)$ 不是周期函数.

证明 用反证法. 假定 $g(x)$ 是周期函数, 而且 $T > 0$ 是它的一个周期, 则有

$$f((x+T)^2) = g(x+T) = g(x) = f(x^2), \qquad \forall x \in \mathbb{R}. \tag{1.3.1}$$

以 $x = 0$ 代入 (1.3.1) 式, 得 $f(T^2) = f(0)$. 而 $f(x)$ 是以 τ 为基本周期的周期函数, 因此必有某一正整数 k, 使得 $T^2 = k\tau$, 即 $T = \sqrt{k\tau}$.

再以 $x = \sqrt{(k+1)\tau}$ 代入 (1.3.1) 式, 得

$$f\big((\sqrt{(k+1)\tau} + \sqrt{k\tau})^2\big) = f((k+1)\tau) = f(0),$$

而

$$f\big((\sqrt{(k+1)\tau} + \sqrt{k\tau})^2\big) = f\big((2k+1)\tau + 2\sqrt{(k+1)k}\,\tau\big) \\ = f\big(2\sqrt{(k+1)k}\,\tau\big),$$

所以

$$f\big(2\sqrt{(k+1)k}\,\tau\big) = f(0).$$

这又蕴涵着, 必有某一正整数 n, 使得 $2\sqrt{(k+1)k}\,\tau = n\tau$. 由此可得 $\left(\dfrac{n}{2}\right)^2 = k(k+1)$. 这一等式表明, $\dfrac{n}{2}$ 是正整数, 而且满足 $k < \dfrac{n}{2} < k+1$. 这显然是不可能的. 这一矛盾表明, $g(x)$ 不可能是周期函数.

1.3.4 函数的奇偶性

设 $y = f(x)$ 是定义在 X 上的一个函数, 而且 X 是关于原点对称的, 即 $x \in X$ 蕴涵着 $-x \in X$. 若 $f(x) = -f(-x)$ 对一切的 $x \in X$ 成立, 则称 $f(x)$ 是 X 上的**奇函数**; 若 $f(x) = f(-x)$ 对一切的 $x \in X$ 成立, 则称 $f(x)$ 是 X 上的的**偶函数**.

容易看出, 偶函数的图像是关于 y 轴对称的, 而奇函数的图像是关于原点对称的.

例 1.3.8 设 $y = f(x)$ 是 X 上的奇函数且存在反函数. 证明: 它的反函数也是奇函数.

证明 由奇函数的定义知, 对 $\forall x \in X$, 有 $f(-x) = -f(x)$. 于是

$$-f^{-1}(f(x)) = -x = f^{-1}(f(-x)) = f^{-1}(-f(x)), \qquad \forall x \in X,$$

即 $\forall y \in f(X)$, 有 $-f^{-1}(y) = f^{-1}(-y)$. 这就证明了 f^{-1} 也是奇函数.

例 1.3.9 证明 $f(x) = \ln(x + \sqrt{1+x^2})$ 是奇函数.

证明 由于 $f(x)$ 是奇函数 $y = \sinh x$ 的反函数, 故由上例知, 该函数是奇函数.

§1.4 初 等 函 数

在 §1.2 中已经指出, 常值函数、幂函数、指数函数、对数函数、三角函数和反三角函数统称为基本初等函数. 从这些基本初等函数出发, 经过有限多次加、减、乘、除和复合运算所能得到的所有函数统称为**初等函数**. 对基本初等函数及其基本性质, 大家已经十分熟悉, 这里我们就不再赘述. 下面我们只简要地介绍一下双曲函数, 这是一类十分有用的初等函数, 在以后的学习中常常用到它们.

双曲函数定义如下:

$$\sinh x = \frac{e^x - e^{-x}}{2}, \qquad \cosh x = \frac{e^x + e^{-x}}{2},$$
$$\tanh x = \frac{e^x - e^{-x}}{e^x + e^{-x}}, \qquad \coth x = \frac{e^x + e^{-x}}{e^x - e^{-x}}.$$

我们把这四个函数分别称之为**双曲正弦**、**双曲余弦**、**双曲正切**和**双曲余切**. 由定义不难看出, $\sinh x, \tanh x, \coth x$ 都是奇函数, 而 $\cosh x$ 是偶函数 (参见图 1.4.1 (a),(b)).

由双曲函数定义出发, 可以导出许多类似于三角函数的恒等式. 例如, 有

$$\sinh 2x = 2\sinh x \cosh x, \qquad \cosh^2 x - \sinh^2 x = 1,$$
$$\cosh^2 x + \sinh^2 x = \cosh 2x, \qquad \cosh x = 1 + 2\sinh^2 \frac{x}{2}.$$

这些恒等式正好对应于如下的三角函数恒等式:

$$\sin 2x = 2\sin x \cos x, \qquad \cos^2 x + \sin^2 x = 1,$$
$$\cos^2 x - \sin^2 x = \cos 2x, \qquad \cos x = 1 - 2\sin^2 \frac{x}{2}.$$

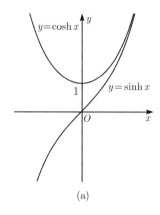
(a)

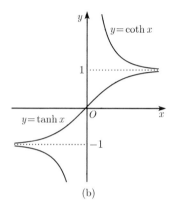
(b)

图 1.4.1

令 $X = \cosh x$, $Y = \sinh x$, 则它们满足双曲方程

$$X^2 - Y^2 = 1.$$

这是双曲函数名称由来的原因之一. 在单位圆盘上的非欧几何 —— 双曲几何 (俄国人称之为罗巴切夫斯基几何, 西方人称之为庞加莱 (Poincaré) 几何) 理论中, 双曲函数是基本的研究工具.

习 题 一

1. 设集合 $A = \{1, 2, 4, 8\}$, $B = \{1, 3, 6, 9\}$, 试求 $A \cup B$, $A \cap B$ 和 $A - B$.

2. 设集合 $A = \{2n - 1; n \in \mathbb{N}\}$, $B = \{2n; n \in \mathbb{N}\}$, 试求 $A \cup B$, $A \cap B$, $A - B$ 和 $B - A$.

3. $\forall n \in \mathbb{N}$, 设 $A_n = \left[-1 + \dfrac{1}{2n},\ 1 - \dfrac{1}{n}\right]$, 试求 $\bigcup\limits_{n=1}^{+\infty} A_n$.

4. $\forall n \in \mathbb{N}$, 设 $B_n = \left[-1 - \dfrac{1}{n}, 1 + \dfrac{1}{n}\right]$, 试求 $\bigcap\limits_{n=1}^{+\infty} B_n$.

5. 试用肯定的语气叙述 $X \subset \mathbb{R}$ 是无界集, 并且证明集合 $A = \left\{n \sin \dfrac{n\pi}{2};\ n \in \mathbb{Z}\right\}$ 是无界集合.

6. 求下列集合的上、下确界:

(1) $E = \left\{[1 + (-1)^n]\dfrac{n+1}{n} :\ n \in \mathbb{N}\right\}$;

(2) $E = [0, 1] \backslash \left\{\dfrac{m}{n} :\ 0 < m < n,\ m, n \in \mathbb{N}\right\}$;

(3) $E = \left\{\sqrt[n]{1 + 2^{n(-1)^n}} :\ n \in \mathbb{N}\right\}$;

(4) $E = \{x - [x] :\ x \in \mathbb{R}\}$.

7. 设 A 和 B 是两个非空的有上界的实数集合, 定义集合 $C = \{x + y :\ x \in A, y \in B\}$. 证明: $\sup C = \sup A + \sup B$.

8. 设正数 x 经过四舍五入后得到整数 y, 写出 y 与 x 之间的函数关系.

9. 某市出租车按如下方式计费: 3 千米以内为起步价 10 元; 超过 3 千米而不足 10 千米的部分每千米 2 元; 超过 10 千米的部分每千米 3 元. 试给出车费与行驶里程之间的函数关系.

10. 设 $f(x) = x^2 + ax + b$, 证明
$$\max\{|f(0)|, |f(1)|, |f(-1)|\} \geqslant \dfrac{1}{2}.$$

11. 求函数 $y = \sqrt{x - x^2}$ 的定义域和值域.

12. 作函数 $y = |x - a| + \dfrac{1}{2}|x - b|\ (a < b)$ 的图像.

13. 设定义在 $\mathbb{R}$ 上的函数 $f(x)$ 满足
$$2f(x) + f(1-x) = x^2, \qquad \forall x \in \mathbb{R}.$$
试求 $f(x)$ 的表达式.

14. 设 $f(x)$ 是定义在 $\mathbb{R}$ 上的函数, 且对一切不为零的实数 x 有
$$f\left(x + \dfrac{1}{x}\right) = x^2 + \dfrac{1}{x^2}.$$

试给出 $f(x)$ 在 $\mathbb{R}\setminus(-2,2)$ 上的表达式.

15. 设 $f(x)$ 和 $g(x)$ 是定义在 D 上的有界非负函数, 证明:
$$\inf_{x\in D} f(x) \inf_{x\in D} g(x) \leqslant \inf_{x\in D}[f(x)g(x)] \leqslant \sup_{x\in D} f(x) \inf_{x\in D} g(x).$$

16. 设函数 $f(x)$ 在 D 上有定义, 证明:

(1) $\sup\limits_{x\in D}\{-f(x)\} = -\inf\limits_{x\in D} f(x)$;

(2) $\inf\limits_{x\in D}\{-f(x)\} = -\sup\limits_{x\in D} f(x)$.

17. 用分段表达式来表示下列定义在 $(-\infty,+\infty)$ 上的函数:

(1) $f(x) = |x+1| - |x-1|$;

(2) $f(x) = \operatorname{sgn}[x(2-x)(3x+1)]$;

(3) $f(x) = \arcsin(\cos x)$;

(4) $f(x) = x - [x]$.

18. 设 $f(x) = \sqrt{x}$ 定义在 $[0,1)$ 上.

(1) 将 $f(x)$ 延拓到 $(-1,1)$ 上, 使其成为偶函数;

(2) 将 $f(x)$ 延拓到 $(-1,1)$ 上, 使其成为奇函数;

(3) 将 $f(x)$ 延拓到 $(-\infty,+\infty)$ 上, 使其成为周期为 1 的周期函数.

19. 写出下列函数的反函数:

(1) $f(x) = \dfrac{1-x}{1+x}$;

(2) $f(x) = \begin{cases} 2x-1, & x\in(-\infty,1], \\ x^2, & x\in(1,10], \\ 72\ln x, & x\in(10,+\infty); \end{cases}$

(3) $f(x) = \sqrt{1-x^2}$ $(-1\leqslant x \leqslant 0)$.

20. 设 $f(x) = x^2 - 2x$, $g(x) = \begin{cases} x, & x<2, \\ 4-x, & x\geqslant 2, \end{cases}$ 求 $f(g(x))$, $g(f(x))$, $g(g(x))$ 的表达式.

21. 设 $f(x) = |x+1| - |x-1|$, 求 n 次复合函数 $\underbrace{f\circ f\circ\cdots\circ f}_{n\text{个}}(x)$.

22. 设函数 $f(x)$ 为 $[-a,a]$ 上的奇 (偶) 函数, 证明: 若 $f(x)$ 在 $[0,a]$ 上递增, 则 $f(x)$ 在 $[-a,0]$ 上递增 (减).

23. 设函数 $f(x)$ 定义在集合 E 上, 证明: $f(x)$ 在 E 上严格单调的充分必要条件是对任意的 $x_1, x_2, x_3 \in E$, 若 $x_1 < x_2 < x_3$, 则必有
$$(f(x_1) - f(x_2))(f(x_2) - f(x_3)) > 0.$$

24. 设 $f(x)$ 是定义在 $\mathbb{R}$ 上以 $\sigma > 0$ 为周期的函数, a 为一给定的数. 证明: 若 $f(x)$ 在 $[a, a+\sigma]$ 上有界, 则 $f(x)$ 在 $\mathbb{R}$ 上有界.

25. 证明 $\sin(x^2 + x)$ 不是周期函数.

26. 设函数 $f(x)$ 在 $(0, +\infty)$ 上定义, $x_1, x_2 > 0$. 证明:
(1) 若 $\dfrac{f(x)}{x}$ 单调下降, 则 $f(x_1 + x_2) \leqslant f(x_1) + f(x_2)$;
(2) 若 $\dfrac{f(x)}{x}$ 单调上升, 则 $f(x_1 + x_2) \geqslant f(x_1) + f(x_2)$.

27. 设函数 $f(x)$ 在 $(-\infty, +\infty)$ 上定义, 且 $f(f(x)) \equiv x$.
(1) 这种函数 $f(x)$ 是否唯一? 如果不唯一请举例说明;
(2) 若 $f(x)$ 是严格递增的, 此时是否唯一? 为什么?

28. 设函数 $f(x)$ 在 $(-\infty, +\infty)$ 上定义, 证明: 若 $f(f(x))$ 存在唯一的不动点, 则 $f(x)$ 也存在唯一的不动点.(注: 若存在 p 使得 $g(p) = p$, 则称 p 是 g 的**不动点**.)

29. 证明 $f(x) = \dfrac{x}{1+x^2}$ 在 $(-\infty, +\infty)$ 上有界.

30. 用肯定的语气叙述:
(1) 函数 $f(x)$ 不是 $(-\infty, +\infty)$ 上的周期函数;
(2) 函数 $f(x)$ 在 (a, b) 上无下界.

第二章 序列的极限

极限是构筑微积分坚实理论体系的基石. 要想对数学分析这门学科的实质有一个真正的了解和掌握, 就必须准确掌握极限的概念和无穷小的分析方法. 这一章我们将致力于序列极限的讨论, 从中建立极限的主要理论与方法. 下一章我们来讨论函数的极限.

§2.1 序列极限的定义

2.1.1 序列

所谓的**序列** (有时也称为**数列**) 实质上就是一个从正整数集 $\mathbb{N}$ 到实数集 $\mathbb{R}$ 的一个函数 $f: \mathbb{N} \to \mathbb{R}$. 但我们常将一个序列看做是按照一定顺序排列的一列数:
$$x_1 = f(1), \; x_2 = f(2), \cdots, x_n = f(n), \cdots.$$
一个序列通常记为 $\{x_n\}$, 其中 x_n 称为**通项**. 有时为了简单起见, 我们也将构成一个序列的所有数作成的集合记为 $\{x_n\}$, 即此时 $\{x_n\} = f(\mathbb{N})$. 读者以后应注意 "集合 $\{x_n\}$" 和 "序列 $\{x_n\}$" 的区别.

例如, 序列
$$1, \frac{1}{2}, \frac{1}{3}, \cdots, \frac{1}{n}, \cdots$$
的通项是 $\frac{1}{n}$. 但在有的时候序列的通项却很难用公式给出, 如圆周率 π 精确到小数点后 n 位的有限小数组成的序列
$$3, \; 3.1, \; 3.14, \; 3.141, \; 3.1415, \cdots$$
就不可能写出通项公式.

我们已经知道在任意两个实数之间必有有理数, 有理数集的这一性质称为有理数集在实数集中的稠密性. 使人吃惊的是, 在数轴上密密麻麻分布的有理数的全体竟然可以排成一个序列. 下面我们仅排列 $[0,1)$ 中的有理数, $\mathbb{R}$ 中有理数的排列留给读者作为练习.

由于 $(0,1)$ 中的任何一个有理数都可唯一地表示为 $\dfrac{p}{q}$, 其中 p 和 q 是两个互素的正整数且 $p < q$, 因此我们可以将 $[0,1)$ 中的所有有理数按照其分母的大小从小到大排列, 而相同分母的再按其分子的大小从小到大排列. 这样, 我们就可得到序列:

$$0, \frac{1}{2}, \frac{1}{3}, \frac{2}{3}, \frac{1}{4}, \frac{3}{4}, \frac{1}{5}, \frac{2}{5}, \frac{3}{5}, \cdots.$$

对此序列, 似乎也很难写出它的通项公式.

2.1.2 序列极限的定义

对于给定的一个序列 $\{x_n\}$, 我们这里主要关心的是随着 n 的增大, x_n 的变化趋势. 为此, 我们首先必须说清楚 "变化趋势" 是什么意思. 下面我们先看几个具体的例子.

例 2.1.1 序列 $x_n = \dfrac{1}{n}(n=1,2,\cdots)$ 随着 n 的增大, x_n 从 0 的右边越来越趋近于 0.

例 2.1.2 序列 $x_n = \dfrac{(-1)^n}{n}(n=1,2,\cdots)$ 随着 n 的增大, x_n 时而在 0 点的右边, 时而在 0 点的左边, 但 x_n 与 0 的距离越来越趋近于 0.

例 2.1.3 序列 $\{x_n\}$ 由下列法则确定:

$$x_{2n} = \frac{1}{2n}, \quad x_{2n+1} = \frac{1}{2^{2n+1}} \quad (n=1,2,\cdots).$$

对于这一序列, 虽然我们不能说, 随着 n 的增大, x_n 与 0 的距离越来越趋近于 0, 但 x_n 与 0 的距离也是无限地接近于 0, 只不过奇数项与偶数项接近零的速度不同而已.

例 2.1.4 设 $\{x_n\}$ 由下式给出:

$$x_{2n-1} = \frac{1}{n}, \quad x_{2n} = 0 \quad (n = 1, 2, \cdots),$$

则 $\{x_n\}$ 有无穷多项为 0, 而随着 n 的增大, x_{2n-1} 也无限地趋于 0. 因此, 随着 n 的增大, 整个序列也是趋近于 0 的.

分析以上例子我们发现, 当 n 无限变大时, 尽管它们的变化过程各具特点, 但四个序列最终都无限地趋于一个常数 $a = 0$. 这种随着 n 的增大可以无限地趋于一个常数的序列正是我们感兴趣的. 那么怎样来精确地描述一个序列 $\{x_n\}$ 无限地趋于一个常数 a 呢? 也许大家会说, 这是指 x_n 与 a 的差 (随着 n 的增大) 可以达到任意小的程度. 显然, 这只是一种描述性的说法, 十分不宜于进行严格的数学推理和演绎. 其实, 给出其精确的定义并非一件易事, 经过众多数学家的不懈努力和不断探索, 直到 19 世纪才有了数学上的如下定义:

定义 2.1.1 设 $\{x_n\}$ 是一个序列. 若存在常数 $a \in \mathbb{R}$, 使得 $\forall \varepsilon > 0, \exists N \in \mathbb{N}$, 当 $n > N$ 时, 有

$$|x_n - a| < \varepsilon,$$

则称该序列是**收敛的**, 并称 a 为该序列的**极限** (或者说序列 $\{x_n\}$ **收敛于** a), 记做 $\lim\limits_{n \to \infty} x_n = a$ 或 $x_n \to a (n \to \infty)$. 若不存在 $a \in \mathbb{R}$, 使得 $\{x_n\}$ 收敛于 a, 则称之为**发散序列**.

在上述定义中, ε 是事先给定的任意小的正数, 若对 $\varepsilon_1 > 0$, 我们已经找到了正整数 N_1, 使得当 $n > N_1$ 时, 有 $|x_n - a| < \varepsilon_1$, 则对 $\forall \varepsilon_2 > \varepsilon_1$, 当 $n > N_1$ 时, 必有 $|x_n - a| < \varepsilon_1 < \varepsilon_2$. 所以, ε 贵在 "小". 此外, 一般来说, N 是依赖于 ε 的, ε 越小, 所需的 N 就会越大. 对一个给定的正数 ε, 如果 N 是满足定义中的要求的正整数, 则显然对任何比 N 大的正整数也满足定义的要求.

现在我们来考查序列极限的几何意义. 极限定义中的不等式

$$|x_n - a| < \varepsilon, \quad \forall n > N,$$

可以写成

$$a - \varepsilon < x_n < a + \varepsilon, \quad \forall n > N,$$

即

$$x_n \in U(a, \varepsilon) = (a - \varepsilon, a + \varepsilon), \quad \forall n > N.$$

因此，如果采用几何的语言，极限的定义可以表述为：$\forall \varepsilon > 0$，在 a 的 ε 邻域 $U(a, \varepsilon)$ 内包含了 $\{x_n\}$ 自某项之后的所有项. 与之等价说法是：$\forall \varepsilon > 0$，在 a 的 ε 邻域 $U(a, \varepsilon)$ 外只有 $\{x_n\}$ 的有限项. 如图 2.1.1 所示.

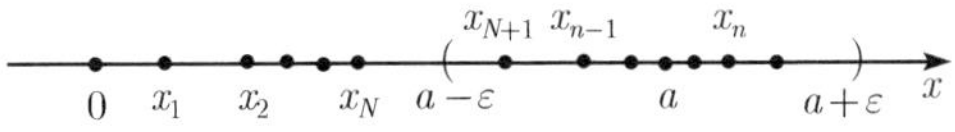

图 2.1.1

思考题 将序列 $\{x_n\}$ 看成是定义在正整数集上的函数，试描述序列极限的几何意义.

例 2.1.5 证明 $\lim\limits_{n \to \infty} \dfrac{n}{n+1} = 1$.

证明 对任意给定的 $\varepsilon > 0$，要使

$$\left| \frac{n}{n+1} - 1 \right| = \frac{1}{n+1} < \varepsilon,$$

只需

$$n > \frac{1}{\varepsilon} - 1.$$

于是，取大于 $\dfrac{1}{\varepsilon} - 1$ 的任意正整数作为 N（例如，取 $N = \left[\dfrac{1}{\varepsilon}\right]$），则当 $n > N$ 时，就有

$$\left| \frac{n}{n+1} - 1 \right| = \frac{1}{n+1} < \varepsilon.$$

由极限定义知，$\lim\limits_{n \to \infty} \dfrac{n}{n+1} = 1$ 成立.

例 2.1.6 证明 $\lim\limits_{n \to \infty} q^n = 0 \ (|q| < 1)$.

证明 不妨设 $q \neq 0$，否则该序列为常序列 $(x_n \equiv 0, n = 1, 2 \cdots)$，所述极限自然成立.

$\forall \varepsilon > 0$ (不妨设 $\varepsilon < 1$), 要使

$$|q^n - 0| = |q|^n < \varepsilon,$$

只要

$$n \ln|q| < \ln \varepsilon.$$

注意, 这里 $\ln|q| < 0$, $\ln \varepsilon < 0$, 于是上式等价于

$$n > \frac{\ln \varepsilon}{\ln|q|}.$$

因此, 取 $N = \left[\dfrac{\ln \varepsilon}{\ln|q|}\right]$, 则当 $n > N$ 时, 就有 $|q^n - 0| < \varepsilon$, 即 $\lim\limits_{n \to \infty} q^n = 0$ 成立.

例 2.1.7 证明 $\lim\limits_{n \to \infty} \dfrac{n^2 - n + 2}{3n^2 + 2n + 4} = \dfrac{1}{3}$.

证明 对任意的正整数 n, 我们有

$$\left|\frac{n^2 - n + 2}{3n^2 + 2n + 4} - \frac{1}{3}\right| = \frac{5n - 2}{3(3n^2 + 2n + 4)} < \frac{5n}{9n^2} < \frac{1}{n}.$$

于是, $\forall \varepsilon > 0$, 只要取 $N = \left[\dfrac{1}{\varepsilon}\right] + 1$, 则当 $n > N$ 时, 就有

$$\left|\frac{n^2 - n + 2}{3n^2 + 2n + 4} - \frac{1}{3}\right| < \frac{1}{n} < \varepsilon.$$

这就证明了 $\lim\limits_{n \to \infty} \dfrac{n^2 - n + 2}{3n^2 + 2n + 4} = \dfrac{1}{3}$.

例 2.1.8 证明 $\lim\limits_{n \to \infty} \sqrt[n]{a} = 1 (a > 1)$.

证法 1 $\forall \varepsilon > 0$, 要使

$$|\sqrt[n]{a} - 1| = \sqrt[n]{a} - 1 < \varepsilon,$$

只要 $\sqrt[n]{a} < 1 + \varepsilon$, 即 $\dfrac{1}{n} \lg a < \lg(1 + \varepsilon)$, 这只要 $n > \dfrac{\lg a}{\lg(1 + \varepsilon)}$. 于是, 取 $N = \left[\dfrac{\lg a}{\lg(1 + \varepsilon)}\right]$, 则当 $n > N$ 时, 就有 $|\sqrt[n]{a} - 1| < \varepsilon$, 即

$$\lim_{n\to\infty} \sqrt[n]{a} = 1.$$

证法 2 令 $\sqrt[n]{a} - 1 = h_n$, 则 $h_n > 0$, 而且

$$a = (1+h_n)^n = 1 + nh_n + \cdots + (h_n)^n > nh_n,$$

从而

$$0 < h_n < \frac{a}{n}, \qquad \forall n \in \mathbb{N}.$$

这样, $\forall \varepsilon > 0$, 要使 $|\sqrt[n]{a} - 1| = h_n < \varepsilon$, 只要 $\dfrac{a}{n} < \varepsilon$. 现在取 $N = \left[\dfrac{a}{\varepsilon}\right]$, 则只要 $n > N$, 就有 $|\sqrt[n]{a} - 1| < \varepsilon$, 即 $\lim\limits_{n\to\infty} \sqrt[n]{a} = 1$.

用定义来证明极限的过程, 实际上就是对于相对确定的正数 ε 去找相应的正整数 N 的过程. 换句话说就是, 你任给我一个正数 ε, 我去给你找一个相应的正整数 N, 在找 N 的过程中, ε 是相对固定的. 而找 N 的过程实质就是解不等式的过程. 因此, 为了使所解的不等式尽可能的简单, 我们可以将所估计量做适当的放大 (参见例 2.1.7), 但不能放得太大, 要保证从中能够找到所需要的正整数 N.

下面我们来讨论一下发散序列. 如何用肯定的语气来表述一个序列是发散的呢? 从定义知, 一个序列 $\{x_n\}$ 是发散的等价于任何数 $a \in \mathbb{R}$ 都不是它的极限. 这样, 上述问题就转化为怎样用肯定的语气来表述 $\{x_n\}$ 不收敛于 a. 大家已经知道, $\{x_n\}$ 收敛于 a 意味着 a 的任意小的邻域的外面只有序列中的有限多项. 因此, 若 $\{x_n\}$ 不收敛于 a, 则存在 a 的一个邻域 $U(a, \varepsilon_0)$, 使得在它之外必有 $\{x_n\}$ 的无穷多项. 于是, 若用肯定的语气, 发散序列可以叙述为:

设 $\{x_n\}$ 是一个序列. 若 $\forall a \in \mathbb{R}$, $\exists \varepsilon_0 > 0$, 对 $\forall N \in \mathbb{N}$, 总存在 $n_0 > N$, 使得 $|x_{n_0} - a| > \varepsilon_0$, 则称 $\{x_n\}$ 为**发散序列**.

仔细观察上述的表述, 不难发现, 在发散序列的定义中, 只是将极限定义中的 "$\forall$" 换成了 "$\exists$", "$\exists$" 换成了 "$\forall$". 尽管这样, 我们还是希望读者能理解这样表述的实质, 而不是形式地加以记忆.

例 2.1.9 证明如下定义的序列是发散的:

$$x_n = \begin{cases} \dfrac{1}{n}, & n = 2k-1, \\ n, & n = 2k, \end{cases} \quad k = 1, 2, \cdots.$$

证明 对任意给定的 $a \in \mathbb{R}$, 取 $\varepsilon_0 = 1$, 则对于任给的正整数 N, 选取 $n_0 = 2k_0 > \max\{N, a+1\}$, 其中 k_0 为正整数, 便有 $n_0 > N$, 而且 $x_{n_0} - a = 2k_0 - a > 1 = \varepsilon_0$, 即 a 不是 $\{x_n\}$ 的极限. 由 a 的任意性知序列 $\{x_n\}$ 发散.

2.1.3 无穷小量

作为序列极限的特例, 我们引入无穷小量的概念.

定义 2.1.2 设 $\{x_n\}$ 是一个序列. 若 $x_n \to 0\,(n \to \infty)$, 则称序列 $\{x_n\}$ 为**无穷小量**, 记为 $x_n = o(1)\,(n \to \infty)$.

这里需特别指出的是, 无穷小量并不是一个很小的量, 而是极限为零的一个变量.

例 2.1.10 证明序列 $\left\{\dfrac{a^n}{n!}\right\}$ 是无穷小量, 这里 $a > 1$.

证明 注意到

$$\frac{a^n}{n!} = \frac{a}{1} \cdot \frac{a}{2} \cdots \frac{a}{[a]} \cdot \frac{a}{[a]+1} \cdots \frac{a}{n} < C\frac{a}{n} \quad (n > [a]),$$

其中 $C = \dfrac{a^{[a]}}{[a]!}$ 是常数, $\forall \varepsilon > 0$, 要使

$$\left|\frac{a^n}{n!} - 0\right| < \varepsilon,$$

只需

$$n > \frac{Ca}{\varepsilon}.$$

于是, 取 $N = \left[\dfrac{Ca}{\varepsilon}\right] + 1$, 则只要 $n > N$, 就有

$$\left|\frac{a^n}{n!} - 0\right| < \varepsilon,$$

即 $\lim\limits_{n \to \infty} \dfrac{a^n}{n!} = 0$, 从而序列 $\left\{\dfrac{a^n}{n!}\right\}$ 是无穷小量.

例 2.1.11 证明序列 $\{x_n\}$ 是无穷小量, 其中

$$x_n = \begin{cases} \dfrac{1}{2^n}, & n = 2k-1, \\ \dfrac{1}{\sqrt{n}}, & n = 2k, \end{cases} \quad n = 1, 2, \cdots.$$

证明 因为对 $\forall n \in \mathbb{N}$, 有

$$\frac{1}{2^n} < \frac{1}{\sqrt{n}},$$

所以, $\forall \varepsilon > 0$, 取 $N = \left[\dfrac{1}{\varepsilon^2}\right]$, 则当 $n > N$ 时, 有

$$|x_n - 0| \leqslant \frac{1}{\sqrt{n}} < \varepsilon,$$

即 $\lim\limits_{n\to\infty} x_n = 0$. 这就证明了所述序列 $\{x_n\}$ 是无穷小量.

利用极限的定义容易证明无穷小量有如下的基本性质:

定理 2.1.1 设 $\{x_n\}$ 是一个序列.

(1) $\{x_n\}$ 是无穷小量的充分必要条件是 $\{|x_n|\}$ 是无穷小量;

(2) 若 $\{x_n\}$ 是无穷小量, M 是一个常数, 则 $\{Mx_n\}$ 是无穷小量;

(3) $\lim\limits_{n\to\infty} x_n = a$ 的充分必要条件是 $\{x_n - a\}$ 是无穷小量.

证明留作练习.

2.1.4 无穷大量

对于序列 $x_n = (-1)^n$ 和 $x_n = (-1)^n n$ $(n = 1, 2, \cdots)$ 来说, 虽然它们都不存在极限, 但这两者有着本质的区别: 前者中的 x_n 随着 n 的增加在 -1 和 1 这两点上跳来跳去; 而后者, 则随着 n 的增加, 其绝对值目标一致地趋向 $+\infty$. 因此我们有如下定义:

定义 2.1.3 设 $\{x_n\}$ 是一个序列. 若 $\forall M > 0, \exists N$, 当 $n > N$ 时, 有 $x_n > M$, 则称 $\{x_n\}$ 为**正无穷大量**(有时也称 $\{x_n\}$ 的极限为 $+\infty$, 记为 $\lim\limits_{n\to\infty} x_n = +\infty$); 若 $\forall M > 0, \exists N$, 当 $n > N$ 时, 有 $x_n < -M$, 则称 $\{x_n\}$ 为**负无穷大量**(有时也称 $\{x_n\}$ 的极限为 $-\infty$, 记为 $\lim\limits_{n\to\infty} x_n = $

$-\infty$); 若 $\{|x_n|\}$ 是正无穷大量, 则称 $\{x_n\}$ 为**无穷大量**(有时也称 $\{x_n\}$ 的极限为 ∞, 记为 $\lim\limits_{n\to\infty} x_n = \infty$).

显然, 正无穷大量和负无穷大量都是无穷大量. 具有有穷极限和无穷极限的序列有着本质的区别, 必须加以区别. 因此, 当序列有有穷极限 a 时, 我们说它**收敛于** a; 当序列有无穷极限 a 时, 我们说它**发散到** $+\infty, -\infty$ 或 ∞. 在本书的后续部分, 如果没有特别说明, 凡提到极限存在, 均指有穷极限的情形; 若包括无穷极限时, 则说其**广义极限**存在, 此时也说序列是**广义收敛的**.

例 2.1.12 设 $x_n = 1 + \dfrac{1}{2} + \dfrac{1}{3} + \cdots + \dfrac{1}{n}(n = 1, 2, \cdots)$, 证明 $\lim\limits_{n\to\infty} x_n = +\infty$.

证明 注意到, 当 $n > 2^k$ 时, 有

$$\begin{aligned} x_n &= 1 + \frac{1}{2} + \frac{1}{3} + \frac{1}{4} + \cdots + \frac{1}{2^{k-1}+1} + \cdots + \frac{1}{2^k} + \cdots + \frac{1}{n} \\ &> 1 + \frac{1}{2} + \underbrace{\frac{1}{4} + \frac{1}{4}}_{2\text{ 项}} + \underbrace{\frac{1}{8} + \frac{1}{8} + \frac{1}{8} + \frac{1}{8}}_{4\text{ 项}} + \cdots + \underbrace{\frac{1}{2^k} + \frac{1}{2^k} \cdots + \frac{1}{2^k}}_{2^{k-1}\text{ 项}} \\ &= 1 + \underbrace{\frac{1}{2} + \frac{1}{2} + \frac{1}{2} + \cdots + \frac{1}{2}}_{(k-1)\text{ 项}} \\ &> \frac{k}{2}. \end{aligned}$$

故 $\forall M > 0$, 欲使

$$x_n > M,$$

只需

$$k > 2M.$$

这样, 只要取 $N = 2^{[2M]+1}$, 则当 $n > N$ 时, 有

$$x_n > \frac{[2M]+1}{2} > \frac{2M}{2} = M,$$

从而由极限定义知 $\lim\limits_{n\to\infty} x_n = +\infty$ 成立.

无穷大量和无穷小量之间有如下的关系:

定理 2.1.2 $\{x_n\}$ 是无穷小量的充分必要条件是 $\left\{\dfrac{1}{x_n}\right\}$ 是无穷大量, 这里假定对任意的正整数 n, 有 $x_n \neq 0$.

证明 先证必要性. 设 $\lim\limits_{n\to\infty} x_n = 0$, 则 $\forall M > 0 \left(\text{即 } \varepsilon = \dfrac{1}{M} > 0\right)$, $\exists N$, 当 $n > N$ 时, 有
$$|x_n| < \frac{1}{M},$$
从而有
$$\left|\frac{1}{x_n}\right| > M,$$
即 $\lim\limits_{n\to\infty} \dfrac{1}{x_n} = \infty$.

再证充分性. 设 $\lim\limits_{n\to\infty} x_n = \infty$, 则 $\forall \varepsilon > 0 \left(\text{即 } M = \dfrac{1}{\varepsilon} > 0\right)$, $\exists N$, 当 $n > N$ 时, 有
$$|x_n| > \frac{1}{\varepsilon},$$
从而有
$$\left|\frac{1}{x_n}\right| < \varepsilon,$$
即 $\lim\limits_{n\to\infty} \dfrac{1}{x_n} = 0$.

作为本节的结束, 我们再举一例.

例 2.1.13 设 $\lim\limits_{n\to\infty} x_n = a$, 试证 $\lim\limits_{n\to\infty} \dfrac{x_1 + \cdots + x_n}{n} = a$, 这里 a 可以是有限实数, $+\infty$ 或 $-\infty$.

证明 先证 a 是有限实数的情形. $\forall \varepsilon > 0$, 由于 $\lim\limits_{n\to\infty} x_n = a$, 故 $\exists N_1$, 使当 $n > N_1$ 时, 有
$$|x_n - a| < \frac{\varepsilon}{2}.$$
对于取定的正整数 N_1, 由于
$$|x_1 - a| + |x_2 - a| + \cdots + |x_{N_1} - a|$$

就是一个不随 n 的变化而变化的常数，因此有
$$\lim_{n\to\infty}\frac{|x_1-a|+|x_2-a|+\cdots+|x_{N_1}-a|}{n}=0.$$
于是，又存在正整数 $N_2>0$，当 $n>N_2$ 时，有
$$\frac{|x_1-a|+|x_2-a|+\cdots+|x_{N_1}-a|}{n}<\frac{\varepsilon}{2}.$$
现在取 $N=\max\{N_1,N_2\}$，则当 $n>N$ 时，有
$$\left|\frac{x_1+\cdots+x_n}{n}-a\right|\leqslant\frac{|x_1-a|+|x_2-a|+\cdots+|x_n-a|}{n}$$
$$=\frac{|x_1-a|+\cdots+|x_{N_1}-a|}{n}$$
$$+\frac{|x_{N_1+1}-a|+\cdots+|x_n-a|}{n}$$
$$\leqslant\frac{\varepsilon}{2}+\frac{n-N_1}{2n}\varepsilon<\varepsilon,$$
从而有 $\lim\limits_{n\to\infty}\dfrac{x_1+\cdots+x_n}{n}=a$.

下证 $a=+\infty$ 的情形. $\forall M>0$，由 $\lim\limits_{n\to\infty}x_n=+\infty$ 知，$\exists N_1$，当 $n>N_1$ 时，有 $x_n>2M$，且 $x_1+x_2+\cdots+x_{N_1}>0$，从而有
$$\frac{x_1+\cdots+x_n}{n}>\frac{x_{N_1+1}+\cdots+x_n}{n}>\frac{2(n-N_1)}{n}M.$$
现在取 $N=2N_1$，则当 $n>N$ 时，有
$$\frac{n-N_1}{n}=1-\frac{N_1}{n}>\frac{1}{2},$$
从而有
$$\frac{x_1+\cdots+x_n}{n}>\frac{2(n-N_1)}{n}M>M.$$
这就证明了 $\lim\limits_{n\to\infty}\dfrac{x_1+\cdots+x_n}{n}=+\infty.$

对 $a=-\infty$ 的情形，证明是类似的，请读者自己给出.

思考题

(1) 若 $\lim\limits_{n\to\infty}x_n=\infty$，是否有 $\lim\limits_{n\to\infty}\dfrac{x_1+\cdots+x_n}{n}=\infty$？

(2) 若 $\{x_n\}$ 发散, 是否有 $\left\{\dfrac{x_1+\cdots+x_n}{n}\right\}$ 亦发散?

§2.2 序列极限的性质

在上一节中, 我们已经对极限有了初步的认识. 对于一个序列, 我们要讨论的主要问题是:

(1) 它是否存在极限?

(2) 如果极限存在, 如何来求出这一极限?

对一些简单的序列, 我们很容易看出它是否收敛, 甚至能看出它的极限是什么. 但对一般的序列来说, 这是两个相当困难的问题. 可以这么说, 整个数学分析自始至终都在讨论各种极限的存在性以及求法等问题. 极限论可以看成是分析学与代数学的主要区别.

在这一节, 我们来进一步讨论序列极限的基本性质.

定义 2.2.1 设 $\{x_n\}$ 是一个序列. 若 $\exists M>0$, 对 $\forall n$, 有 $|x_n|\leqslant M$ 成立, 则称 $\{x_n\}$ 是**有界的**.

显然, 以上定义等价于数集 $\{x_n\}$ 是一个有界集.

若一个序列 $\{x_n\}$ 是有界的, 则记为 $x_n=O(1)$ (读做大 O); 若存在 $M_2>M_1>0$ 和正整数 N, 使得当 $n>N$ 时, 有 $M_1<|x_n|<M_2$, 则以 $x_n=O_0(1)$ 表示之.

定理 2.2.1 (1) 改变一个序列 $\{x_n\}$ 的有限多项, 不改变其敛散性; 当 $\{x_n\}$ 收敛时, 则不改变其极限值.

(2) (**唯一性**) 收敛序列的极限是唯一的.

(3) (**有界性**) 收敛序列是有界的.

证明 (1) 由极限定义立即可得.

(2) 用反证法证之. 如果结论不真, 则存在收敛序列 $\{x_n\}$ 和实数 $b\neq a$, 使得 $\lim\limits_{n\to\infty}x_n=a$ 且 $\lim\limits_{n\to\infty}x_n=b$. 不失一般性, 我们不妨设 $a<b$. 现在取 $\varepsilon_0=\dfrac{b-a}{2}$, 则由极限定义知, 存在正整数 N_1 和 N_2, 使得

$$|x_n - a| < \varepsilon_0, \quad \forall n > N_1,$$
$$|x_n - b| < \varepsilon_0, \quad \forall n > N_2.$$

令 $N = \max\{N_1, N_2\}$, 则当 $n > N$ 时, 上述两个不等式都成立. 由第一个不等式, 得

$$x_{N+1} < a + \varepsilon_0 = \frac{a+b}{2},$$

而由第二个不等式, 得

$$\frac{a+b}{2} = b - \varepsilon_0 < x_{N+1}.$$

这显然是不可能的, 因此 (2) 成立.

(3) 设 $\lim\limits_{n\to\infty} x_n = a$. 特别取 $\varepsilon_0 = 1$, 则 $\exists N$, 使得当 $n > N$ 时, 有 $|x_n - a| < 1$, 从而

$$|x_n| \leqslant |a| + |x_n - a| < |a| + 1, \quad \forall n > N.$$

令 $M = \max\{|a|+1, |x_1|, \cdots, |x_N|\}$, 则对 $\forall n$, 有 $|x_n| \leqslant M$, 即 $\{x_n\}$ 是有界的.

思考题 试举例说明定理 2.2.1(3) 的逆命题不真.

定理 2.2.2 (保序性) 给定两个序列 $\{x_n\}$ 和 $\{y_n\}$, 并且假定

$$\lim_{n\to\infty} x_n = a, \quad \lim_{n\to\infty} y_n = b,$$

则有:

(1) 若 $a < b$, 则对任意给定的 $c \in (a, b)$, $\exists N_0 > 0$, 使得当 $n > N_0$ 时, 有 $x_n < c < y_n$;

(2) 若 $\exists N_0 > 0$, 当 $n > N_0$ 时, 有 $x_n \leqslant y_n$, 则 $a \leqslant b$.

证明 (1) 令 $\varepsilon_0 = \min\{c-a, b-c\}$, 则由极限的定义知, $\exists N > 0$, 使得当 $n > N$ 时, 有 $|x_n - a| < \varepsilon_0$ 且 $|y_n - b| < \varepsilon_0$ 成立. 由此可得, 当 $n > N$ 时, 有

$$x_n < \varepsilon_0 + a \leqslant (c-a) + a = c = b - (b-c) \leqslant b - \varepsilon_0 < y_n.$$

(2) 用反证法证之. 如若不然, 则有 $a > b$. 现取 $\varepsilon_0 = \dfrac{a-b}{2}$, 由 (1) 所证知, $\exists N > 0$, 使得当 $n > N$ 时, 有

$$y_n < \frac{a+b}{2} < x_n.$$

这与已知条件 $x_n \leqslant y_n \, (n > N_0)$ 相矛盾, 故必有 $a \leqslant b$ 成立.

推论 设 $\lim\limits_{n\to\infty} x_n = a > 0$, 则对任给 $0 < a' < a$, $\exists N_1 > 0$, 使得当 $n > N_1$ 时, 有 $x_n > a'$; 若 $\lim\limits_{n\to\infty} x_n = b < 0$, 则对任给 $0 > b' > b$, $\exists N_2 > 0$, 使得当 $n > N_2$ 时, 有 $x_n < b'$.

注 注意, 在定理 2.2.2 的 (2) 中, 即使对一切的 n 有 $x_n < y_n$, 也未必有 $a < b$. 例如,

$$x_n = 1 - \frac{1}{n} < 1 + \frac{1}{n} = y_n, \qquad n = 1, 2, \cdots,$$

而

$$\lim_{n\to\infty} x_n = \lim_{n\to\infty} y_n = 1.$$

定理 2.2.3 (极限的四则运算) 设 $\lim\limits_{n\to\infty} x_n = a$, $\lim\limits_{n\to\infty} y_n = b$, 则

(1) $\lim\limits_{n\to\infty} (x_n \pm y_n) = a \pm b$;

(2) $\lim\limits_{n\to\infty} (x_n y_n) = ab$;

(3) $\lim\limits_{n\to\infty} \dfrac{x_n}{y_n} = \dfrac{a}{b}$, 其中 $b \neq 0, y_n \neq 0$.

证明 (1) $\forall \varepsilon > 0$, 由 $\lim\limits_{n\to\infty} x_n = a$ 知, $\exists N_1 > 0$, 使得当 $n > N_1$ 时, 有

$$|x_n - a| < \frac{\varepsilon}{2};$$

又由 $\lim\limits_{n\to\infty} y_n = b$ 知, $\exists N_2 > 0$, 使得当 $n > N_2$ 时, 有

$$|y_n - b| < \frac{\varepsilon}{2}.$$

取 $N = \max\{N_1, N_2\}$, 则当 $n > N$ 时, 有

$$|(x_n \pm y_n) - (a \pm b)| \leqslant |x_n - a| + |y_n - b| \leqslant \frac{\varepsilon}{2} + \frac{\varepsilon}{2} = \varepsilon,$$

即 $\lim\limits_{n\to\infty}(x_n \pm y_n) = a \pm b$.

(2) 首先, 我们有
$$|x_n y_n - ab| = |x_n y_n - y_n a + y_n a - ab|$$
$$\leqslant |y_n||x_n - a| + |a||y_n - b|$$

(这里, 为了与已知的极限发生联系, 我们使用了加一项、减一项的插项方法, 它是一个常用的方法).

由有界性定理知, $\exists M_1 > 0$, $\forall n$, $|y_n| \leqslant M_1$. 令
$$M = \max\{M_1, |a|\} > 0.$$

$\forall \varepsilon > 0$, 由 $\lim\limits_{n\to\infty} x_n = a$ 知, $\exists N_1 > 0$, 使得当 $n > N_1$ 时, 有
$$|x_n - a| < \frac{\varepsilon}{2M};$$

又由 $\lim\limits_{n\to\infty} y_n = b$ 知, $\exists N_2 > 0$, 使得当 $n > N_2$ 时, 有
$$|y_n - b| < \frac{\varepsilon}{2M}.$$

取 $N = \max\{N_1, N_2\}$, 则当 $n > N$ 时, 有
$$|x_n y_n - ab| \leqslant |y_n||x_n - a| + |a||y_n - b|$$
$$\leqslant M(|x_n - a| + |y_n - b|)$$
$$\leqslant M\left(\frac{\varepsilon}{2M} + \frac{\varepsilon}{2M}\right)$$
$$= \varepsilon,$$

即 $\lim\limits_{n\to\infty}(x_n y_n) = ab$.

(3) 由 (2) 成立, 要证 (3), 只需证 $\lim\limits_{n\to\infty} \frac{1}{y_n} = \frac{1}{b}$ 即可.

首先, 我们有
$$\left|\frac{1}{y_n} - \frac{1}{b}\right| = \left|\frac{y_n - b}{y_n b}\right|.$$

然后, 由 $\lim\limits_{n\to\infty} y_n = b \neq 0$, 从定理 2.2.2 的推论知, $\exists N_1 > 0$, 使得当 $n > N_1$ 时, 有
$$|y_n| > \frac{|b|}{2}.$$

这样, $\forall \varepsilon > 0$, 由 $\lim\limits_{n\to\infty} y_n = b$ 知, $\exists N_2 > 0$, 使得当 $n > N_2$ 时, 有
$$|y_n - b| < \frac{|b|^2}{2}\varepsilon.$$

取 $N = \max\{N_1, N_2\}$, 则当 $n > N$ 时, 有
$$\left|\frac{1}{y_n} - \frac{1}{b}\right| \leqslant \left|\frac{y_n - b}{y_n b}\right| \leqslant \frac{2}{|b|^2} \cdot \frac{|b|^2}{2}\varepsilon = \varepsilon,$$

即 $\lim\limits_{n\to\infty} \frac{1}{y_n} = \frac{1}{b}$.

例 2.2.1 求下列极限:
(1) $\lim\limits_{n\to\infty} \dfrac{3n^2 + 4n - 100}{4n^2 + 5n + 10^5}$;
(2) $\lim\limits_{n\to\infty} (1 + q + q^2 + \cdots + q^n)$ $(|q| < 1)$.

解 (1) 由于
$$\lim_{n\to\infty} \frac{3n^2 + 4n - 100}{4n^2 + 5n + 10^5} = \lim_{n\to\infty} \frac{3 + \dfrac{4}{n} - \dfrac{100}{n^2}}{4 + \dfrac{5}{n} + \dfrac{10^5}{n^2}},$$

而
$$\lim_{n\to\infty} \left(3 + \frac{4}{n} - \frac{100}{n^2}\right) = 3,$$
$$\lim_{n\to\infty} \left(4 + \frac{5}{n} + \frac{10^5}{n^2}\right) = 4,$$

故有
$$\lim_{n\to\infty} \frac{3n^2 + 4n - 100}{4n^2 + 5n + 10^5} = \frac{3}{4}.$$

(2) 由于
$$1 + q + q^2 + \cdots + q^n = \frac{1 - q^{n+1}}{1 - q},$$

而 $|q| < 1$ 蕴涵着 $\lim\limits_{n\to\infty} q^n = 0$, 于是

$$\lim_{n\to\infty}(1 + q + q^2 + \cdots + q^n) = \lim_{n\to\infty}\frac{1 - q^{n+1}}{1 - q} = \frac{1}{1 - q}.$$

定理 2.2.4 (夹逼收敛原理) 设序列 $\{x_n\}$, $\{y_n\}$ 和 $\{z_n\}$ 满足

$$x_n \leqslant z_n \leqslant y_n, \quad \forall n > N_0.$$

若 $\lim\limits_{n\to\infty} x_n = \lim\limits_{n\to\infty} y_n = a$, 则 $\lim\limits_{n\to\infty} z_n = a$.

证明 $\forall \varepsilon > 0$, 由 $\lim\limits_{n\to\infty} x_n = \lim\limits_{n\to\infty} y_n = a$ 知, 存在正整数 N_1 和 N_2, 使得

$$|x_n - a| < \varepsilon, \quad \forall n > N_1,$$
$$|y_n - a| < \varepsilon, \quad \forall n > N_2.$$

令 $N = \max\{N_2, N_1, N_0\}$, 则当 $n > N$ 时, 有

$$a - \varepsilon < x_n \leqslant z_n \leqslant y_n < a + \varepsilon,$$

即

$$|z_n - a| < \varepsilon.$$

这表明 $\lim\limits_{n\to\infty} z_n = a$.

例 2.2.2 求下列极限：

(1) $\lim\limits_{n\to\infty} \sqrt[n]{n}$;

(2) $\lim\limits_{n\to\infty} \left(a_1^n + a_2^n + \cdots + a_m^n\right)^{\frac{1}{n}} (a_i > 0, i = 1, 2, \cdots, m)$.

解 (1) 令 $\sqrt[n]{n} = 1 + h_n$, 则 $h_n > 0$, 而且

$$n = (1 + h_n)^n = 1 + nh_n + \frac{n(n-1)}{2}h_n^2 + \cdots + h_n^n$$
$$> \frac{n(n-1)}{2}h_n^2 \quad (n > 3).$$

于是

$$0 < h_n < \frac{\sqrt{2}}{\sqrt{n-1}}.$$

由于 $\lim\limits_{n \to \infty} \frac{\sqrt{2}}{\sqrt{n-1}} = 0$, 由夹逼收敛原理知, $\lim\limits_{n \to \infty} h_n = 0$, 从而 $\lim\limits_{n \to \infty} \sqrt[n]{n} = 1$.

(2) 令 $a = \max\{a_1, a_2, \cdots, a_m\}$, 则有

$$a^n \leqslant a_1^n + a_2^n + \cdots + a_m^n \leqslant m a^n.$$

于是
$$a \leqslant \left(a_1^n + a_2^n + \cdots + a_m^n\right)^{\frac{1}{n}} \leqslant \sqrt[n]{m}\, a.$$

由于当 $n \geqslant m$ 时有
$$1 \leqslant \sqrt[n]{m} \leqslant \sqrt[n]{n},$$

由夹逼收敛原理和 (1) 知 $\lim\limits_{n \to \infty} \sqrt[n]{m} = 1$. 再由夹逼收敛原理, 得

$$\lim_{n \to \infty} (a_1^n + a_2^n + \cdots + a_m^n)^{\frac{1}{n}} = a = \max\{a_1, a_2, \cdots, a_m\}.$$

例 2.2.3 设 $x_n \to 0\, (n \to \infty)$, p 为正整数. 证明 $\lim\limits_{n \to \infty} \sqrt[p]{1 + x_n} = 1$.

证明 由题设, 不妨假定 $|x_n| < 1$ 对一切 n 成立. 这样, 我们有

$$1 - |x_n| = \sqrt[p]{(1 - |x_n|)^p} \leqslant \sqrt[p]{1 - |x_n|}$$
$$\leqslant \sqrt[p]{1 + x_n} \leqslant \sqrt[p]{1 + |x_n|}$$
$$\leqslant \sqrt[p]{(1 + |x_n|)^p}$$
$$= 1 + |x_n|.$$

而
$$\lim_{n \to \infty} (1 - |x_n|) = \lim_{n \to \infty} (1 + |x_n|) = 1,$$

所以, 由夹逼收敛原理知 $\lim\limits_{n \to \infty} \sqrt[p]{1 + x_n} = 1$ 成立.

例 2.2.4 设
$$a_1 = 2, \quad a_{n+1} = 2 + \frac{1}{a_n} \quad (n = 1, 2, \cdots),$$

试问 $\{a_n\}$ 是否收敛? 若收敛则求其极限.

分析 首先我们发现, 若 $\lim\limits_{n\to\infty} a_n = a$, 则必有
$$a = 2 + \frac{1}{a}.$$
注意到 $a_n > 0$, 从而得 $a = \sqrt{2} + 1$.

令 $a_n = \sqrt{2} + 1 + h_n, (n = 1, 2, \cdots)$, 则 $\{a_n\}$ 收敛的充要条件是 $h_n = o(1)(n \to \infty)$.

解 令 $a_n = \sqrt{2} + 1 + h_n, n = 1, 2, \cdots$. 我们有
$$1 + \sqrt{2} + h_{n+1} = 2 + \frac{1}{1 + \sqrt{2} + h_n},$$
整理得
$$h_{n+1} = \frac{h_n(1 - \sqrt{2})}{1 + \sqrt{2} + h_n}.$$
显然 $0 < |h_1| = \sqrt{2} - 1 < 1$. 对 $k \geqslant 1$, 若 $|h_k| < 1$, 则有
$$|h_{k+1}| < |h_k|\frac{\sqrt{2}-1}{\sqrt{2}} < 1.$$
因此对所有的正整数 n, 有
$$|h_n| < 1.$$
再利用 h_n 的递推关系我们推知
$$|h_{n+1}| \leqslant \frac{1}{2}|h_n|, \qquad n = 1, 2, \cdots,$$
从而对任意的 n, 有
$$0 < |h_n| < \frac{1}{2^{n-1}}.$$
由于 $\lim\limits_{n\to\infty} \frac{1}{2^{n-1}} = 0$, 由夹逼收敛原理得 $\lim\limits_{n\to\infty} h_n = 0$. 因此 $\{a_n\}$ 收敛, 并且 $\lim\limits_{n\to\infty} a_n = \sqrt{2} + 1$.

作为本节的结束, 我们简要地讨论一下无穷小量和无穷大量的四则运算. 对任意两个无穷小量 $\{x_n\}$ 和 $\{y_n\}$, 由无穷小量定义和极限的

四则运算定理知, 它们的和、差以及积仍然是无穷小量, 但它们的商可能有各种情形发生, 请看下例.

例 2.2.5 设 $x_n = \dfrac{1}{n+1}, y_n = \dfrac{1}{n^2}, z_n = \dfrac{(-1)^{n+1}}{n+1}(n=1,2,\cdots)$. 试考查:

(1) $\lim\limits_{n\to\infty} \dfrac{x_n}{y_n}$;   (2) $\lim\limits_{n\to\infty} \dfrac{y_n}{x_n}$;   (3) $\lim\limits_{n\to\infty} \dfrac{z_n}{x_n}$.

解 (1) $\lim\limits_{n\to\infty} \dfrac{x_n}{y_n} = \lim\limits_{n\to\infty} \dfrac{\frac{1}{n+1}}{\frac{1}{n^2}} = \lim\limits_{n\to\infty} \dfrac{n^2}{n+1} = \infty$;

(2) $\lim\limits_{n\to\infty} \dfrac{y_n}{x_n} = \lim\limits_{n\to\infty} \dfrac{\frac{1}{n^2}}{\frac{1}{n+1}} = \lim\limits_{n\to\infty} \dfrac{n+1}{n^2} = 0$;

(3) $\lim\limits_{n\to\infty} \dfrac{z_n}{x_n} = \lim\limits_{n\to\infty} \dfrac{\frac{(-1)^{n+1}}{n+1}}{\frac{1}{n+1}} = \lim\limits_{n\to\infty} (-1)^{n+1}$, 极限不存在.

我们习惯把两个无穷小量的商形式地记为 $\dfrac{0}{0}$, 上面例子告诉我们 $\dfrac{0}{0}$ 是一个不定式, 即它的极限是不确定的, 可以有各种可能情况发生.

现在我们再来讨论无穷大量的情况. 我们有:

(1) $(\pm\infty) + (\pm\infty) = \pm\infty$;

(2) $\infty \cdot \infty = \infty$;

(3) $\infty \cdot O_0(1) = \infty$.

但 $(+\infty) - (+\infty), \dfrac{\infty}{\infty}$ 等则是不定式. 请读者作为练习, 举例来说明它们的不定性.

对于以上的形式记号, 它们的意义是明确的. 例如, (3) 中表示的意思是一个无穷大量与一个绝对值有正下界的有界序列的积仍然是一个无穷大量.

例 2.2.6 设 $x_n = a_k n^k + a_{k-1} n^{k-1} + \cdots + a_0 (a_k \neq 0, k \geqslant 1)$, 证

明 $\lim_{n\to\infty} x_n = \infty$.

证明 设
$$x_n = n^k(a_k + a_{k-1}n^{-1} + a_{k-2}n^{-2} + \cdots + a_0 n^{-k}) = n^k y_n,$$
由于
$$\lim_{n\to\infty} y_n = a_k \neq 0,$$
因此对所有充分大 n 有 $\dfrac{3a_k}{2} \geqslant |y_n| \geqslant \left|\dfrac{a_k}{2}\right|$, 即 $y_n = O_0(1)$. 再由 $\lim_{n\to\infty} n^k = \infty$, 即知
$$\lim_{n\to\infty} x_n = \infty.$$

思考题 对于这一例子试问下面的证明是否正确?
$$\lim_{n\to\infty} x_n = \lim_{n\to\infty} a_k n^k + \lim_{n\to\infty} a_{k-1} n^{k-1} + \cdots + \lim_{n\to\infty} a_0$$
$$= \infty + \infty + \cdots + \infty + a_0 = \infty.$$

§2.3 单调收敛原理

解决一个序列的收敛性问题, 只从定义出发往往是不够的, 还需要建立一系列理论结果. 本节我们就来介绍单调收敛原理和它的一些典型的应用范例.

2.3.1 单调收敛原理

若序列 $\{x_n\}$ 满足:
$$x_n \leqslant x_{n+1}, \qquad \forall n \in \mathbb{N},$$
则称 $\{x_n\}$ 是**单调递增 (上升) 的序列**; 若满足:
$$x_n \geqslant x_{n+1} \qquad \forall n \in \mathbb{N},$$
则称 $\{x_n\}$ 是**单调递减 (下降) 的序列**; 单调上升的序列和单调下降的序列统称为**单调序列**. 细心的读者不难发现, 若将序列看成定义在 $\mathbb{N}$ 上的函数 $f(x)$, 则序列的单调性即是函数 $f(x)$ 的单调性.

定理 2.3.1 (单调收敛原理) 单调有界序列必收敛.

证明 这里只对单调上升的情形给出证明, 单调下降的情形请读者自己证明.

设 $\{x_n\}$ 单调上升, 而且有上界, 即

$$x_1 \leqslant x_2 \leqslant \cdots \leqslant x_n \leqslant x_{n+1} \leqslant \cdots \leqslant M,$$

其中 M 是一个正数. 现考虑集合 $E = \{x_n : n \in \mathbb{N}\}$, 则 E 是一个非空有上界的集合, 故由确界定理, E 必有上确界, 令 $a = \sup\{x_n\}$. 由上确界的定义知, a 满足:

(1) $x_n \leqslant a, \forall n \in \mathbb{N}$;
(2) $\forall \varepsilon > 0, \exists x_N$, 使得 $a - \varepsilon < x_N$.

这样, $\forall \varepsilon > 0$, 当 $n > N$ 时, 有

$$a - \varepsilon < x_N \leqslant x_n \leqslant a,$$

因此有

$$|x_n - a| < \varepsilon.$$

这就证明了 $\lim\limits_{n \to \infty} x_n = a = \sup\{x_n\}$.

注 容易证明: 若 $\{x_n\}$ 单调上升无上界, 则 $\lim\limits_{n \to \infty} x_n = +\infty$; 若 $\{x_n\}$ 单调下降无下界, 则 $\lim\limits_{n \to \infty} x_n = -\infty$. 这样, 结合定理 2.3.1, 我们知单调序列总是广义收敛的, 并且有

(1) 若 $\{x_n\}$ 单调上升, 则 $\lim\limits_{n \to \infty} x_n = \sup\{x_n\}$;
(2) 若 $\{x_n\}$ 单调下降, 则 $\lim\limits_{n \to \infty} x_n = \inf\{x_n\}$.

容易看出: 对一个单调递增序列 $\{x_n\}$, 若记 $A = \lim\limits_{n \to \infty} x_n$, 则或者存在 $N > 0$ 使得 $x_n = x_N = A (\forall n > N)$, 或者 $x_n < A \ (\forall n > 0)$.

例 2.3.1 设 $A > 0, x_1 > 0$, 定义 $x_{n+1} = \dfrac{1}{2}\left(x_n + \dfrac{A}{x_n}\right)$, $n = 1, 2, \cdots$. 证明 $\lim\limits_{n \to \infty} x_n$ 存在, 并求出它的值.

证明 易知这样产生的 x_n 均为正数, 故有

$$x_{n+1} = \frac{1}{2}\left(x_n + \frac{A}{x_n}\right) \geq \sqrt{x_n \frac{A}{x_n}} = \sqrt{A} \quad (n \geq 2).$$

这表明 $\{x_n\}$ 有下界. 此外,

$$x_{n+1} - x_n = \frac{1}{2}\left(x_n + \frac{A}{x_n}\right) - x_n = \frac{A - x_n{}^2}{2x_n} \leq 0 \quad (n \geq 2).$$

这又证明了 $\{x_n\}$ 是单调下降的. 因此, $\lim\limits_{n\to\infty} x_n$ 存在, 设其为 a, 则在 $x_{n+1} = \frac{1}{2}\left(x_n + \frac{A}{x_n}\right)$ 两边取极限, 得

$$a = \frac{1}{2}\left(a + \frac{A}{a}\right).$$

解上述方程得 $a = \pm\sqrt{A}$. 注意到 $a \geq \sqrt{A}$, 便有 $a = \sqrt{A}$, 即 $\lim\limits_{n\to\infty} x_n = \sqrt{A}$.

注 例 2.3.1 给出了一个求开方的近似方法. 例如, 令 $x_1 = A = 2$, 直接计算可得 $x_4 = 1.414257$, 这已经是 $\sqrt{2}$ 的一个很好的近似, 其实 $\sqrt{2} = 1.414213\cdots$.

此外, 还需指出的是, 当我们知道了极限存在时, 可通过在序列的递推关系式中取极限而得到所求的极限值; 倘若我们并不知道极限是否存在, 则一般不能在递推式中取极限, 否则将得到荒谬的结果, 参见下面的例子.

例 2.3.2 设 $x_1 = 1, x_{n+1} = -x_n, n = 1, 2, \cdots$, 易见 $\lim\limits_{n\to\infty} x_n$ 不存在. 但是, 若假定 $\lim\limits_{n\to\infty} x_n = a$, 并且在 $x_{n+1} = -x_n$ 两边取极限, 得 $a = -a$, 由此推出 $\lim\limits_{n\to\infty} x_n = 0$ 的荒谬结果.

例 2.3.3 设序列 $\{a_n\}$ 满足

$$a_1 = 1, \quad a_{n+1} = 1 + \frac{1}{a_n}, \quad n = 1, 2, \cdots,$$

证明 $\{a_n\}$ 收敛, 并求其极限.

分析 直接计算, 得
$$a_1 = 1, \quad a_2 = 2, \quad a_3 = \frac{3}{2}, \quad a_4 = \frac{5}{3}, \quad a_5 = \frac{8}{5}.$$
它们满足
$$a_1 < a_3 < a_5 < a_4 < a_2,$$
由此我们推测: $\{a_{2k+1}\}$ 单调上升, 而 $\{a_{2k}\}$ 单调下降.

证明 由 a_n 满足的条件可导出
$$a_{n+2} = 2 - \frac{1}{a_n + 1}, \tag{2.3.1}$$
于是
$$\begin{aligned} a_{n+2} - a_n &= \left(2 - \frac{1}{a_n + 1}\right) - \left(2 - \frac{1}{a_{n-2} + 1}\right) \\ &= \frac{a_n - a_{n-2}}{(a_{n-2} + 1)(a_n + 1)}. \end{aligned}$$

这表明 $a_{n+2} - a_n$ 与 $a_n - a_{n-2}$ 同号. 因此, 利用这一结果, 从 $a_1 < a_3$ 和 $a_4 < a_2$ 出发, 就可归纳地导出 $\{a_{2k+1}\}$ 单调上升和 $\{a_{2k}\}$ 单调下降. 此外, (2.3.1) 式和 a_n 的递推公式蕴涵着
$$1 < a_{2k}, \quad a_{2k+1} < 2, \quad \forall k \in \mathbb{N}.$$
这样, 由单调收敛原理知, $\{a_{2k+1}\}$ 和 $\{a_{2k}\}$ 都收敛. 令
$$\lim_{k \to \infty} x_{2k+1} = a, \quad \lim_{k \to \infty} x_{2k} = b,$$
则有 $1 < a, b < 2$, 而且 (2.3.1) 式蕴涵着
$$a = 2 - \frac{1}{a + 1}, \quad b = 2 - \frac{1}{b + 1}.$$
由此可导出
$$a = b = \frac{1}{2}(1 + \sqrt{5}).$$
这就证明了 $\{a_n\}$ 收敛, 而且 $\lim_{n \to \infty} a_n = \frac{1}{2}(1 + \sqrt{5})$ (见本章习题 7).

2.3.2 无理数 e 和欧拉常数 c

作为单调收敛原理的应用, 我们给出无理数 e 和欧拉常数 c 的定义, 它们是数学中两个重要的常数.

考查序列

$$x_n = \left(1 + \frac{1}{n}\right)^n, \quad y_n = \left(1 + \frac{1}{n}\right)^{n+1}, \quad n = 1, 2, \cdots.$$

首先, 对任意的正整数 n, 有

$$y_n = \left(1 + \frac{1}{n}\right) x_n > x_n.$$

其次, 对任意的正整数 n, 有

$$\begin{aligned}
\frac{x_{n+1}}{x_n} &= \frac{(n+2)^{n+1}}{(n+1)^{n+1}} \frac{n^n}{(n+1)^n} \frac{n}{n+1} \frac{n+1}{n} \\
&= \left(1 - \frac{1}{(n+1)^2}\right)^{n+1} \frac{n+1}{n} \\
&> \left(1 - \frac{1}{n+1}\right) \frac{n+1}{n} \quad \text{(应用伯努利不等式)} \\
&= 1;
\end{aligned}$$

$$\begin{aligned}
\frac{y_n}{y_{n+1}} &= \left(\frac{n+1}{n}\right)^{n+1} \left(\frac{n+1}{n+2}\right)^{n+2} \\
&= \left(1 + \frac{1}{n^2 + 2n)}\right)^{n+1} \frac{n+1}{n+2} \\
&> \left(1 + \frac{n+1}{n^2 + 2n}\right) \frac{n+1}{n+2} \quad \text{(应用伯努利不等式)} \\
&= \frac{n^3 + 4n^2 + 4n + 1}{n^3 + 4n^2 + 4n} \\
&> 1.
\end{aligned}$$

这样我们就证明了: $\{x_n\}$ 单调上升有上界, $\{y_n\}$ 单调下降有下界. 因此, 它们二者都收敛, 而且有相同的极限. 我们约定用字母 e 来表示其极限值, 即

$$\lim_{n \to \infty} \left(1 + \frac{1}{n}\right)^n = \lim_{n \to \infty} \left(1 + \frac{1}{n}\right)^{n+1} = \mathrm{e}.$$

e 是数学中最重要的常数之一. 以后我们可以证明它是一个无理数并计算出具有任何给定精确度的近似值, 如

$$\mathrm{e} = 2.718281828459045\cdots.$$

在数学的理论研究和应用中, 以 e 为底的对数起着重要的作用, 这种对数称为**自然对数**, 记为 $\ln x$, 即

$$\ln x = \log_{\mathrm{e}} x.$$

此外, 上述讨论已经证明了如下的不等式

$$\left(1+\frac{1}{n}\right)^n < \mathrm{e} < \left(1+\frac{1}{n}\right)^{n+1}, \quad \forall n \in \mathbb{N}. \tag{2.3.2}$$

对 (2.3.2) 两边取对数, 得

$$n\ln\left(1+\frac{1}{n}\right) < 1 < (n+1)\ln\left(1+\frac{1}{n}\right).$$

由此即得

$$\frac{1}{n+1} < \ln\left(1+\frac{1}{n}\right) < \frac{1}{n}, \quad \forall n \in \mathbb{N}, \tag{2.3.3}$$

从而

$$\sum_{k=1}^{n}\frac{1}{k+1} < \sum_{k=1}^{n}\ln\left(1+\frac{1}{k}\right) < \sum_{k=1}^{n}\frac{1}{k}.$$

再注意到

$$\sum_{k=1}^{n}\ln\left(1+\frac{1}{k}\right) = \ln(n+1),$$

便有

$$\sum_{k=1}^{n}\frac{1}{k+1} < \ln(n+1) < \sum_{k=1}^{n}\frac{1}{k}, \quad \forall n \in \mathbb{N}. \tag{2.3.4}$$

现考虑序列

$$z_n = 1 + \frac{1}{2} + \cdots + \frac{1}{n} - \ln n, \quad n = 1, 2, \cdots.$$

由不等式 (2.3.4), 可得

$$z_n > \ln(n+1) - \ln n > 0$$

和
$$z_n - z_{n+1} = \ln(n+1) - \ln n - \frac{1}{n+1}$$
$$= \ln\left(1 + \frac{1}{n}\right) - \frac{1}{n+1} > 0,$$

其中最后一个不等式用到了不等式 (2.3.3). 这样, 我们就证明了 $\{z_n\}$ 单调下降有下界. 因此它收敛. 记

$$c = \lim_{n \to \infty}\left(1 + \frac{1}{2} + \cdots + \frac{1}{n} - \ln n\right),$$

称 c 为**欧拉 (Euler) 常数**. 我们可计算出

$$c = 0.577216\cdots.$$

欧拉常数也是一个重要的数学常数, 并且是一个不好研究的常数, 迄今为止人们还不知道它是有理数还是无理数.

由上面的讨论, 我们有

$$1 + \frac{1}{2} + \cdots + \frac{1}{n} = \ln n + c + \alpha_n,$$

其中 $\alpha_n = o(1)\ (n \to \infty)$.

此外, 由不等式 (2.3.2), 可得

$$\frac{(n+1)^n}{n!} = \prod_{k=1}^{n}\left(1 + \frac{1}{k}\right)^k < \mathrm{e}^n < \prod_{k=1}^{n}\left(1 + \frac{1}{k}\right)^{k+1} = \frac{(n+1)^{n+1}}{n!}.$$

由此可得

$$\left(\frac{n+1}{\mathrm{e}}\right)^n < n! < \left(\frac{n+1}{\mathrm{e}}\right)^n (n+1),$$

从而

$$\frac{n+1}{\mathrm{e}} < \sqrt[n]{n!} < \frac{n+1}{\mathrm{e}}\sqrt[n]{n+1}.$$

这说明 $\lim\limits_{n \to \infty} \sqrt[n]{n!} = +\infty$, 而且

$$\lim_{n \to \infty} \frac{n}{\sqrt[n]{n!}} = \mathrm{e}.$$

这样,我们对无穷大量 $\left\{1+\dfrac{1}{2}+\cdots+\dfrac{1}{n}\right\}$ 和 $\{n!\}$ 的"量级"就有了一个比较清楚的认识,前者是一个"弱得惊人"的无穷大量,而后者是一个"大得出奇"的无穷大量.

例 2.3.4 求极限 $\lim\limits_{n\to\infty}\left(1-\dfrac{1}{2}+\dfrac{1}{3}-\cdots+\dfrac{(-1)^{n-1}}{n}\right)$.

解 记 $S_n = 1 - \dfrac{1}{2} + \dfrac{1}{3} - \cdots + \dfrac{(-1)^{n-1}}{n}$,则有

$$\lim_{n\to\infty} S_{2n} = \lim_{n\to\infty}\left(1+\frac{1}{3}+\cdots+\frac{1}{2n-1}-\left(\frac{1}{2}+\cdots+\frac{1}{2n}\right)\right)$$
$$= \lim_{n\to\infty}\left(1+\frac{1}{2}+\cdots+\frac{1}{2n}-2\left(\frac{1}{2}+\cdots+\frac{1}{2n}\right)\right)$$
$$= \lim_{n\to\infty}\left(c+\ln 2n+\alpha_{2n}-\left(c+\ln n+\alpha_n\right)\right)$$
$$= \ln 2,$$

其中 c 是欧拉常数,$\alpha_n = o(1)(n\to\infty)$. 注意到

$$\lim_{n\to\infty} S_{2n+1} = \lim_{n\to\infty}\left(S_{2n}+\frac{1}{2n+1}\right) = \ln 2,$$

因此有 (见本章习题 7)

$$\lim_{n\to\infty} S_n = \ln 2.$$

§2.4 实数系连续性的基本定理

这一节我们给出实数系连续性的几个常用的等价表述,它们各有特点,各自适合于不同的应用场合. 本节中的很多定理是许多数学论证中的基本工具.

2.4.1 闭区间套定理

定理 2.4.1 (闭区间套定理) 设 $\{[a_n, b_n]\}$ 是一列闭区间,并满足:

(1) $[a_n, b_n] \supseteq [a_{n+1}, b_{n+1}]$, $n = 1, 2, \cdots$;

(2) $\lim_{n\to\infty}(b_n - a_n) = 0$,

则存在唯一的一点 $c \in \mathbb{R}$, 使得 $c \in [a_n, b_n]$, $n = 1, 2, \cdots$, 即

$$\{\,c\,\} = \bigcap_{n=1}^{\infty}[a_n,\ b_n].$$

证明 由条件 (1), 知

$$a_n \leqslant a_{n+1} \leqslant b_{n+1} \leqslant b_n, \qquad \forall n \in \mathbb{N}.$$

这表明 $\{a_n\}$ 单调上升有上界, 并且 $\forall n \in \mathbb{N}$, b_n 均是 $\{a_n\}$ 的一个上界; 另一方面, $\{b_n\}$ 单调下降有下界, 并且 $\forall n \in \mathbb{N}$, a_n 均是 $\{b_n\}$ 的一个下界. 因此, $\{a_n\}$ 和 $\{b_n\}$ 都收敛. 令

$$\lim_{n\to\infty} a_n = a = \sup\{a_n\}, \qquad \lim_{n\to\infty} b_n = b = \inf\{b_n\}.$$

则有

$$a_n \leqslant a \leqslant b \leqslant b_n, \qquad \forall n \in \mathbb{N}.$$

再由条件 (2), 知

$$a - b = \lim_{n\to\infty} a_n - \lim_{n\to\infty} b_n = \lim_{n\to\infty}(a_n - b_n) = 0.$$

记 $c = a = b$, 则有

$$a_n \leqslant \lim_{n\to\infty} a_n = c = \lim_{n\to\infty} b_n \leqslant b_n, \qquad \forall n \in \mathbb{N}.$$

若另有 d 满足

$$a_n \leqslant d \leqslant b_n, \qquad \forall n \in \mathbb{N},$$

则由夹逼收敛原理, 有

$$d = \lim_{n\to\infty} a_n = \lim_{n\to\infty} b_n = c,$$

故 c 是所有区间 $[a_n, b_n]$ 的唯一公共点.

注 1   闭区间的条件是重要的, 若区间是开的, 则定理的结论不一定成立. 例如, 对于开区间列 $\left(0, \dfrac{1}{n}\right)$, $n = 1, 2, \cdots$, 显然满足定理的条件 (1) 和 (2), 但 $\bigcap\limits_{n=1}^{\infty} \left(0, \dfrac{1}{n}\right) = \varnothing$.

另一方面, 若开区间列 $\{(a_n, b_n)\}$ 满足条件

(i) $a_n < a_{n+1} < b_{n+1} < b_n$, $n = 1, 2, \cdots$;

(ii) $\lim\limits_{n \to \infty} (b_n - a_n) = 0$,

则定理 2.4.1 的结论仍然成立.

注 2   若定理 2.4.1 中条件 (2) 不满足, 即 $\lim\limits_{n \to \infty} (a_n - b_n) \neq 0$, 则由定理的证明过程知, 此时 $a \neq b$, 而且容易导出, 此时有 $\bigcap\limits_{n=1}^{\infty} [a_n, b_n] = [a, b]$.

例 2.4.1   设 $\{[a_n, b_n]\}$ 是一列闭区间, 并且满足:
$$[a_i, b_i] \bigcap [a_j, b_j] \neq \varnothing, \qquad \forall i, j \in \mathbb{N},$$
则存在一点 $c \in \mathbb{R}$, 使得 $c \in [a_n, b_n]$, $n = 1, 2, \cdots$.

证明   注意到
$$[a, b] \bigcap [c, d] \neq \varnothing \Rightarrow a \leqslant d,\ c \leqslant b,$$
即知闭区间列所满足的条件蕴涵着任意的 b_n 均是 $\{a_n\}$ 的上界. 于是, 令
$$c = \sup_{n \in \mathbb{N}} \{a_n\},$$
则有
$$a_n \leqslant c \leqslant b_n, \qquad n = 1, 2, \cdots.$$

注   本例中的闭区间列并不一定是区间套, 只满足 "两两有公共点" 的条件, 同样推出它们有公共点的结论. 如若再加条件 $b_n - a_n \to 0\ (n \to \infty)$, 则可得到与闭区间套定理完全相同的结论.

2.4.2 有限覆盖定理

设 A 是 $\mathbb{R}$ 中的一个子集, $\{E_\lambda\}_{\lambda \in \Lambda}$ 是 $\mathbb{R}$ 中的一族子集组成的集合, 其中 Λ 是一个指标集. 若 $A \subseteq \bigcup_{\lambda \in \Lambda} E_\lambda$, 则称 $\{E_\lambda\}_{\lambda \in \Lambda}$ 是 A 的一个**覆盖**; 若 $\{E_\lambda\}_{\lambda \in \Lambda}$ 是 A 的一个覆盖, 而且对每个 $\lambda \in \Lambda$, E_λ 均是一个开区间, 则称 $\{E_\lambda\}_{\lambda \in \Lambda}$ 为 A 的一个**开覆盖**; 若 $\{E_\lambda\}_{\lambda \in \Lambda}$ 是 A 的一个覆盖, 而且 Λ 的元素只有有限多个, 则称 $\{E_\lambda\}_{\lambda \in \Lambda}$ 是 A 的一个**有限覆盖**.

定理 2.4.2 (有限覆盖定理) 设 $[a,b]$ 是一个闭区间, $\{E_\lambda\}_{\lambda \in \Lambda}$ 是 $[a,b]$ 的任意一个开覆盖, 则必存在 $\{E_\lambda\}_{\lambda \in \Lambda}$ 一个子集构成 $[a,b]$ 的一个有限覆盖, 即在 $\{E_\lambda\}_{\lambda \in \Lambda}$ 中必有有限个开区间 $E_1, E_2, \cdots, E_N$, 使得 $[a,b] \subseteq \bigcup_{j=1}^{N} E_j$.

证明 如若不然, 我们将 $[a,b]$ 等分成两个闭区间, 则其中必有一个不能被 $\{E_\lambda\}_{\lambda \in \Lambda}$ 中的有限多个开区间所覆盖, 记其为 $[a_1, b_1]$; 再将 $[a_1, b_1]$ 等分成两个闭区间, 则必有其中的一个不能被 $\{E_\lambda\}_{\lambda \in \Lambda}$ 中的有限多个开区间所覆盖, 记其为 $[a_2, b_2]$. 如此进行下去, 就可得到一列闭区间 $[a_n, b_n]$, 满足:

(1) $[a_{n+1}, b_{n+1}] \subset [a_n, b_n], \forall n$;
(2) $b_n - a_n = \dfrac{b-a}{2^n} \to 0 \, (n \to \infty)$;
(3) $\forall n, [a_n, b_n]$ 不能被 $\{E_\lambda\}_{\lambda \in \Lambda}$ 中的有限多个开区间所覆盖.

由闭区间套定理知, 存在唯一的 ξ, 使得 $\xi \in [a_n, b_n], \forall n \in \mathbb{N}$. 由于 $\xi \in [a,b]$, 而 $\{E_\lambda\}_{\lambda \in \Lambda}$ 是 $[a,b]$ 的一个开覆盖, 故必存在它的一个开区间 $E_{\lambda_0} = (c,d)$, 使得 $\xi \in (c,d)$, 即 $c < \xi < d$. 由于 $\{a_n\}$ 单调上升, $\{b_n\}$ 单调下降, 而且

$$\lim_{n \to \infty} a_n = \xi = \lim_{n \to \infty} b_n,$$

故必有充分大的正整数 n, 使得

$$c < a_n \leqslant \xi \leqslant b_n < d,$$

即 $[a_n, b_n] \subseteq E_{\lambda_0}$. 这与条件 (3) 矛盾. 定理得证.

关于有限覆盖定理, 我们必须注意以下两点:

(1) 不能将闭区间改为开区间. 如, $\left(\dfrac{1}{n}, \dfrac{2}{n}\right)(n=1,2,\cdots)$ 是 $(0,1)$ 的一个开覆盖, 但没有有限覆盖.

(2) 该定理是说, 对于闭区间的任意一个开覆盖必可从中找出有限多个开区间就可将该闭区间覆盖, 而并不是说, 任意一个闭区间都可被有限多个开区间覆盖. 若是这样, $(a-1, b+1)$ 总是 $[a,b]$ 的一个有限开覆盖.

在今后的应用中, 常可根据函数的局部性质得到一些开区间, 然后通过有限覆盖定理而得到函数在区间的整体性质.

例 2.4.2 设函数 $f(x)$ 在 $[a,b]$ 上有定义, 且对任意的 $x \in [a,b]$, 都存在邻域 $U(x, \delta(x))\,(\delta(x)>0)$, 使得 $f(x)$ 在 $U(x,\delta(x))\bigcap [a,b]$ 上有界. 试证明 $f(x)$ 在 $[a,b]$ 上有界.

证明 对任意的 $x \in [a,b]$, 由题设存在 $U(x, \delta(x))$, 使得 $f(x)$ 在 $U(x,\delta(x))\bigcap [a,b]$ 上有界, 记其界为 $M_x > 0$, 即

$$|f(t)| \leqslant M_x, \quad \forall t \in U(x,\delta(x))\bigcap [a,b].$$

令

$$\mathcal{F} = \{U(x, \delta(x)) = (x-\delta(x), x+\delta(x)) : x \in [a,b]\}.$$

显然 $\mathcal{F}$ 是 $[a,b]$ 的一个开覆盖. 由有限覆盖定理知, 存在 $\mathcal{F}$ 的有限个开区间

$$U(x_1, \delta(x_1)),\ U(x_2, \delta(x_2)),\ \cdots,\ U(x_N, \delta(x_N)),$$

使得

$$[a,b] \subset \bigcup_{k=1}^{N} U(x_k, \delta(x_k)).$$

令

$$M = \max\{M_{x_1}, M_{x_2}, \cdots, M_{x_N}\},$$

则对任意的 $x \in [a,b]$, 必存在 $k(1 \leqslant k \leqslant N)$, 使得 $x \in U(x_k, \delta(x_k))$, 从而
$$|f(x)| \leqslant M_{x_k} \leqslant M.$$
这表明 $f(x)$ 在 $[a,b]$ 上有界.

注 由上题的逆否命题我们可以得到以下有趣的事实: 若 $f(x)$ 在 $[a,b]$ 上无界, 则存在 $\xi \in [a,b]$, 使得 $\forall \delta > 0$, $f(x)$ 在 $U(\xi, \delta) \cap [a,b]$ 上均无界.

例 2.4.3 证明: 无论你用什么方法都不可能将 $[0,1]$ 区间中的全体实数排列成一个序列.

证明 用反证法. 假定
$$[0,1] = \{x_1, x_2, x_3, \cdots, x_n, \cdots\}.$$
取 $0 < \varepsilon < \dfrac{1}{4}$, 则开区间簇
$$\mathcal{F} = \left\{ U\left(x_n, \frac{\varepsilon}{2^n}\right) : n \in \mathbb{N} \right\}$$
是 $[0,1]$ 区间的一个开覆盖. 由有限覆盖定理知, $\mathcal{F}$ 中存在有限个开区间
$$U\left(x_{n_1}, \frac{\varepsilon}{2^{n_1}}\right), U\left(x_{n_2}, \frac{\varepsilon}{2^{n_2}}\right), \cdots, U\left(x_{n_\ell}, \frac{\varepsilon}{2^{n_\ell}}\right),$$
它们可将 $[0,1]$ 区间覆盖. 既然它们覆盖了 $[0,1]$ 区间, 那么这 l 个区间的长度和必大于 1. 令
$$m = \max\{n_1, n_2, \cdots, n_\ell\},$$
则有
$$1 < 2 \sum_{k=1}^{\ell} \frac{\varepsilon}{2^{n_k}} < 2\varepsilon \sum_{k=1}^{m} \frac{1}{2^k}$$
$$= 2\varepsilon \frac{1 - \dfrac{1}{2^{m+1}}}{1 - \dfrac{1}{2}} < 4\varepsilon < 1.$$

这一矛盾说明假设区间 $[0,1]$ 中的全体实数可以排列成一个序列是错误的.

注 若一个数集 E 中只有有限个元素或可以将它的所有元素排成一个序列, 则称 E 是一个**可数集**. 上述例子说明区间 $[0,1]$ 不是可数集.

2.4.3 聚点原理

定义 2.4.1 设 E 是 $\mathbb{R}$ 中的一个子集. 若 $x_0 \in \mathbb{R}$ (x_0 不一定属于 E) 满足: 对 $\forall \delta > 0$, 有 $U_0(x_0, \delta) \cap E \neq \varnothing$, 则称 x_0 是 E 的一个**聚点**.

注 (1) x_0 是 E 的聚点与 x_0 是否属于 E 无关;

(2) 由聚点的定义容易证明如下三个命题等价:

(i) x_0 是 E 的聚点;

(ii) $\forall \delta > 0$, 在 $U(x_0, \delta)$ 中有 E 的无穷多个点;

(iii) 存在 E 中互异的点组成的序列 $\{x_n\}$, 使得 $\lim\limits_{n \to \infty} x_n = x_0$.

(3) 若 $x_0 \in E$, 但它不是 E 的聚点, 则称 x_0 是 E 的一个**孤立点**. 由定义, 此时必存在 $\delta > 0$, 使得 $U(x_0, \delta) \bigcap E = \{x_0\}$.

例 2.4.4 设
$$E = \left\{1, \frac{1}{2}, \frac{1}{3}, \cdots, \frac{1}{n} \cdots\right\},$$
则 0 是它的唯一聚点, 而且 $0 \notin E$; $\forall n \in \mathbb{N}$, $\dfrac{1}{n}$ 是 E 的孤立点.

例 2.4.5 设 E 是 $[0,1]$ 中所有有理数组成的集合, 则 E 的聚点全体是 $[0,1]$, 而 E 没有孤立点. 注意, 此时 E 是它的聚点集 $[0,1]$ 的真子集.

定理 2.4.3 (聚点原理) $\mathbb{R}$ 中的任何一个有界无穷子集至少有一个聚点.

证明 设 E 是 $\mathbb{R}$ 中的一个有界无穷子集, 不妨设 $E \subseteq [a,b]$. 倘若定理的结论不真, 则 $\forall x \in [a,b]$, x 都不是 E 的聚点, 从而 $\exists \delta_x > 0$, 使得 $U(x, \delta_x) \bigcap E$ 至多只有一个点. 显然, $\mathcal{F} = \{U(x, \delta_x) : x \in [a,b]\}$

构成 $[a,b]$ 的一个开覆盖, 从而由有限覆盖定理知, 存在有限个开区间 $U(x_j, \delta_{x_j})\,(j=1,2,\cdots,m)$, 它们覆盖了 $[a,b]$, 即

$$[a,b] = \bigcup_{j=1}^{m} U(x_j, \delta_{x_j}).$$

注意到 $E \subset [a,b]$, 而每个 $U(x_j, \delta_{x_j})$ 至多只有 E 的一个点, 我们便可推知 E 中至多有 m 个点, 这与 E 是 $\mathbb{R}$ 的无穷子集矛盾, 故 E 必有聚点.

思考题 试利用闭区间套定理证明聚点原理.

聚点原理与序列的子序列密切相关. 设 $\{x_n\}$ 是一个序列, 则由该序列的一部分元素按原来的顺序构成的序列 $\{x_{n_k}\}$ 称为是 $\{x_n\}$ 的一个**子序列**. 关于下标 n_k 需要说明如下三点:

(1) $\{n_k\}$ 中的每一项都是正整数, 并且它是一个严格递增序列:

$$n_1 < n_2 < \cdots < n_k < \cdots ;$$

(2) x_{n_k} 表示在子序列中它是第 k 项, 在原序列中它是第 n_k 项. 因此, 子序列的序号是 k, 而不是 n_k;

(3) 必有 $n_k \geqslant k$, 从而 $\lim\limits_{k\to\infty} n_k = +\infty$.

对于子序列, 我们容易证明如下的结果:

定理 2.4.4 设 $\lim\limits_{n\to\infty} x_n = a$, 则对 $\{x_n\}$ 的任意子序列 $\{x_{n_k}\}$, 都有 $\lim\limits_{k\to\infty} x_{n_k} = a$.

此定理给出了判定一个序列发散的一个方法, 即: 若在一个序列 $\{x_n\}$ 中可以找到两个收敛的子序列 $\{x_{n_k}\}$ 和 $\{x_{n'_k}\}$, 使得

$$\lim_{k\to\infty} x_{n_k} = a \neq b = \lim_{k\to\infty} x_{n'_k},$$

则该序列必然发散.

例 2.4.6 设 $x_n = \sin\dfrac{n\pi}{2}$, $n=1,2,\cdots$, 证明 $\{x_n\}$ 发散.

证明 由于

$$\lim_{k\to\infty} x_{4k} = \lim_{k\to\infty} \sin 2k\pi = 0,$$

而
$$\lim_{k\to\infty} x_{4k+1} = \lim_{k\to\infty} \sin\left(\frac{\pi}{2} + 2k\pi\right) = 1 \neq 0,$$
因此 $\lim_{n\to\infty} \sin\frac{n\pi}{2}$ 不存在.

例 2.4.7 设 $x_n = \left(1 + \frac{(-1)^n}{n}\right)^n$, $n = 1, 2, \cdots$, 试证明 $\{x_n\}$ 为发散序列.

证明 由于
$$\lim_{k\to+\infty}\left(1 + \frac{(-1)^{2k}}{2k}\right)^{2k} = \mathrm{e},$$
而
$$\lim_{k\to+\infty}\left(1 + \frac{(-1)^{2k+1}}{2k+1}\right)^{2k+1} = \lim_{k\to+\infty} \frac{1}{\left(1+\frac{1}{2k}\right)^{2k}} \frac{1}{\left(1+\frac{1}{2k}\right)} = \frac{1}{\mathrm{e}},$$
因此 $\lim_{n\to\infty} x_n$ 不存在.

下面我们讲述波尔查诺–魏尔斯特拉斯 (Bolzano-Weierstrass) 定理.

定理 2.4.5 (波尔查诺–魏尔斯特拉斯定理) 任何有界序列必有收敛的子序列.

证明 设 $\{x_n\}$ 是一有界序列. 若 $\{x_n\}$ 只由有限多个数所组成, 则它必有无穷多项等于同一个数, 此时定理结论自然成立.

现设 $\{x_n\}$ 由无穷多个互不相同的数组成, 则数集
$$E = \{x_n : n \in \mathbb{N}\}$$
就是 $\mathbb{R}$ 中的一个有界无穷子集. 由聚点原理知, 它必有一个聚点, 设其为 a. 由聚点的定义知, 对任意的正整数 k, 在 $U(a, 1/k)$ 中必有 $\{x_n\}$ 的无穷多项. 这样, 我们首先取
$$x_{n_1} \in U(a, 1) \bigcap \{x_1, x_2, \cdots\};$$
然后, 再取
$$x_{n_2} \in U\left(a, \frac{1}{2}\right) \bigcap \{x_{n_1+1}, x_{n_1+2}, \cdots\}.$$

如此进行下去, 就可找到 $\{x_n\}$ 的一个子列 $\{x_{n_k}\}$ 满足 $x_{n_k} \in U\left(a, \dfrac{1}{k}\right)$, 即
$$|x_{n_k} - a| < \frac{1}{k}, \qquad k = 1, 2, \cdots,$$
从而 $\lim\limits_{k\to\infty} x_{n_k} = a$.

2.4.4 柯西收敛准则

一个序列是否收敛是我们研究的中心问题. 下面要介绍的柯西收敛准则从序列本身的性质出发给出了该序列收敛的充分必要条件. 在理论和应用上, 它都是十分重要的.

我们首先引入如下的定义.

定义 2.4.2 设 $\{x_n\}$ 是一个序列, 若 $\forall \varepsilon > 0$, $\exists N$, 当 $n, m > N$ 时, 有 $|x_n - x_m| < \varepsilon$, 则称 $\{x_n\}$ 是一个**柯西序列**.

定理 2.4.6 (柯西收敛准则) 序列 $\{x_n\}$ 收敛的充分必要条件是它是一个柯西序列.

证明 必要性 设序列 $\{x_n\}$ 收敛, 并设 $a = \lim\limits_{n\to\infty} x_n$, 则由极限的定义知, $\forall \varepsilon > 0$, $\exists N$, 当 $n > N$ 时, 有
$$|x_n - a| < \frac{\varepsilon}{2},$$
从而当 $n, m > N$ 时, 有
$$|x_n - x_m| \leqslant |x_n - a| + |a - x_m| < \varepsilon.$$

充分性 设 $\{x_n\}$ 是一个柯西序列, 对 $\varepsilon_0 = 1$, 则 $\exists N$, 当 $n \geqslant N + 1 > N$ 时, 有
$$|x_n - x_{N+1}| < 1,$$
从而当 $n > N + 1$ 时, 有 $|x_n| < 1 + |x_{N+1}|$. 令
$$M = \max\{|x_1|, |x_2|, \cdots, |x_N|, 1 + |x_{N+1}|\},$$
则 $\forall n \in \mathbb{N}$, 有 $|x_n| \leqslant M$. 这表明 $\{x_n\}$ 是有界的. 于是由波尔查诺-魏尔斯特拉斯定理知, 存在 $\{x_n\}$ 的一个收敛子列 $\{x_{n_k}\}$, 记 $a = \lim\limits_{k\to\infty} x_{n_k}$.

下证
$$\lim_{n\to\infty} x_n = a.$$
$\forall \varepsilon > 0$, 由 $a = \lim\limits_{k\to\infty} x_{n_k}$ 知, $\exists K$, 当 $k \geqslant K$ 时, 有
$$|x_{n_k} - a| < \frac{\varepsilon}{2}.$$
再由 $\{x_n\}$ 是柯西序列知, $\exists N$, 当 $n, m > N$ 时, 有
$$|x_n - x_m| < \frac{\varepsilon}{2}.$$
这样, 取 $k > K$, 使得 $n_k > N$, 则当 $n > N$ 时, 有
$$|x_n - a| \leqslant |x_n - x_{n_k}| + |x_{n_k} - a| < \varepsilon,$$
即 $\lim\limits_{n\to\infty} x_n = a$.

注 我们有时候将一些数构成的集合 K 称为是一个空间. 如果一个空间 K 中的任何柯西序列 $\{x_n\}$ 都在 K 中存在极限, 即存在 $A \in K$, 使得 $\lim\limits_{n\to\infty} x_n = A$, 则称 K 是**完备的**. 例如, 上面证明的柯西收敛准则说明了实数域 $\mathbb{R}$ 是完备的. 显然, 有理数域 $\mathbb{Q}$ 是不完备的, 这是因为 $\mathbb{Q}$ 中的柯西序列的极限不一定是有理数. 另外, 任何开区间 (a, b) 也是不完备的, 这是因为存在柯西序列 $\left\{b - \dfrac{b-a}{n}\right\} \subset (a, b)$ 但 $\lim\limits_{n\to\infty}\left(b - \dfrac{b-a}{n}\right) = b \notin (a, b)$.

例 2.4.8 证明序列 $\{x_n\}$ 是发散的, 其中
$$x_n = 1 + \frac{1}{2} + \frac{1}{3} + \cdots + \frac{1}{n}, \quad n = 1, 2, \cdots.$$

证明 在本章的第一节我们已经用定义证明了该序列发散, 这里我们再用柯西收敛准则证明它发散. 取 $\varepsilon_0 = \dfrac{1}{2}$, 则对任意的正整数 n, 有
$$|x_{2n} - x_n| = \frac{1}{n+1} + \cdots + \frac{1}{2n} \geqslant \frac{n}{2n} = \frac{1}{2},$$

所以它不是柯西序列, 从而它必是发散的.

例 2.4.9 证明序列 $\{y_n\}$ 是收敛的, 其中

$$y_n = 1 + \frac{1}{2^2} + \frac{1}{3^2} + \cdots + \frac{1}{n^2}, \qquad n = 1, 2, \cdots.$$

证明 由于对任意的 $n, m \in \mathbb{N}$, 我们不妨设 $n > m$, 有

$$\begin{aligned}|y_n - y_m| &= \frac{1}{(m+1)^2} + \cdots + \frac{1}{n^2} \\ &\leqslant \frac{1}{m(m+1)} + \cdots + \frac{1}{(n-1)n} \leqslant \frac{1}{m},\end{aligned}$$

因此, $\forall \varepsilon > 0$, 取 $N = \left[\dfrac{1}{\varepsilon}\right]$, 则当 $n, m > N$ 时, 就有

$$|y_n - y_m| < \varepsilon,$$

即 $\{y_n\}$ 是柯西序列, 所以它是收敛的.

例 2.4.10 (压缩映照原理) 设 $f(x)$ 在 $[a, b]$ 上有定义, $f([a, b]) \subset [a, b]$, 且满足

$$|f(x) - f(y)| \leqslant q|x - y|, \qquad \forall x, y \in [a, b],$$

其中 $0 < q < 1$. 证明: 存在唯一的 $c \in [a, b]$, 使得 $f(c) = c$.

证明 任取 $x_0 \in [a, b]$, 由条件 $f([a, b]) \subset [a, b]$ 知, 我们可递推地定义

$$x_n = f(x_{n-1}), \qquad n = 1, 2, \cdots.$$

由函数所满足的条件, 我们有

$$|x_{n+1} - x_n| = |f(x_n) - f(x_{n-1})| \leqslant q|x_n - x_{n-1}|, \quad \forall n \in \mathbb{N}.$$

反复应用上述不等式, 可得

$$|x_{n+1} - x_n| \leqslant q^n|x_1 - x_0|, \quad \forall n \in \mathbb{N}.$$

因此, 对任意的正整数 n 和 p, 有

$$|x_{n+p} - x_n| \leqslant \sum_{k=1}^{p} |x_{n+k} - x_{n+k-1}|$$
$$\leqslant \sum_{k=1}^{p} q^{n+k-1}|x_1 - x_0|$$
$$= \frac{1-q^p}{1-q} q^n |x_1 - x_0|$$
$$< \frac{q^n}{1-q}|x_1 - x_0| = Lq^n,$$

其中 $L = \dfrac{1}{1-q}|x_1 - x_0|$. 由此立即可知 $\{x_n\}$ 是柯西序列, 从而它收敛, 记 $\lim\limits_{n\to\infty} x_n = c$. 显然, $c \in [a, b]$. 又由于

$$|f(x_n) - f(c)| \leqslant q|x_{n-1} - c|,$$

故有 $\lim\limits_{n\to\infty} f(x_n) = f(c)$. 这样, 在等式 $x_{n+1} = f(x_n)$ 两边取极限, 即得 $c = f(c)$, 从而 c 的存在性得证.

下证唯一性. 若存在 $c' \in [a,b]$ 也满足 $f(c') = c'$, 而且 $c' \neq c$, 则由

$$|c - c'| = |f(c) - f(c')| \leqslant q|c - c'|$$

即得矛盾, 从而 c 的唯一性得证.

§2.5 序列的上、下极限

上极限和下极限的概念是极限概念的拓广, 它为研究序列的敛散性开拓了一条全新的思路.

设 $\{x_n\}$ 是有界序列. 令

$$\ell_n = \inf\{x_n, x_{n+1}, x_{n+2}, \cdots\},$$
$$h_n = \sup\{x_n, x_{n+1}, x_{n+2}, \cdots\},$$

则有

$$\ell_1 \leqslant \ell_2 \leqslant \cdots \leqslant \ell_n \leqslant \cdots \leqslant h_n \leqslant \cdots \leqslant h_2 \leqslant h_1,$$

即 $\{\ell_n\}$ 和 $\{h_n\}$ 是单调有界序列. 令

$$\ell = \sup_n\{\ell_n\} = \sup_n \inf_k\{x_{n+k}\}, \qquad h = \inf_n\{h_n\} = \inf_n \sup_k\{x_{n+k}\},$$

则 ℓ 与 h 分别称为 $\{x_n\}$ 的**下极限**和**上极限**, 记为

$$\ell = \varliminf_{n\to\infty} x_n, \qquad h = \varlimsup_{n\to\infty} x_n;$$

有时下极限和上极限也记为 $\liminf\limits_{n\to\infty} x_n$ 和 $\limsup\limits_{n\to\infty} x_n$.

此外, 对于无界序列, 我们规定:

(1) 若 $\{x_n\}$ 无上界, 则 $\varlimsup\limits_{n\to\infty} x_n = +\infty$. 注意此时必有: $h_n = +\infty$, $\forall n \in \mathbb{N}$.

(2) 若 $\{x_n\}$ 无下界, 则 $\varliminf\limits_{n\to\infty} x_n = -\infty$. 注意此时必有: $\ell_n = -\infty$, $\forall n \in \mathbb{N}$.

(3) 若 $\{x_n\}$ 有下界但无上界, 则 $\{\ell_n\}$ 有定义, 故可定义

$$\varliminf_{n\to\infty} x_n = \sup_n\{\ell_n\},$$

但须注意的是, 此时 $\sup\limits_n\{\ell_n\}$ 可能为 $+\infty$.

(4) 若 $\{x_n\}$ 有上界但无下界, 则 $\{h_n\}$ 有定义, 故可定义

$$\varlimsup_{n\to\infty} x_n = \inf_n\{h_n\},$$

但须注意的是, 此时 $\inf\limits_n\{h_n\}$ 可能为 $-\infty$.

这样, 对任意的序列 $\{x_n\}$, $\varlimsup\limits_{n\to\infty} x_n$ 和 $\varliminf\limits_{n\to\infty} x_n$ 都有明确的定义, 而且恒有

$$\varliminf_{n\to\infty} x_n \leqslant \varlimsup_{n\to\infty} x_n.$$

例 2.5.1 试求序列 $\{x_n\}$ 的上极限与下极限, 其中

(1) $x_n = \sin\dfrac{n}{2}\pi$; (2) $x_n = n^{(-1)^n}$;

(3) $x_n = (-1)^n n$; (4) $x_n = n$.

解 (1) 由 $\forall n \in \mathbb{N}$, $\ell_n = -1$, $h_n = 1$, 得

$$\varliminf_{n\to\infty} \sin\frac{n}{2}\pi = -1, \quad \varlimsup_{n\to\infty} \sin\frac{n}{2}\pi = 1.$$

(2) 由 $\forall n \in \mathbb{N}, \ell_n = 0, h_n = +\infty$, 即 $\{x_n\}$ 无上界, 得

$$\varliminf_{n\to\infty} n^{(-1)^n} = 0, \quad \varlimsup_{n\to\infty} n^{(-1)^n} = +\infty.$$

(3) 由 $\forall n \in \mathbb{N}, \ell_n = -\infty, h_n = +\infty$, 即 $\{x_n\}$ 既无上界又无下界, 得

$$\varliminf_{n\to\infty} (-1)^n n = -\infty, \quad \varlimsup_{n\to\infty} (-1)^n n = +\infty.$$

(4) 由 $\forall n \in \mathbb{N}, \ell_n = n, h_n = +\infty$, 得

$$\varliminf_{n\to\infty} n = +\infty, \quad \varlimsup_{n\to\infty} n = +\infty.$$

从上极限的定义, 容易证明如下关于上极限的几个等价的描述.

定理 2.5.1 设 $\{x_n\}$ 是一有界序列, h 是一实数, 则下列三个命题等价:

(1) h 是 $\{x_n\}$ 的上极限;

(2) $\forall \varepsilon > 0, \exists N$, 当 $n > N$ 时, 有 $x_n < h+\varepsilon$, 而且对 $\forall K, \exists n_k > K$, 使得 $x_{n_k} > h - \varepsilon$;

(3) 存在子列 $\{x_{n_k}\}$, 使得 $\lim\limits_{k\to\infty} x_{n_k} = h$, 而对任何其他收敛子列 $\{x_{n'_k}\}$, 有 $\lim\limits_{k\to\infty} x_{n'_k} \leqslant h$.

证明 (1) $\Rightarrow$ (2). $\forall n \in \mathbb{N}$, 记 $h_n = \sup\{x_n, x_{n+1}, \cdots\}$. 由 $\varlimsup\limits_{n\to\infty} x_n = h, \forall \varepsilon > 0, \exists N$, 当 $n > N$ 时, 有

$$|h_n - h| < \varepsilon, \quad 即 \quad h - \varepsilon < h_n < h + \varepsilon.$$

由于对任意的 $n \in \mathbb{N}$, 有 $x_n \leqslant h_n$, 因此, 当 $n > N$ 时, 有

$$x_n < h + \varepsilon.$$

对 $\forall K > 0$, 当 $n'_k > \max\{N, K\}$ 时, 有

$$h_{n'_k} > h - \varepsilon.$$

由 $h_{n'_k} = \sup\{x_{n'_k}, x_{n'_k+1}, x_{n'_k+2}, \cdots\}$ 知, 存在 $n_k \geqslant n'_k > K$ 使得有

$$x_{n_k} > h - \varepsilon.$$

综上所述, (2) 成立.

(2) $\Rightarrow$ (3). 由 (2), 对 $\varepsilon = 1$, 显然存在正整数 $n_1 \geqslant 1$, 使得

$$h - 1 < x_{n_1} < h + 1.$$

现假定对 $\varepsilon_k = \dfrac{1}{k}(k \geqslant 1, k \in \mathbb{N})$, 存在 $n_k \in \mathbb{N}$ 满足

$$h - \frac{1}{k} < x_{n_k} < h + \frac{1}{k}.$$

在 (2) 中取 $\varepsilon = \dfrac{1}{k+1}$, 从而存在 N_{k+1}, 当 $n > N_{k+1}$ 时, 有

$$x_n < h + \frac{1}{k+1}.$$

令 $K = \max\{N_{k+1}, n_k\}$. 由 (2) 知存在 $n_{k+1} > K$, 使得

$$h - \frac{1}{k+1} < x_{n_{k+1}} < h + \frac{1}{k+1}.$$

由上述归纳法找到的 $\{x_{n_k}\}$ 显然满足 $\lim\limits_{k \to \infty} x_{n_k} = h$.

现设 $\{x_{n'_k}\}$ 是 $\{x_n\}$ 的一个收敛子列, 并设

$$\lim_{k \to \infty} x_{n'_k} = h'.$$

由 (2) 知, $\forall \varepsilon > 0, \exists N$, 当 $n > N$ 时, 有

$$x_n < h + \varepsilon.$$

注意到 $n'_k \geqslant k$, 从而当 $k > N$ 时, 有

$$x_{n'_k} < h + \varepsilon.$$

这说明
$$h' = \lim_{k\to\infty} x_{n'_k} \leqslant h + \varepsilon.$$
由 ε 的任意性, 知 $h' \leqslant h$. 因此 (3) 的结论成立.

(3) $\Rightarrow$ (1). 设 $\overline{\lim\limits_{n\to\infty}} x_n = h'$, 我们将证明 $h' = h$, 其中 h 满足 (3) 中的条件.

由 (3) 知, 存在 $\{x_n\}$ 的子列 $\{x_{n_k}\}$ 满足:
$$\lim_{k\to\infty} x_{n_k} = h.$$
注意到 $\forall k \in \mathbb{N}$, 有 $h_{n_k} \geqslant x_{n_k}$, 从而有 $h' \geqslant h$.

假若 $h' > h$, 我们将推出与 (3) 相矛盾的结果.

事实上, 令 $\varepsilon_0 = \dfrac{h' - h}{2} > 0$. 由 (2) 知存在 $\{x_n\}$ 的子列 $\{x_{n'_k}\}$, 使得对 $\forall k \in \mathbb{N}$, 有
$$x_{n'_k} > h' - \varepsilon_0 = h + \varepsilon_0.$$
由于 $\{x_n\}$ 为有界序列, 从而 $\{x_{n'_k}\}$ 存在收敛子列 $\{x_{n''_k}\}$, 显然有 $\lim\limits_{k\to\infty} x_{n''_k} \geqslant h + \varepsilon_0 > h$. 这与 (3) 矛盾, 从而 $h' = h$, 即 (1) 成立.

注 对于下极限, 我们有相应于定理 2.5.1 的结果, 请读者自己给出这些结果的叙述与说明.

定理 2.5.2 (1) 若有界序列 $\{x_n\}$ 由互不相同的数组成, 则上极限 $\overline{\lim\limits_{n\to\infty}} x_n$ 是 $\{x_n\}$ 的最大聚点, 而下极限 $\underline{\lim\limits_{n\to\infty}} x_n$ 是 $\{x_n\}$ 的最小聚点;

(2) $\{x_{n_k}\}$ 是 $\{x_n\}$ 的任一子列, 则
$$\underline{\lim_{n\to\infty}} x_n \leqslant \underline{\lim_{k\to\infty}} x_{n_k} \leqslant \overline{\lim_{k\to\infty}} x_{n_k} \leqslant \overline{\lim_{n\to\infty}} x_n;$$

(3) $\lim\limits_{n\to\infty} x_n = a$ 的充分必要条件是 $\underline{\lim\limits_{n\to\infty}} x_n = \overline{\lim\limits_{n\to\infty}} x_n = a$, 其中 a 可以是有限数、$-\infty$ 或 $+\infty$.

证明 (1) 设 $\overline{\lim\limits_{n\to\infty}} x_n = h$. 由定理 2.5.1(3) 知, 存在 $\{x_n\}$ 的子列 $\{x_{n_k}\}$, 使得 $\lim\limits_{k\to\infty} x_{n_k} = h$. 由于 $\{x_{n_k}\}$ 是由互不相同的数所组成,

h 是 $\{x_{n_k}\}$ 的聚点, 因此 h 更是 $\{x_n\}$ 的聚点. 对于 $\{x_n\}$ 的任何聚点 h', 都存在它的子列 $\{x_{n'_k}\}$, 使得 $\lim\limits_{k\to\infty} x_{n'_k} = h'$. 由定理 2.5.1(3) 知必有 $h' \leqslant h$. 这就证明了 h 是 $\{x_n\}$ 的最大聚点. 同样的方法可证 $\varliminf\limits_{n\to\infty} x_n$ 是 $\{x_n\}$ 的最小聚点.

(2) 对 $\forall k \in \mathbb{N}$, 有
$$\ell_{n_k} = \inf\{x_{n_k}, x_{n_k+1}, \cdots\} \leqslant \inf\{x_{n_k}, x_{n_{k+1}}, \cdots\}.$$
因此
$$\varliminf_{n\to\infty} x_n = \lim_{n\to\infty} \ell_n = \lim_{k\to\infty} \ell_{n_k} \leqslant \lim_{k\to\infty} \inf\{x_{n_k}, x_{n_{k+1}}, \cdots\} = \varliminf_{k\to\infty} x_{n_k}.$$

对 $\forall k \in \mathbb{N}$, 有
$$h'_k = \sup\{x_{n_k}, x_{n_{k+1}}, \cdots\} \leqslant \sup\{x_{n_k}, x_{n_k+1}, \cdots\} = h_{n_k},$$
因此
$$\varlimsup_{k\to\infty} x_{n_k} = \lim_{k\to\infty} h'_k \leqslant \lim_{k\to\infty} h_{n_k} = \lim_{n\to\infty} h_n = \varlimsup_{n\to\infty} x_n.$$

(3) 我们只证 a 为有限数的情形, 其余的证明留给读者作为练习.

充分性 假定 $\varlimsup\limits_{n\to\infty} x_n = \varliminf\limits_{n\to\infty} x_n = a$, 由于 $\forall n \in \mathbb{N}$, 我们有
$$\ell_n = \inf_k\{x_{n+k}\} \leqslant x_n \leqslant \sup_k\{x_{n+k}\} = h_n,$$
由夹逼收敛原理知, $\lim\limits_{n\to\infty} x_n = a$ 成立.

必要性 设 $\lim\limits_{n\to\infty} x_n = a$, 则 $\forall \varepsilon > 0$, $\exists N$, 当 $n > N$ 时, 有
$$a - \varepsilon < x_n < a + \varepsilon,$$
从而有
$$a - \varepsilon \leqslant \ell_n \leqslant x_n \leqslant h_n \leqslant a + \varepsilon, \quad \forall n > N.$$
这说明
$$\varliminf_{n\to\infty} x_n = \lim_{n\to\infty} \ell_n = a = \lim_{n\to\infty} h_n = \varlimsup_{n\to\infty} x_n.$$

例 2.5.2 设 $\{x_n\}$ 是 $[0,1]$ 中全体有理数构成的序列, 试求它的上极限与下极限.

解法 1 由于 $\{x_n\}$ 在 $[0,1]$ 稠密, 因此, 对任意的 $n \in \mathbb{N}$, $\{x_n, x_{n+1}, x_{n+2}, \cdots\}$ 仍在 $[0,1]$ 稠密. 由此, $\forall n \in \mathbb{N}$, 有 $\ell_n = 0$, $h_n = 1$, 从而有

$$\varliminf_{n\to\infty} x_n = 0, \quad \varlimsup_{n\to\infty} x_n = 1.$$

解法 2 由于 $\lim\limits_{k\to\infty} \dfrac{1}{k} = 0$, $\lim\limits_{k\to\infty} \dfrac{k-1}{k} = 1$, 因此 0 与 1 都是 $\{x_n\}$ 是聚点. 显然 0 是它的最小聚点, 1 是它的最大聚点. 这说明: $\varliminf_{n\to\infty} x_n = 0$, $\varlimsup_{n\to\infty} x_n = 1$.

下面的定理给出了上、下极限的保序性和运算性质.

定理 2.5.3 设 $\{x_n\}$ 和 $\{y_n\}$ 是任意给定的两个有界序列, 则有
(1) $x_n \leqslant y_n \, (n = 1, 2, \cdots)$ 蕴涵着

$$\varliminf_{n\to\infty} x_n \leqslant \varliminf_{n\to\infty} y_n, \quad \varlimsup_{n\to\infty} x_n \leqslant \varlimsup_{n\to\infty} y_n;$$

(2) $\varliminf_{n\to\infty} (-x_n) = -\varlimsup_{n\to\infty} x_n, \quad \varlimsup_{n\to\infty} (-x_n) = -\varliminf_{n\to\infty} x_n;$

(3) $\varliminf_{n\to\infty} x_n + \varliminf_{n\to\infty} y_n \leqslant \varliminf_{n\to\infty} (x_n + y_n) \leqslant \varliminf_{n\to\infty} x_n + \varlimsup_{n\to\infty} y_n,$

$\varliminf_{n\to\infty} x_n + \varlimsup_{n\to\infty} y_n \leqslant \varlimsup_{n\to\infty} (x_n + y_n) \leqslant \varlimsup_{n\to\infty} x_n + \varlimsup_{n\to\infty} y_n;$

(4) 若 $x_n \geqslant 0$, $y_n \geqslant 0$, $n = 1, 2, \cdots$, 则

$$\varliminf_{n\to\infty} x_n \cdot \varliminf_{n\to\infty} y_n \leqslant \varliminf_{n\to\infty} (x_n \cdot y_n) \leqslant \varliminf_{n\to\infty} x_n \cdot \varlimsup_{n\to\infty} y_n,$$

$$\varliminf_{n\to\infty} x_n \cdot \varlimsup_{n\to\infty} y_n \leqslant \varlimsup_{n\to\infty} (x_n \cdot y_n) \leqslant \varlimsup_{n\to\infty} x_n \cdot \varlimsup_{n\to\infty} y_n.$$

证明 我们只证明 (3) 中的前两个不等式, 其余的不等式留给读者作为练习.

取 $\{x_n + y_n\}$ 的一个收敛子列 $\{x_{n_k} + y_{n_k}\}$, 使得

$$\lim_{k\to\infty} (x_{n_k} + y_{n_k}) = \varliminf_{n\to\infty} (x_n + y_n).$$

记 $\ell'_n = \inf\{x_n, x_{n+1}, \cdots\}$, $\ell''_n = \inf\{y_n, y_{n+1}, \cdots\}$, 则

$$\ell'_{n_k} + \ell''_{n_k} \leqslant x_{n_k} + y_{n_k}.$$

上式两边令 $k \to \infty$, 取极限即得

$$\varliminf_{n\to\infty} x_n + \varliminf_{n\to\infty} y_n = \lim_{k\to\infty}(\ell'_{n_k} + \ell''_{n_k}) \leqslant \lim_{k\to\infty}(x_{n_k} + y_{n_k}) = \varliminf_{n\to\infty}(x_n + y_n).$$

取 $\{x_n\}$ 的子列 $\{x_{n_k}\}$, 使得 $\lim\limits_{k\to\infty} x_{n_k} = \varlimsup\limits_{n\to\infty} x_n$. 由定理 2.5.2(2) 知

$$\varlimsup_{n\to\infty}(x_n + y_n) \leqslant \varlimsup_{k\to\infty}(x_{n_k} + y_{n_k}).$$

再取 $\{y_{n_k}\}$ 的收敛子列 $\{y_{n'_k}\}$. 又由定理 2.5.2(2) 及 (3) 得

$$\varlimsup_{k\to\infty}(x_{n_k} + y_{n_k}) \leqslant \varlimsup_{k\to\infty}(x_{n'_k} + y_{n'_k}) = \lim_{k\to\infty} x_{n'_k} + \lim_{k\to\infty} y_{n'_k}$$
$$\leqslant \varlimsup_{n\to\infty} x_n + \varlimsup_{n\to\infty} y_n.$$

作为本节的结束, 我们给出两个例子来说明如何用上、下极限的理论来研究序列的敛散性.

例 2.5.3 给定序列 $\{x_n\}$ 及常数 $\alpha \geqslant 2$, 令

$$y_n = x_n + \alpha x_{n+1}, \qquad n = 1, 2, \cdots,$$

证明: 序列 $\{y_n\}$ 收敛的充分必要条件是序列 $\{x_n\}$ 收敛.

证明 充分性是显然的, 下证必要性.

首先, $\{y_n\}$ 收敛蕴涵着它有界, 从而存在 $M > 0$, 使得 $|y_n| \leqslant M$ 和 $|x_1| \leqslant M$. 现假定 $|x_n| \leqslant M$, 则有

$$|x_{n+1}| \leqslant \frac{1}{\alpha}(|y_n| + |x_n|) \leqslant \frac{2M}{\alpha} \leqslant M.$$

由归纳法原理知, 对一切的正整数 n, 有 $|x_n| \leqslant M$, 即 $\{x_n\}$ 有界. 记 $\ell = \varliminf\limits_{n\to\infty} x_n$, $h = \varlimsup\limits_{n\to\infty} x_n$, 则 ℓ 和 h 均为有限数.

令 $\lim\limits_{n\to\infty} y_n = b$, 在等式 $x_n = y_n - \alpha x_{n+1}$ 两边分别取上、下极限,

并且利用本章习题第 32 题的结论和定理 2.5.3 的 (2), 可得
$$\begin{cases} h = b - \alpha \ell, \\ \ell = b - \alpha h. \end{cases}$$
由此可得 $\ell + \alpha h = h + \alpha \ell$, 从而有 $\ell = h$. 这样, 由定理 2.5.2 的 (3) 知, 序列 $\{x_n\}$ 收敛.

例 2.5.4 证明序列 $\{\sin n\}$ 发散.

证明 对 $\forall k \in \mathbb{N}$, 令
$$n_k = \left[2k\pi + \frac{3\pi}{4} \right], \qquad m_k = \left[(2k+1)\pi + \frac{3\pi}{4} \right],$$
则有
$$2k\pi + \frac{\pi}{4} < n_k < 2k\pi + \frac{3\pi}{4}, \quad (2k+1)\pi + \frac{\pi}{4} < m_k < (2k+1)\pi + \frac{3\pi}{4},$$
从而
$$\sin n_k > \frac{\sqrt{2}}{2}, \qquad \sin m_k < -\frac{\sqrt{2}}{2}.$$
这样, 我们有
$$\varliminf_{n \to \infty} \sin n \leqslant \varliminf_{k \to \infty} \sin m_k \leqslant -\frac{\sqrt{2}}{2} < \frac{\sqrt{2}}{2} \leqslant \varlimsup_{k \to \infty} \sin n_k \leqslant \varlimsup_{n \to \infty} \sin n.$$
因此, 序列 $\{\sin n\}$ 发散.

习 题 二

1. 试将有理数集 $\mathbb{Q}$ 排成一个序列.
2. 试问以下陈述是否可作为序列极限的定义, 并说明理由:
   (1) 对 $\varepsilon = \dfrac{1}{10^{100}}$, $\exists N > 0$, 当 $n > N$ 时, 有 $|x_n - a| < \varepsilon$;
   (2) 对 $\forall \varepsilon_k = \dfrac{1}{k}$ $(k \in \mathbb{N})$, $\exists N > 0$, 当 $n > N$ 时, 有 $|x_n - a| < \varepsilon_k$;
   (3) $\exists M > 0$, $\forall \varepsilon > 0$, $\exists N > 0$, 当 $n > N$ 时, 有 $|x_n - a| < M\varepsilon$.
3. 用序列极限的定义证明:
   (1) $\lim\limits_{n \to \infty} \dfrac{\cos n}{n} = 0$;   (2) $\lim\limits_{n \to \infty} \dfrac{n}{n^3 + 1} = 0$;

(3) $\lim\limits_{n\to\infty}(\sqrt{n+1}-\sqrt{n})=0$;   (4) $\lim\limits_{n\to\infty}\dfrac{1-2n^2}{3n^2+1}=-\dfrac{2}{3}$;

(5) $\lim\limits_{n\to\infty}n^3q^n=0\ (|q|<1)$;   (6) $\lim\limits_{n\to\infty}\dfrac{n^3}{n!}=0$.

4. 设 $x_n \leqslant a \leqslant y_n$ 对一切的正整数 n 成立, 而且 $\lim\limits_{n\to\infty}(y_n-x_n)=0$. 证明:
$$\lim_{n\to\infty}x_n=a=\lim_{n\to\infty}y_n.$$

5. 设 $\lim\limits_{n\to\infty}a_n=a$, 试证:
$$\lim_{n\to\infty}\frac{p_1a_n+p_2a_{n-1}+\cdots+p_na_1}{p_1+p_2+\cdots+p_n}=a,$$
其中 $p_k>0$ 而且 $\lim\limits_{n\to\infty}\dfrac{p_n}{p_1+p_2+\cdots+p_n}=0$.

6. 用无穷大量的定义验证下列序列是无穷大量:

(1) $\left\{\dfrac{n^2-2}{2n+1}\right\}$;

(2) $\{2^{2^n}+1\}$;

(3) $\{F_n\}$ 为斐波那契 (Fibonacci) 序列, 其中 F_n 递推地定义如下:
$$F_0=F_1=1,\quad F_{n+1}=F_n+F_{n-1}.$$

7. 求证 $\lim\limits_{n\to\infty}x_n=a$ 的充分必要条件为
$$\lim_{n\to\infty}x_{2n}=a=\lim_{n\to\infty}x_{2n+1}.$$
若已知 $\lim\limits_{n\to\infty}x_{2n}$ 和 $\lim\limits_{n\to\infty}x_{2n+1}$ 都存在, 试问是否能保证 $\lim\limits_{n\to\infty}x_n$ 存在?

8. 用肯定的语气叙述序列 $\{x_n\}$ 不是无穷小量.

9. 求证序列 $\{\cos n\}$ 的极限不存在.

10. 求下列极限:

(1) $\lim\limits_{n\to\infty}\cos n\sin\dfrac{a}{n}\ (a\neq 0)$;

(2) $\lim\limits_{n\to\infty}\dfrac{7n^5+n^3-2n}{2n^5-n+3}$;

(3) $\lim\limits_{n\to\infty} \left(\dfrac{1}{n^2} + \dfrac{2}{n^2} + \cdots + \dfrac{n}{n^2}\right)$;

(4) $\lim\limits_{n\to\infty} \dfrac{a^n}{1+a+a^2+\cdots+a^{n-1}}$ $(a>0)$;

(5) $\lim\limits_{n\to\infty} \dfrac{\sqrt[3]{n^2}\sin n^2}{n+1}$;

(6) $\lim\limits_{n\to\infty} \sqrt[3]{n}(\sqrt[3]{n+1} - \sqrt[3]{n})$;

(7) $\lim\limits_{n\to\infty} \left[\dfrac{1}{1\cdot 2} + \dfrac{1}{2\cdot 3} + \cdots + \dfrac{1}{n\cdot(n+1)}\right]$;

(8) $\lim\limits_{n\to\infty} \dfrac{a+a^2+\cdots+a^n}{b+b^2+\cdots+b^n}$ $(|a|<1, 0<|b|<1)$;

(9) $\lim\limits_{n\to\infty} \sqrt[n]{a}$ $(0<a<1)$;

(10) $\lim\limits_{n\to\infty} \dfrac{n^k}{a^n}$ $(a>1, k>0)$.

11. 设 $\lim\limits_{n\to\infty} x_n = a$, $\lim\limits_{n\to\infty} y_n = b$, 证明：

(1) $\lim\limits_{n\to\infty} \max\{x_n, y_n\} = \max\{a, b\}$;

(2) $\lim\limits_{n\to\infty} \min\{x_n, y_n\} = \min\{a, b\}$.

12. 求下列函数的定义域及表达式：

(1) $F(x) = \lim\limits_{n\to\infty} \sqrt[n]{1+x^n}$;

(2) $G(x) = \lim\limits_{n\to\infty} \sqrt[n]{1+x^n + \dfrac{x^{2n}}{2^n}}$.

13. 对 $n = 1, 2, \cdots$, 分别设

$$x_n = \dfrac{n}{\sqrt{n^2+n}}, \quad y_n = \dfrac{n}{\sqrt{n^2+1}}, \quad z_n = \sum_{k=1}^{n} \dfrac{1}{\sqrt{n^2+k}},$$

求它们的极限.

14. 求极限 $\lim\limits_{n\to\infty} x_n$, 其中对 $n = 1, 2, \cdots$,

(1) $x_n = \dfrac{1\cdot 3\cdot 5\cdots(2n-1)}{2\cdot 4\cdot 6\cdots(2n)}$;

(2) $x_n = \sum_{k=n^2}^{(n+1)^2} \dfrac{1}{\sqrt{k}}$;

(3) $x_n = \sqrt[n]{n \ln n}$.

15. 若序列 $\{x_n\}$ 收敛, $\{y_n\}$ 发散, 证明 $\{x_n+y_n\}$ 必发散; 问 $\{x_ny_n\}$ 是否必定发散? 若 $\{x_n\}$ 和 $\{y_n\}$ 均发散, 问 $\{x_n+y_n\}$ 和 $\{x_ny_n\}$ 是否必定发散? 若 $\{x_ny_n\}$ 是无穷小量, 问 $\{x_n\}$ 和 $\{y_n\}$ 是否必为无穷小量?

16. 设 $A > 0, 0 < x_1 < \dfrac{1}{A}, x_{n+1} = x_n(2 - Ax_n)\ (n = 1, 2, \cdots)$, 证明序列 $\{x_n\}$ 的极限存在, 并求此极限.

17. 序列 $\{q_n\}$ 满足条件:
$$0 < q_n < 1, \quad (1-q_n)q_{n+1} > \frac{1}{4}, \quad \forall n \in \mathbb{N},$$
证明 $\{q_n\}$ 单调上升, 而且 $\lim\limits_{n \to \infty} q_n = \dfrac{1}{2}$.

18. 求下列序列的极限:

(1) $\sqrt{2},\ \sqrt{2\sqrt{2}},\ \sqrt{2\sqrt{2\sqrt{2}}}, \cdots$;

(2) $\sqrt{2},\ \sqrt{2+\sqrt{2}},\ \sqrt{2+\sqrt{2+\sqrt{2}}}, \cdots$.

19. 设 $0 < a_1 < b_1$, 令
$$a_{n+1} = \sqrt{a_n b_n}, \quad b_{n+1} = \frac{1}{2}(a_n + b_n) \quad (n = 1, 2, \cdots),$$
证明序列 $\{a_n\}$ 和 $\{b_n\}$ 的极限存在且相等.

20. 求下列极限:

(1) $\lim\limits_{n \to \infty} \left(\dfrac{n-2}{n-1}\right)^{2n+1}$; (2) $\lim\limits_{n \to \infty} \left(1 + \dfrac{1}{n^2}\right)^n$;

(3) $\lim\limits_{n \to \infty} \left(1 + \dfrac{1}{n}\right)^{n^2}$.

21. 设 $\{b_n\}$ 是严格递增趋于 $+\infty$ 的序列, 证明: 如果
$$\lim_{n \to \infty} \frac{a_n - a_{n-1}}{b_n - b_{n-1}} = A,$$

则
$$\lim_{n\to\infty} \frac{a_n}{b_n} = A.$$

注：此即为著名的施笃兹 (Stolz) 定理.

22. 利用上面的施笃兹定理求下列极限：

(1) $\lim\limits_{n\to\infty} \dfrac{1 + \dfrac{1}{2} + \cdots + \dfrac{1}{n}}{\ln n}$；

(2) $\lim\limits_{n\to\infty} \dfrac{1 + \dfrac{1}{\sqrt{2}} + \cdots + \dfrac{1}{\sqrt{n}}}{\sqrt{n}}$；

(3) $\lim\limits_{n\to\infty} \dfrac{1^2 + 3^2 + \cdots + (2n-1)^2}{n^3}$.

23. 设函数 $f(x)$ 在 (a,b) 内有定义，并且对任意的 $\xi \in (a,b)$，存在一个 $\delta > 0$，使得当 $x \in (\xi - \delta, \xi + \delta) \cap (a,b)$ 时有：

(1) 当 $x < \xi$ 时，$f(x) < f(\xi)$；

(2) 当 $x > \xi$ 时，$f(x) > f(\xi)$，

求证 $f(x)$ 在 (a,b) 内严格递增.

24. 用区间套定理证明确界存在定理.

25. 用确界存在定理证明聚点原理.

26. 对任意给定的 $\varepsilon > 0$，存在 $N \in \mathbb{N}$，使得当 $n > N$ 时，有
$$|a_n - a_N| < \varepsilon,$$
问 $\{a_n\}$ 是否是一柯西序列？

27. 证明如下定义的序列 $\{x_n\}$ 收敛：

(1) $x_n = 1 - \dfrac{1}{2} + \dfrac{1}{3} + \cdots + (-1)^{n-1}\dfrac{1}{n}$；

(2) $x_n = a_0 + a_1 q + \cdots + a_n q^n$，其中 $\{a_n\}$ 为一有界序列，而 $|q| < 1$；

(3) $x_n = \sin x + \dfrac{\sin 2x}{2^2} + \cdots + \dfrac{\sin nx}{n^2}$ ($x \in \mathbb{R}$)；

(4) $x_n = \dfrac{\sin 2x}{2(2 + \sin 2x)} + \dfrac{\sin 3x}{3(3 + \sin 3x)} + \cdots + \dfrac{\sin nx}{n(n + \sin nx)}$ ($x \in \mathbb{R}$).

28. 用肯定的语气来叙述序列 $\{x_n\}$ 不是柯西序列.

29. 设 $\{a_n\} \subset [a,b]$, 证明: 如果 $\{a_n\}$ 发散, 则 $\{a_n\}$ 必有两个子列收敛于不同的数.

30. 设序列 $\{x_n\}$ 分别由 $x_n = (-1)^n \left(1 + \dfrac{1}{n}\right)^n + \sin \dfrac{n\pi}{4}$ 和

$$x_n = \begin{cases} n, & n = 2k-1, \\ 1/n, & n = 2k \end{cases}$$

定义, 证明它们为发散序列.

31. 求如下定义的序列 $\{x_n\}$ 的上、下极限:

(1) $x_n = \dfrac{n^2}{1+n^2} \cos \dfrac{n\pi}{2}$;

(2) $x_n = n + n\cos n\pi + \sin \dfrac{n\pi}{4}$;

(3) $x_n = \dfrac{(-1)^n}{n} + \dfrac{1+(-1)^n}{2}$;

(4) $x_n = n^{(-1)^n}$.

32. 证明: 若 $\lim\limits_{n\to\infty} x_n$ 存在, 则对任何的有界序列 $\{y_n\}$ 有:

(1) $\overline{\lim\limits_{n\to\infty}} (x_n + y_n) = \lim\limits_{n\to\infty} x_n + \overline{\lim\limits_{n\to\infty}} y_n$;

(2) $\overline{\lim\limits_{n\to\infty}} (x_n y_n) = \lim\limits_{n\to\infty} x_n \overline{\lim\limits_{n\to\infty}} y_n \quad (x_n \geqslant 0, y_n \geqslant 0)$.

33. 证明: 若非负有界序列 $\{x_n\}$ 对任何序列 $\{y_n\}$ 都有下列等式之一成立:

$$\overline{\lim\limits_{n\to\infty}} (x_n + y_n) = \overline{\lim\limits_{n\to\infty}} x_n + \overline{\lim\limits_{n\to\infty}} y_n,$$

$$\overline{\lim\limits_{n\to\infty}} (x_n y_n) = \overline{\lim\limits_{n\to\infty}} x_n \overline{\lim\limits_{n\to\infty}} y_n,$$

则序列 $\{x_n\}$ 收敛.

34. 证明: 若 $x_n > 0$ 且

$$\overline{\lim\limits_{n\to\infty}} x_n \cdot \overline{\lim\limits_{n\to\infty}} \dfrac{1}{x_n} = 1,$$

则序列 $\{x_n\}$ 是收敛的.

35. 设序列 $\{x_n\}$ 有界, 且

$$\lim_{n\to\infty}(x_{n+1}-x_n)=0.$$

再设 $l=\varliminf\limits_{n\to\infty}x_n$ 和 $L=\varlimsup\limits_{n\to\infty}x_n$. 试证明 $[l,L]$ 中的任意一个数都是此序列的一个子列的极限.

36. 设序列 $\{x_n\}$ 和 $\{y_n\}$ 满足

$$x_{n+1}=y_n+qx_n\ (0<q<1),\quad n=1,2,\cdots,$$

证明: 序列 $\{y_n\}$ 收敛的充分必要条件是序列 $\{x_n\}$ 收敛.

37. 设序列 $\{x_n\}$ 满足: 对任意 $n,m\in\mathbb{N}$, 有

$$0\leqslant x_{n+m}\leqslant x_n+x_m.$$

证明序列 $\left\{\dfrac{x_n}{n}\right\}$ 存在极限.

第三章 函数的极限与连续性

§3.1 函数的极限

上一章我们讨论了序列的极限,本节我们将进一步论述函数的极限. 若将序列看成是定义在 $\mathbb{N}$ 中的函数,则在序列极限中,自变量只有一种变化状态. 而在函数极限中的自变量却有六种不同的变化状态,这就导致函数极限的定义有各种不同的形式. 为了避免繁琐,本节我们主要以自变量趋向于某一给定的点为规范来论述函数极限的定义和性质.

3.1.1 函数极限的定义

在很多实际应用中,我们常常要分析函数的变化情况. 特别地,当函数 $f(x)$ 在某点 x_0 没有意义,但在 $U_0(x_0,\delta)$ 内有意义时,我们要研究当 x 充分接近 x_0 时函数的变化情况. 例如,考查函数 $y = x\sin\frac{1}{x}$ 在点 $x = 0$ 的附近的变化情况. 我们发现 $\sin\frac{1}{x}$ 在点 $x = 0$ 的邻域内是起伏不定的,但当 x 趋于 0 时,由于 $|y - 0| = \left|x\sin\frac{1}{x}\right| \leqslant |x|$,$y$ 也随之与 0 无限接近. 因此,我们引入函数极限的定义.

定义 3.1.1 设函数 $f(x)$ 在 $U_0(x_0,\delta_0)(\delta_0 > 0)$ 内有定义. 若存在实数 A,使得 $\forall \varepsilon > 0, \exists \delta > 0$,当 $x \in U_0(x_0,\delta)$ (即 $0 < |x - x_0| < \delta$) 时,有 $|f(x) - A| < \varepsilon$,则称当 x 趋于 x_0 时,函数 $f(x)$ 以 A 为**极限**(又称函数 $f(x)$ 在点 x_0 的**极限存在**,其**极限**为 A),记为 $\lim\limits_{x \to x_0} f(x) = A$ 或者 $f(x) \to A \ (x \to x_0)$.

从以上定义中可以看出, $f(x)$ 在 x_0 存在极限 A 与 $f(x)$ 在 x_0 是否有定义无关,即使 $f(x)$ 在 x_0 有定义, A 也不一定等于 $f(x_0)$. 换句话说, 在考虑函数极限时, 我们只考虑 x_0 附近 $f(x)$ 的变化趋势, 而并不关心 $f(x)$ 在 x_0 的取值情况.

再来看 $\lim\limits_{x \to x_0} f(x) = A$ 的几何意义. 任给 $\varepsilon > 0$, 用平行于 x 轴的直线 $y = A - \varepsilon$ 和 $y = A + \varepsilon$ 作一长条带域. 由定义, 存在 $\delta > 0$, 使得当 $0 < |x - x_0| < \delta$ 时, $|f(x) - A| < \varepsilon$. 这就是说, 在 x 轴上可以找到一个以 x_0 为中心的开区间 $(x_0 - \delta, x_0 + \delta)$, 使当 $x \in (x_0 - \delta, x_0 + \delta)$ 且 $x \neq x_0$ 时, 点 $P(x, f(x))$ 就必然落在所述的长条阴影带域内 (参见图 3.1.1).

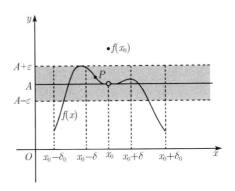

图　3.1.1

例 3.1.1 证明极限 $\lim\limits_{x \to 1} \dfrac{\sqrt{x} - 1}{x - 1} = \dfrac{1}{2}$.

分析 当 $x \neq 1$ 时, 有
$$\left| \frac{\sqrt{x} - 1}{x - 1} - \frac{1}{2} \right| = \left| \frac{x - 1}{2(\sqrt{x} + 1)^2} \right|.$$

由于我们只考虑函数在 $x = 1$ 附近的变化情况, 因此我们无妨限定 $|x - 1| < 1$, 此时 $(\sqrt{x} + 1)^2 > 1$, 从而
$$\left| \frac{\sqrt{x} - 1}{x - 1} - \frac{1}{2} \right| = \frac{|x - 1|}{2(\sqrt{x} + 1)^2} < \frac{1}{2}|x - 1|.$$

这样, $\forall \varepsilon > 0$, 欲使 $\left| \dfrac{\sqrt{x} - 1}{x - 1} - \dfrac{1}{2} \right| < \varepsilon$, 只需取 $\delta = 2\varepsilon$.

证明 $\forall \varepsilon > 0$, 取 $\delta = \min\{1, 2\varepsilon\}$, 则当 $|x-1| < \delta$ 时, 有
$$\left|\frac{\sqrt{x}-1}{x-1} - \frac{1}{2}\right| < \frac{1}{2}|x-1| < \varepsilon.$$
按函数极限的定义知 $\lim\limits_{x \to 1} \dfrac{\sqrt{x}-1}{x-1} = \dfrac{1}{2}$ 成立.

例 3.1.2 证明极限 $\lim\limits_{x \to 2} x^4 = 16$.

证明 由于
$$|x^4 - 16| = |x-2||x^3 + 2x^2 + 4x + 8|,$$
限定 $|x-2| < 1$ 时, 有 $|x| < 3$, 从而有
$$|x^4 - 16| < 65|x-2|.$$
因此, $\forall \varepsilon > 0$, 取 $\delta = \min\left\{\dfrac{\varepsilon}{65}, 1\right\}$, 则当 $0 < |x-2| < \delta$ 时, 有
$$|x^4 - 16| < \varepsilon.$$
按函数极限的定义知 $\lim\limits_{x \to 2} x^4 = 16$ 成立.

用完全类似的方法可证: 对任意的实数 a 和任意的正整数 n, 有 $\lim\limits_{x \to a} x^n = a^n$. 请读者作为练习给出这一结果的证明.

从以上例子的证明可以看出: 要证明 $\lim\limits_{x \to x_0} f(x) = A$, 我们应该先限定 x 在 x_0 的某个邻域内, 这样容易从 $|f(x) - A|$ 中得到所要的关于 $|x - x_0|$ 的不等式. 而预先限定 x 的变化范围, 可以通过给定某个 $\delta_0 > 0$ 得到.

例 3.1.3 证明极限 $\lim\limits_{x \to 0} x \sin \dfrac{1}{x} = 0$.

证明 $\forall \varepsilon > 0$, 取 $\delta = \varepsilon$, 当 $x \in U_0(0, \delta)$ 时, 有
$$\left|x \sin \frac{1}{x} - 0\right| \leqslant |x| < \varepsilon,$$
按函数极限的定义知 $\lim\limits_{x \to 0} x \sin \dfrac{1}{x} = 0$ 成立.

3.1.2 函数极限的性质

与序列极限的性质一样, 函数极限也具有相应的性质. 但是由于函数极限的存在与否只与 x_0 附近的函数值有关, 因此一些相应的结论也只能在 x_0 的某个邻域内成立. 例如, 对于"改变序列的有限多项不改变序列的敛散性"这一性质而言, 我们有以下相应的结论: 设 $f(x)$ 在 x_0 的某个邻域 $U_0(x_0,\delta_0)$ ($\delta_0>0$) 有定义, 则对任何 $\delta_0>\delta_1>0$, 改变 $f(x)$ 在 $U_0(x_0,\delta_1)$ 外面的函数值, 不影响 $f(x)$ 在 x_0 处的敛散性.

定理 3.1.1 (唯一性和有界性) 设极限 $\lim\limits_{x\to x_0}f(x)$ 存在, 则

(1) 该极限值是唯一的;

(2) $\exists\delta_0>0$, 使得 $f(x)$ 在 $U_0(x_0,\delta_0)$ 有界.

证明 (1) 设 $\lim\limits_{x\to x_0}f(x)=A$, $\lim\limits_{x\to x_0}f(x)=B$, 则由函数极限的定义, $\forall\varepsilon>0$, $\exists\delta>0$, 当 $0<|x-x_0|<\delta$ 时, 有

$$|f(x)-A|<\frac{\varepsilon}{2}, \qquad |f(x)-B|<\frac{\varepsilon}{2},$$

从而有

$$|A-B|<|f(x)-A|+|f(x)-B|<\varepsilon.$$

由于 A,B 为两个常数, 它们的差又能小于任给的 $\varepsilon>0$, 因此 A 必须等于 B.

(2) 设 $\lim\limits_{x\to x_0}f(x)=A$. 对 $\varepsilon_0=1$, $\exists\delta_0>0$, 当 $0<|x-x_0|<\delta_0$ 时, 有 $|f(x)-A|<1$, 从而有

$$|f(x)|\leqslant|A|+|f(x)-A|<1+|A|, \qquad \forall x\in U_0(x_0,\delta_0),$$

按有界函数的定义知 $f(x)$ 在 $U_0(x_0,\delta_0)$ 有界.

定理 3.1.2 (保序性) 设 $\lim\limits_{x\to x_0}f(x)=A$, $\lim\limits_{x\to x_0}g(x)=B$, 则

(1) 若 $\exists\delta_0>0$, 使得当 $x\in U_0(x_0,\delta_0)$ 时, 有 $f(x)\leqslant g(x)$, 则 $A\leqslant B$;

(2) 若 $A<B$, 则对任何 $C\in(A,B)$, $\exists\delta_c>0$, 使得当 $x\in U_0(x_0,\delta_c)$ 时, 有 $f(x)<C<g(x)$.

定理的证明留给读者作为练习.

定理 3.1.3 (四则运算) 设 $\lim\limits_{x \to x_0} f(x) = A$, $\lim\limits_{x \to x_0} g(x) = B$, 则有
(1) $\lim\limits_{x \to x_0} \bigl(f(x) \pm g(x)\bigr) = A \pm B$;
(2) $\lim\limits_{x \to x_0} f(x) \cdot g(x) = A \cdot B$;
(3) $\lim\limits_{x \to x_0} \dfrac{f(x)}{g(x)} = \dfrac{A}{B}$, 这里假定 $B \neq 0$.

证明 我们只证 (3), 其余的请读者自己证明.
在 x_0 的附近, 我们有

$$\left|\frac{f(x)}{g(x)} - \frac{A}{B}\right| = \frac{|Bf(x) - Ag(x)|}{|Bg(x)|} = \frac{|B(f(x) - A) - A(g(x) - B)|}{|B||g(x)|}$$
$$\leqslant \frac{1}{|B||g(x)|}\bigl(|B||f(x) - A| + |A||g(x) - B|\bigr).$$

由 $\lim\limits_{x \to x_0} g(x) = B \neq 0$ 知, $\exists \delta_0 > 0$, 使得当 $x \in U_0(x_0, \delta_0)$ 时, 有 $|g(x) - B| < \dfrac{|B|}{2}$, 从而

$$|g(x)| \geqslant |B| - |g(x) - B| \geqslant |B| - \frac{|B|}{2} = \frac{|B|}{2}.$$

这样, 与前面的不等式相结合, 我们有

$$\left|\frac{f(x)}{g(x)} - \frac{A}{B}\right| \leqslant \frac{2}{|B|}|f(x) - A| + 2\frac{|A|}{|B|^2}|g(x) - B|$$

对一切的 $x \in U_0(x_0, \delta_0)$ 成立.

$\forall \varepsilon > 0$, 由 $\lim\limits_{x \to x_0} g(x) = B$ 知, $\exists \delta_1 > 0$, 使得当 $x \in U_0(x_0, \delta_1)$ 时, 有

$$|g(x) - B| < \frac{B^2}{4(|A| + 1)}\varepsilon;$$

再由 $\lim\limits_{x \to x_0} f(x) = A$ 知, $\exists \delta_2 > 0$, 使得当 $x \in U_0(x_0, \delta_2)$ 时, 有

$$|f(x) - A| < \frac{|B|}{4}\varepsilon.$$

现在取 $\delta = \min\{\delta_0, \delta_1, \delta_2\}$, 则当 $x \in U_0(x_0, \delta)$ 时, 有
$$\left|\frac{f(x)}{g(x)} - \frac{A}{B}\right| < \frac{\varepsilon}{2} + \frac{\varepsilon}{2} = \varepsilon.$$
按函数极限的定义知 (3) 成立.

例 3.1.4 求极限 $\lim\limits_{x \to 2} \dfrac{2x^3 + 3x - 1}{x^3 + 3}$.

解 因 $x \to 2$ 时, $2x^3 + 3x - 1$ 和 $x^3 + 3$ 都有极限, 而且
$$\lim_{x \to 2}(2x^3 + 3x - 1) = 2 \times 2^3 + 3 \times 2 - 1 = 21,$$
$$\lim_{x \to 2}(x^3 + 3) = 2^3 + 3 = 11 \neq 0,$$

所以
$$\lim_{x \to 2} \frac{2x^3 + 3x - 1}{x^3 + 3} = \frac{\lim\limits_{x \to 2}(2x^3 + 3x - 1)}{\lim\limits_{x \to 2}(x^3 + 3)} = \frac{21}{11}.$$

例 3.1.5 求 $\lim\limits_{x \to 1} \dfrac{x + x^2 + \cdots + x^n - n}{x - 1}$, 其中 n 是一个给定的正整数.

解 将所求极限式恒等变形, 有
$$\lim_{x \to 1} \frac{x + x^2 + \cdots + x^n - n}{x - 1}$$
$$= \lim_{x \to 1} \left(\frac{x - 1}{x - 1} + \frac{x^2 - 1}{x - 1} + \cdots + \frac{x^n - 1}{x - 1}\right)$$
$$= \lim_{x \to 1} \left[1 + (1 + x) + \cdots + (x^{n-1} + x^{n-2} + \cdots + 1)\right]$$
$$= 1 + 2 + \cdots + n = \frac{1}{2}n(n + 1).$$

下面我们来讨论复合函数求极限的问题, 有下述结论:

定理 3.1.4 设函数 $f(u)$ 在 $U_0(u_0, \delta_1)(\delta_1 > 0)$ 有定义且 $\lim\limits_{u \to u_0} f(u) = A$; $u = g(x)$ 在 $U_0(x_0, \delta_0)(\delta_0 > 0)$ 有定义, 当 $x \in U_0(x_0, \delta_0)$ 时有 $g(x) \in U_0(u_0, \delta_1)$ 且 $\lim\limits_{x \to x_0} g(x) = u_0$, 则有
$$\lim_{x \to x_0} f(g(x)) = A.$$

证明 由 $\lim\limits_{u\to u_0} f(u) = A$ 知, $\forall \varepsilon > 0, \exists 0 < \eta < \delta_1$, 使得当 $u \in U_0(u_0, \eta)$ 时, 有
$$|f(u) - A| < \varepsilon.$$
对于 $\eta > 0$, 由 $\lim\limits_{x\to x_0} g(x) = u_0, \exists 0 < \delta < \delta_0$, 使得当 $x \in U_0(x_0, \delta_0)$ 时, 有
$$|g(x) - u_0| < \eta.$$
注意到 $\forall x \in U_0(x_0, \delta_0)$ 有 $g(x) \neq u_0$, 因此当 $x \in U_0(x_0, \delta)$ 时, 有 $g(x) \in U_0(u_0, \eta)$, 因此有
$$|f(g(x)) - A| < \varepsilon.$$
这就证明了 $\lim\limits_{x\to x_0} f(g(x)) = A$. 定理证毕.

例 3.1.6 求极限 $\lim\limits_{x\to 0} \dfrac{\sqrt{x^2+x+1}-1}{x^2+x}$.

解 取 $f(u) = \dfrac{\sqrt{u}-1}{u-1}$, 其中 $u = x^2+x+1$, 则 $f(u)$ 在 $u_0 = 1$ 的某个邻域, $g(x)$ 在 $x_0 = 0$ 的某个邻域内满足定理 3.1.4 的所有条件. 由例 3.1.1 知 $\lim\limits_{u\to 1} f(u) = \dfrac{1}{2}$. 显然有 $\lim\limits_{x\to 0} g(x) = \lim\limits_{x\to 0}(x^2+x+1) = 1$. 由定理 3.1.4 知
$$\lim_{x\to 0} \frac{\sqrt{x^2+x+1}-1}{x^2+x} = \lim_{x\to 0} f(g(x)) = \frac{1}{2}.$$

对于定理 3.1.4 中的条件, 我们要求当 $x \in U_0(x_0, \delta_0)$ 时, 有 $g(x) \in U_0(u_0, \delta_1)$. 该条件在复合函数求极限中是必要的. 换句话说, 若假定 $g(x) \in U(u_0, \delta_1)$, 则定理 3.1.4 的结论可能不真. 事实上, 我们取
$$f(u) = \begin{cases} 0, & u = 0, \\ 1, & u \neq 0, \end{cases} \quad g(x) = \begin{cases} 1, & x = \dfrac{1}{n}, \\ 0, & \text{其他}, \end{cases}$$
则
$$f(g(x)) = \begin{cases} 1, & x = \dfrac{1}{n}, \\ 0, & \text{其他}. \end{cases}$$

现取 $x_0 = 0$, 则 $\lim\limits_{x \to 0} g(x) = 0$. 注意到 $\lim\limits_{u \to 0} f(u) = 1$, 但是 $\lim\limits_{x \to 0} f(g(x))$ 不存在. 这是因为在 $x_0 = 0$ 的任意小的邻域内 $f(g(x))$ 既有取值为 1 的点, 又有取值为 0 的点, 故其极限不存在.

定理 3.1.5 (夹逼收敛原理) 若 $\lim\limits_{x \to x_0} f(x) = \lim\limits_{x \to x_0} h(x) = A$, 而且存在 $\delta_0 > 0$, 使得 $f(x) \leqslant g(x) \leqslant h(x)$ 对一切 $x \in U_0(x_0, \delta)$ 成立, 则有

$$\lim_{x \to x_0} g(x) = A.$$

此定理的证明与序列的逼收敛原理类似, 故从略.

最后, 我们要重复指出的是, 函数极限存在时, 它所具有的性质只是在局部成立. 例如, 设 $f(x) = \dfrac{1}{x}$, $x \in (0, +\infty)$. 对任意的 $x_0 \in (0, +\infty)$, 有

$$\lim_{x \to x_0} f(x) = \lim_{x \to x_0} \frac{1}{x} = \frac{1}{x_0}.$$

由此可以导出 $f(x)$ 在 x_0 附近有界, 事实上, 我们有

$$|f(x)| < \frac{2}{x_0}, \quad \forall x \in \left(x_0 - \frac{x_0}{2}, x_0 + \frac{x_0}{2}\right),$$

但 $f(x)$ 显然在 $(0, +\infty)$ 上无界.

3.1.3 函数极限概念的推广

在实际应用中, 前面所引入的函数极限的概念是不够的, 例如对闭区间上有定义的函数, 就无法讨论其在端点处的极限问题. 因此我们就必须拓广极限的概念, 以便处理其他形式的极限问题.

1. 单侧极限

所谓**单侧极限**是考虑函数在某一点的一侧的变化情况. 记

$U^+(x_0, \delta) = \{x \in \mathbb{R} : x_0 \leqslant x < x_0 + \delta\}$ (x_0 的右邻域);

$U^-(x_0, \delta) = \{x \in \mathbb{R} : x_0 - \delta < x \leqslant x_0\}$ (x_0 的左邻域);

$U_0^+(x_0,\delta) = U^+(x_0,\delta) \setminus \{x_0\}$ (x_0 的右空心邻域);
$U_0^-(x_0,\delta) = U^-(x_0,\delta) \setminus \{x_0\}$ (x_0 的左空心邻域).

定义 3.1.2 设 $f(x)$ 在 $U_0^+(x_0,\delta_0)(\delta_0 > 0)$ 上有定义. 如果存在实数 A, 对 $\forall \varepsilon > 0, \exists \delta > 0$, 使得当 $x \in U_0^+(x_0,\delta)$ (即 $0 < x - x_0 < \delta$) 时, 有 $|f(x) - A| < \varepsilon$, 则称 $f(x)$ 在点 x_0 的**右极限存在**, 而称 A 为 $f(x)$ 在点 x_0 的**右极限**, 记为 $\lim\limits_{x \to x_0+0} f(x) = A$ 或者 $f(x_0 + 0) = A$.

类似地可定义 $f(x)$ 在点 x_0 的**左极限** $\lim\limits_{x \to x_0-0} f(x)$ 或者 $f(x_0 - 0)$. 有关右极限的几何解释参见图 3.1.2.

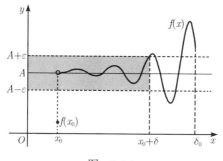

图 3.1.2

定理 3.1.6 函数 $f(x)$ 在点 x_0 极限存在的充分必要条件是 $f(x)$ 在点 x_0 的左、右极限都存在且相等.

证明 **必要性** 设 $\lim\limits_{x \to x_0} f(x) = A$ 存在, 则 $\forall \varepsilon > 0, \exists \delta > 0$, 使得当 $0 < |x - x_0| < \delta$ 时, 有

$$|f(x) - A| < \varepsilon.$$

特别地, 当 $0 < x - x_0 < \delta$ 或 $0 < x_0 - x < \delta$ 时, 亦有 $|f(x) - A| < \varepsilon$, 故 $\lim\limits_{x \to x_0+0} f(x)$ 和 $\lim\limits_{x \to x_0-0} f(x)$ 都存在, 而且

$$\lim_{x \to x_0+0} f(x) = \lim_{x \to x_0-0} f(x) = A.$$

充分性 设 $\lim\limits_{x \to x_0+0} f(x)$ 和 $\lim\limits_{x \to x_0-0} f(x)$ 都存在, 而且

$$\lim_{x \to x_0+0} f(x) = \lim_{x \to x_0-0} f(x) = A,$$

则 $\forall \varepsilon > 0$, 由 $\lim_{x \to x_0+0} f(x) = A$ 知, $\exists \delta_1 > 0$, 使得当 $0 < x - x_0 < \delta_1$ 时, 有 $|f(x) - A| < \varepsilon$; 又由 $\lim_{x \to x_0-0} f(x) = A$ 知, $\exists \delta_2 > 0$, 使得当 $0 < x_0 - x < \delta_2$ 时, 有 $|f(x) - A| < \varepsilon$.

令 $\delta = \min\{\delta_1, \delta_2\}$, 则当 $0 < |x - x_0| < \delta$ 时, 有 $|f(x) - A| < \varepsilon$. 故 $\lim_{x \to x_0} f(x)$ 存在, 而且 $\lim_{x \to x_0} f(x) = A$.

例 3.1.7 证明取整函数 $f(x) = [x]$ 在 $x = 3$ 的极限不存在.

证明 由取整函数的定义可证

$$f(3+0) = 3 > 2 = f(3-0),$$

因此, 由定理 3.1.5 知, 取整函数 $f(x) = [x]$ 在 $x = 3$ 的极限不存在.

2. 自变量趋向无穷大时的极限

如果将序列看成是定义在 $\mathbb{N}$ 上的函数的话, 则序列极限就是自变量 $n \to +\infty$ 时函数的极限, 类似地也可以考虑在实数集 $\mathbb{R}$ 上定义的函数当 x 趋于 ∞ 时的极限问题.

称集合 $\{x : |x| > h\}$ $(h > 0)$ 为 ∞ 的邻域, 记为 $U(\infty, h)$ 或 $U(\infty)$; 称 $\{x : h < x < +\infty\}$ 与 $\{x : -\infty < x < -h\}$ 为 ∞ 的单侧邻域, 分别记为 $U^+(\infty, h)$($U^+(\infty)$ 或 $U(+\infty)$) 和 $U^-(\infty, h)$($U^-(\infty)$ 或 $U(-\infty)$).

定义 3.1.3 设函数 $f(x)$ 在 $U^+(\infty)$ 上有定义. 若存在实数 A, 使得 $\forall \varepsilon > 0$, $\exists X \in U^+(\infty)$, 当 $x > X$ 时, 有 $|f(x) - A| < \varepsilon$, 则称当 x 趋于 $+\infty$ 时 $f(x)$ 的**极限存在**, 其**极限**为 A, 记为 $\lim_{x \to +\infty} f(x) = A$ 或者 $f(x) \to A \ (x \to +\infty)$.

类似地可以定义 $\lim_{x \to -\infty} f(x) = A$ 和 $\lim_{x \to \infty} f(x) = A$. 有关 $x \to +\infty$ 时 $f(x)$ 的极限的几何解释参见图 3.1.3.

对这种类型的极限, 也有类似定理 3.1.6 结论, 另外, 这类极限也有四则运算及复合函数相应的结果. 请读者作为练习给出它们的表述和证明.

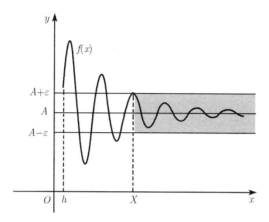

图 3.1.3

例 3.1.8 证明极限 $\lim\limits_{x\to\infty} \dfrac{3x^2 + 2x - 1}{x^2 - 2} = 3$.

证明 由于

$$\left|\dfrac{3x^2 + 2x - 1}{x^2 - 2} - 3\right| = \left|\dfrac{2x + 5}{x^2 - 2}\right| \leqslant \dfrac{3|x|}{3x^2/4} = \dfrac{4}{|x|}$$

对一切的 $|x| > 5$ 成立,所以 $\forall \varepsilon > 0$,取 $X = \max\{5, 4/\varepsilon\}$,则当 $|x| > X$ 时,有

$$\left|\dfrac{3x^2 + 2x - 1}{x^2 - 2} - 3\right| \leqslant \dfrac{4}{|x|} < \varepsilon.$$

按极限定义知 $\lim\limits_{x\to\infty} \dfrac{3x^2 + 2x - 1}{x^2 - 2} = 3$ 成立.

例 3.1.9 设 $f(x) = \sqrt{4x^2 + 2x + 3}$,试求下列极限:

(1) $\lim\limits_{x\to+\infty} \dfrac{f(x)}{x}$;

(2) $\lim\limits_{x\to-\infty} \dfrac{f(x)}{x}$;

(3) $\lim\limits_{x\to+\infty} (f(x) - 2x)$;

(4) $\lim\limits_{x\to-\infty} (f(x) + 2x)$.

解 (1) $\lim\limits_{x\to+\infty} \dfrac{f(x)}{x} = \lim\limits_{x\to+\infty} \sqrt{4 + \dfrac{2}{x} + \dfrac{3}{x^2}} = 2;$

(2) $\lim\limits_{x \to -\infty} \dfrac{f(x)}{x} = \lim\limits_{t \to +\infty} \dfrac{\sqrt{4t^2 - 2t + 3}}{-t} = -2;$

(3) $\lim\limits_{x \to +\infty} (f(x) - 2x) = \lim\limits_{x \to +\infty} \dfrac{4x^2 + 2x + 3 - 4x^2}{\sqrt{4x^2 + 2x + 3} + 2x} = \dfrac{1}{2};$

(4) $\lim\limits_{x \to -\infty} (f(x) + 2x) = \lim\limits_{x \to -\infty} \dfrac{4x^2 + 2x + 3 - 4x^2}{\sqrt{4x^2 + 2x + 3} - 2x}$

$= \lim\limits_{t \to +\infty} \dfrac{-2t + 3}{\sqrt{4t^2 - 2t + 3} + 2t} = -\dfrac{1}{2}.$

3. 广义极限

当函数 $f(x)$ 在点 x_0 的极限不存在时，这时 $f(x)$ 在 x_0 附近的变化情况非常复杂. 但所有在点 x_0 不存在极限的函数中，有一类变化还是具有规律的. 如函数 $f(x) = \dfrac{1}{x}$，当 $x \to 0$ 时，函数的绝对值将目标一致地无限变大.

定义 3.1.4 设 $f(x)$ 在 $U_0(x_0, \delta_0)\,(\delta_0 > 0)$ 上有定义. 若 $\forall M > 0$，$\exists \delta > 0$，使得当 $0 < |x - x_0| < \delta$ 时，有 $f(x) > M$，则称当 x 趋于 x_0 时，$f(x)$ 趋于 $+\infty$，或称当 x 趋于 x_0 时，$f(x)$ 的**广义极限**为 $+\infty$，并记为 $\lim\limits_{x \to x_0} f(x) = +\infty$ 或 $f(x) \to +\infty\,(x \to x_0)$. 此时，也称 $f(x)$ 为当 x 趋于 x_0 时的**正无穷大量**.

类似地可以定义 $\lim\limits_{x \to x_0} f(x) = -\infty$ （称 $f(x)$ 为当 x 趋于 x_0 时的**负无穷大量**），$\lim\limits_{x \to x_0} f(x) = \infty$ （称 $f(x)$ 为当 x 趋于 x_0 时的**无穷大量**），$\lim\limits_{x \to x_0 + 0} f(x) = +\infty$ （称 $f(x)$ 为当 x 从右侧趋于 x_0 时的**正无穷大量**），$\lim\limits_{x \to +\infty} f(x) = +\infty$ （称 $f(x)$ 为当 x 趋于 $+\infty$ 时的**正无穷大量**）等.

注意无穷大量并不是函数值可以取到任意大的值的量. 例如，函数 $f(x) = x^2 \sin x$ 当 $x \to \infty$ 时可以取到任意大的值，但是它并不是当 $x \to \infty$ 时的无穷大量.

对于函数极限而言，自变量 x 共有六种可能的变化情况，即

$$x \to x_0;\ x \to x_0 + 0;\ x \to x_0 - 0;\ x \to \infty;\ x \to \pm\infty.$$

对于自变量 x 的每一种趋向, 函数又有四种不同的趋向, 即

$$f(x) \to A; \ f(x) \to \pm\infty; \ f(x) \to \infty.$$

因此在研究函数极限时, 就有 24 种可能的情形要研究. 对于

$$\lim_{x \to x_0 \pm 0} f(x) = A, \quad \lim_{x \to \infty} f(x) = A, \quad \lim_{x \to \pm\infty} f(x) = A$$

这五种极限, 也相应地有上一小节中所介绍的所有性质; 而对于其他类型的极限, 在不发生 $(\pm\infty)+(\mp\infty), 0\cdot\infty, \dfrac{0}{0}$ 和 $\dfrac{\infty}{\infty}$ 这些类型 (称为不定式) 情况下, 也有相应的四则运算公式.

例 3.1.10 求极限 $\lim\limits_{x\to\infty} \dfrac{5-2x^2}{3x^2+x-2}$.

解 利用极限的四则运算, 可得

$$\lim_{x\to\infty} \frac{5-2x^2}{3x^2+x-2} = \lim_{x\to\infty} \frac{\dfrac{5}{x^2}-2}{3+\dfrac{1}{x}-\dfrac{2}{x^2}}$$

$$= \frac{\lim\limits_{x\to\infty}\left(\dfrac{5}{x^2}-2\right)}{\lim\limits_{x\to\infty}\left(3+\dfrac{1}{x}-\dfrac{2}{x^2}\right)} = -\frac{2}{3}.$$

例 3.1.11 设 $f(x) = \dfrac{1}{x-1}$, 求 $f(1-0), f(1+0)$ 和 $\lim\limits_{x\to 1} f(x)$.

解 $f(1-0) = -\infty, f(1+0) = +\infty$ 和 $\lim\limits_{x\to 1} f(x) = \infty$.

3.1.4 序列极限与函数极限的关系

以 x 趋于 x_0 的情形为例, 我们先来给出 $f(x)$ 不趋于 A 的精确描述. 如同序列情形, $f(x)$ 不趋于 A, 则必定 $\exists \varepsilon_0 > 0$, 在 x_0 的附近有充分接近 x_0 的点 x', 使得 $|f(x')-A| \geqslant \varepsilon_0$. 读者应该充分理解 "有充分接近 x_0 的点 x'" 的精确意义, 此即是说, 在 x_0 的任何邻域内都存在异于 x_0 的点 x', 使得 $|f(x')-A| \geqslant \varepsilon_0$. 因此, 用肯定的语气来叙述 $\lim\limits_{x\to x_0} f(x) \neq A$, 即为

$$\exists \varepsilon_0 > 0, \ \forall \delta > 0, \ \exists x' \in U_0(x_0, \delta), \ 使得 \ |f(x')-A| \geqslant \varepsilon_0.$$

我们这里须特别指出的是, 初学者容易犯的一个错误是, 将其叙述成:

$$\exists \varepsilon_0 > 0, \forall \delta > 0, 当 x \in U_0(x_0, \delta) 时, 有 |f(x) - A| \geqslant \varepsilon_0.$$

当然, 满足以上条件一定有 x 趋于 x_0 时 $f(x)$ 不趋于 A, 但并不是所有的 x 趋于 x_0 时 $f(x)$ 不以 A 为极限的都有以上情形发生.

下面我们来讨论序列极限与函数极限的关系问题. 事实上, 我们有

定理 3.1.7 设 $f(x)$ 在 $U_0(x_0, \delta_0)$ $(\delta_0 > 0)$ 上有定义, 则 $\lim\limits_{x \to x_0} f(x) = A$ 成立的充分必要条件是: 对于 $U_0(x_0, \delta_0)$ 内任意收敛于 x_0 的序列 $\{x_n\}$, 都有 $\lim\limits_{n \to \infty} f(x_n) = A$.

证明 **必要性** 在 $U_0(x_0, \delta_0)$ 中任取一收敛于 x_0 的序列 $\{x_n\}$, 即 $\lim\limits_{n \to \infty} x_n = x_0$, 要证 $\lim\limits_{n \to \infty} f(x_n) = A$.

$\forall \varepsilon > 0$, 由 $\lim\limits_{x \to x_0} f(x) = A$ 知, $\exists \delta > 0$, 使得当 $0 < |x - x_0| < \delta$ 时, 有

$$|f(x) - A| < \varepsilon.$$

对于上述 $\delta > 0$, 由 $x_n \to x_0 (n \to \infty)$ 知, $\exists N$, 使得当 $n > N$ 时, 有

$$0 < |x_n - x_0| < \delta.$$

于是, 当 $n > N$ 时, 有 $|f(x_n) - A| < \varepsilon$, 即 $\lim\limits_{n \to \infty} f(x_n) = A$.

充分性 如果不然, 即当 $x \to x_0$ 时 $f(x)$ 不以 A 为极限, 则 $\exists \varepsilon_0 > 0$, 对 $\forall \delta > 0, \exists x_\delta \in U_0(x_0, \delta)$, 使得

$$|f(x_\delta) - A| \geqslant \varepsilon_0.$$

这样, 分别取 $\delta = \dfrac{\delta_0}{n} (n = 1, 2, \cdots), \exists x_n \in U_0\left(x_0, \dfrac{\delta_0}{n}\right)$, 使得

$$|f(x_n) - A| \geqslant \varepsilon_0.$$

对于这样得到的序列 $\{x_n\}$, 显然有 $x_n \to x_0 (n \to \infty)$, 且 $x_n \in U_0(x_0, \delta_0)$, 从而 $\lim\limits_{n \to \infty} f(x_n) = A$, 但这与 $|f(x_n) - A| \geqslant \varepsilon_0$ 对一切正整

数 n 成立相矛盾.

例 3.1.12 试证明当 $x \to 0$ 时函数 $f(x) = \sin\dfrac{1}{x}\,(x \neq 0)$ 的极限不存在.

证明 取
$$x_n = \frac{1}{n\pi}, \quad n = 1, 2, \cdots,$$
则有 $x_n \to 0\,(n \to \infty)$, 且
$$f(x_n) = \sin n\pi \equiv 0 \to 0 \quad (n \to \infty);$$
再取
$$\widetilde{x}_n = \frac{1}{2n\pi + \dfrac{\pi}{2}}, \qquad n = 1, 2, \cdots,$$
则有 $\widetilde{x}_n \to 0\,(n \to \infty)$, 且
$$f(\widetilde{x}_n) = \sin\left(2n\pi + \frac{\pi}{2}\right) \equiv 1 \to 1 \quad (n \to \infty).$$
这样, 由定理 3.1.7 知 $\lim\limits_{x \to 0}\sin\dfrac{1}{x}$ 不存在.

值得注意的是, 对于此例, 虽然当 $x \to 0$ 时 $\sin\dfrac{1}{x}$ 不趋向于 0, 但找不到 $\varepsilon_0 > 0$, 使得对任何 $\delta > 0$, 都有 $\left|\sin\dfrac{1}{x} - 0\right| \geqslant \varepsilon_0$ 在 $U_0(x_0, \delta)$ 上成立.

3.1.5 极限存在性定理和两个重要极限

1. 极限存在性定理

如同序列极限一样, 如果函数单调, 则它必存在广义极限.

定理 3.1.8 设函数 $f(x)$ 在 $U_0^+(x_0, \delta_0)$ 内有定义. 若 $f(x)$ 在 $U_0^+(x_0, \delta_0)$ 上内单调上升, 则
$$\lim_{x \to x_0 + 0} f(x) = \inf\{f(x)\,:\, x \in U_0^+(x_0, \delta_0)\};$$
若 $f(x)$ 在 $U_0^+(x_0, \delta_0)$ 内单调下降, 则

$$\lim_{x \to x_0+0} f(x) = \sup\{f(x) \,:\, x \in U_0^+(x_0, \delta_0)\}.$$

证明 我们只给出定理第一部分的证明. 记

$$A = \inf\{f(x) \,:\, x \in U_0^+(x_0, \delta_0)\},$$

则 A 为有限数或 $-\infty$.

先考虑 A 为有限数的情形. 对 $\forall \varepsilon > 0$, 由下确界的性质知, $\exists x_1 \in U_0^+(x_0, \delta_0)$, 使得 $A \leqslant f(x_1) < A + \varepsilon$. 记 $\delta = x_1 - x_0$, 则 $\delta > 0$, 而且当 $x \in U_0^+(x_0, \delta)$ 时, 由于 $f(x)$ 在 $U_0^+(x_0, \delta_0)$ 内单调上升, 故有 $A \leqslant f(x) \leqslant f(x_1) < A + \varepsilon$, 即 $|f(x) - A| < \varepsilon$. 这就证明了, 此时 $\lim\limits_{x \to x_0+0} f(x) = A$ 成立.

再考虑 $A = -\infty$ 的情形. 对 $\forall M > 0$, 由下确界的定义知, $\exists x_1 \in U_0^+(x_0, \delta_0)$ 使得 $f(x_1) < -M$. 记 $\delta = x_1 - x_0$, 则 $\delta > 0$, 而且当 $x \in U_0^+(x_0, \delta)$ 时, 由于 $f(x)$ 在 $U_0^+(x_0, \delta_0)$ 内单调上升, 故有 $f(x) \leqslant f(x_1) < -M$. 这就证明了, 此时亦有 $\lim\limits_{x \to x_0+0} f(x) = A$ 成立.

对于函数极限, 有下面的柯西收敛准则:

定理 3.1.9 设 $f(x)$ 在 $U_0(x_0, \delta_0)$ 内有定义, 则 $\lim\limits_{x \to x_0} f(x)$ 存在的充分必要条件是: $\forall \varepsilon > 0$, $\exists \delta > 0$, 当 $x', x'' \in U_0(x_0, \delta)$ 时, 有

$$|f(x') - f(x'')| < \varepsilon.$$

证明 必要性 设 $\lim\limits_{x \to x_0} f(x) = A$ 存在, 则 $\forall \varepsilon > 0$, $\exists \delta > 0$, 当 $x \in U_0(x_0, \delta)$ 时, 有 $|f(x) - A| < \varepsilon/2$. 于是, 当 $x', x'' \in U_0(x_0, \delta)$ 时, 有

$$|f(x') - f(x'')| \leqslant |f(x') - A| + |A - f(x'')| < \frac{\varepsilon}{2} + \frac{\varepsilon}{2} = \varepsilon.$$

充分性 在 $U_0(x_0, \delta_0)$ 内任意选取一个收敛于 x_0 的序列 $\{x_n\}$. $\forall \varepsilon > 0$, 由充分性假定知, $\exists \delta > 0$, 使得

$$|f(x') - f(x'')| < \varepsilon/2, \qquad \forall x', x'' \in U_0(x_0, \delta).$$

而对这一 $\delta > 0$, 由 $\lim\limits_{n\to\infty} x_n = x_0$ 知, 存在 N, 使得当 $n > N$ 时, 有 $|x_n - x_0| < \delta$. 于是, 对 $\forall m, n > N$, 有 $x_n, x_m \in U_0(x_0, \delta)$, 从而有

$$|f(x_n) - f(x_m)| < \varepsilon/2.$$

这表明序列 $\{f(x_n)\}$ 是一个柯西序列, 因此由序列的柯西收敛准则知, 存在实数 A, 使得 $\lim\limits_{n\to\infty} f(x_n) = A$.

下证 $\lim\limits_{x\to x_0} f(x) = A$. 由前面所证知, $\forall \varepsilon > 0$, 存在 $\delta > 0$ 和正整数 N, 使得

$$|f(x) - f(x_n)| < \varepsilon/2, \qquad \forall x \in U_0(x_0, \delta), \forall n > N.$$

于是, 有

$$|f(x) - A| = \lim_{n\to\infty} |f(x) - f(x_n)| \leqslant \varepsilon/2 < \varepsilon, \quad \forall x \in U_0(x_0, \delta).$$

这就证明了 $\lim\limits_{x\to x_0} f(x) = A$ 成立.

注 对于其他类型极限也有相应的单调收敛性定理和柯西收敛准则, 请读者作为练习给出这些结果的详细表述.

例 3.1.13 证明极限 $\lim\limits_{x\to+\infty} \dfrac{x-1}{x+1} \cos \dfrac{2\pi x}{3}$ 不存在.

证明 令 $\varepsilon_0 = \dfrac{1}{2}$, 对任意的 $X > 0$ (不妨设 $X > 3$), 取正整数 n_0, 使得

$$x' = 3n_0 > X, \qquad x'' = 3n_0 + \dfrac{3}{4} > X,$$

则有

$$|f(x') - f(x'')| = \left|\dfrac{3n_0 - 1}{3n_0 + 1}\right| > \dfrac{1}{2} = \varepsilon_0.$$

故由柯西收敛准则知, $\lim\limits_{x\to+\infty} \dfrac{x-1}{x+1} \cos \dfrac{2\pi x}{3}$ 不存在.

2. 两个重要极限

第一个重要极限 $\qquad \lim\limits_{x\to 0} \dfrac{\sin x}{x} = 1.$

分析 如图 3.1.4 所示，在单位圆盘 $D = \{(\xi, \eta) : \xi^2 + \eta^2 \leqslant 1\}$ 上，x 是圆心角 $\angle AOB$，以弧度计，即它恰好等于 $\overset{\frown}{AB}$ 的弧长，而 $\sin x = \overline{BC}$ 是弦长 $\overline{BB'}$ 之半. 因此

$$\frac{\overline{BB'}}{\overset{\frown}{BB'}} = \frac{2\sin x}{2x} = \frac{\sin x}{x} \to 1 \quad (x \to 0),$$

即圆心角趋于 0 时，对应的弦长与弧长之比趋于 1.

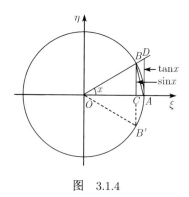

图 3.1.4

证明 为了给出这一重要极限的证明，我们先证明一个重要的不等式：

$$\sin x < x < \tan x, \quad \forall x \in \left(0, \frac{\pi}{2}\right).$$

事实上，如图 3.1.4 所示，我们有

$$\triangle AOB \text{ 的面积} < \text{扇形 } AOB \text{ 的面积} < \triangle AOD \text{ 的面积},$$

即

$$\frac{1}{2}\sin x < \frac{1}{2}x < \frac{1}{2}\tan x.$$

这样，我们就证明了所述的不等式.

利用这一不等式，容易导出，对一切的 $0 \neq x \in \mathbb{R}$，有

$$|\sin x| < |x|.$$

由此可以导出, 对 $\forall a \in \mathbb{R}$, 有

$$|\cos x - \cos a| = \left|2\sin\frac{x+a}{2}\sin\frac{x-a}{2}\right| \leqslant 2\left|\sin\frac{x-a}{2}\right| \leqslant |x-a|,$$

从而有

$$\lim_{x\to a}\cos x = \cos a.$$

同理可证

$$\lim_{x\to a}\sin x = \sin a.$$

利用前面所证不等式, 我们有

$$\cos x < \frac{\sin x}{x} < 1, \quad \forall x \in \left(0, \frac{\pi}{2}\right).$$

利用偶函数性质, 这一不等式在 $-\frac{\pi}{2} < x < 0$ 时也成立. 再注意到, 前面我们已经证明了 $\lim\limits_{x\to 0}\cos x = 1$, 由夹逼收敛原理知 $\lim\limits_{x\to 0}\frac{\sin x}{x} = 1$ 成立.

例 3.1.14 求极限 $\lim\limits_{x\to 0}\frac{\sin(\sin x)}{x}$.

解 由于 $|\sin x| < |x|$, 所以 $\sin x \to 0 \ (x \to 0)$. 这样, 我们有

$$\lim_{x\to 0}\frac{\sin(\sin x)}{x} = \lim_{x\to 0}\frac{\sin(\sin x)}{\sin x}\frac{\sin x}{x}$$
$$= \lim_{x\to 0}\frac{\sin(\sin x)}{\sin x}\lim_{x\to 0}\frac{\sin x}{x}$$
$$= \lim_{t\to 0}\frac{\sin t}{t}\lim_{x\to 0}\frac{\sin x}{x} = 1 \quad (t = \sin x).$$

第二个重要极限 $\lim\limits_{x\to\infty}\left(1+\frac{1}{x}\right)^x = \mathrm{e}.$

证明 先考虑 $x \to +\infty$ 的情形. 由于当 $x > 1$ 时, 有

$$1 + \frac{1}{[x]+1} \leqslant 1 + \frac{1}{x} \leqslant 1 + \frac{1}{[x]},$$

所以, 有

$$\left(1+\frac{1}{[x]+1}\right)^x \leqslant \left(1+\frac{1}{x}\right)^x \leqslant \left(1+\frac{1}{[x]}\right)^x,$$

从而有
$$\left(1+\frac{1}{[x]+1}\right)^{[x]} \leqslant \left(1+\frac{1}{x}\right)^x \leqslant \left(1+\frac{1}{[x]}\right)^{[x]+1}.$$

这样, 应用序列极限所得结果和夹逼收敛原理, 知
$$\lim_{x\to+\infty}\left(1+\frac{1}{x}\right)^x = \mathrm{e}.$$

再考虑 $x \to -\infty$ 的情形. 令 $x = -y$, 则 $y \to +\infty$, 从而有
$$\lim_{x\to-\infty}\left(1+\frac{1}{x}\right)^x = \lim_{y\to+\infty}\left(1-\frac{1}{y}\right)^{-y}$$
$$= \lim_{y\to+\infty}\left(1+\frac{1}{y-1}\right)^{y-1}\left(1+\frac{1}{y-1}\right) = \mathrm{e}.$$

由极限与单侧极限的关系, 得
$$\lim_{x\to\infty}\left(1+\frac{1}{x}\right)^x = \mathrm{e}.$$

例 3.1.15 求极限 $\lim\limits_{x\to 0}(1-2x)^{\frac{1}{x}}$.

解 令 $x = \dfrac{1}{t}$, 则 $x \to 0$ 蕴涵着 $t \to \infty$. 于是
$$\lim_{x\to 0}(1-2x)^{\frac{1}{x}} = \lim_{t\to\infty}\left(1-\frac{2}{t}\right)^t = \lim_{t\to\infty}\left(\frac{t-2}{t}\right)^t$$
$$= \lim_{t\to\infty}\left(1+\frac{2}{t-2}\right)^{-t} = \lim_{s\to\infty}\left(1+\frac{1}{s}\right)^{-(2s+2)}$$
$$= \frac{1}{\left(\lim\limits_{s\to\infty}\left(1+\frac{1}{s}\right)^s\right)^2}\lim_{s\to\infty}\left(1+\frac{1}{s}\right)^{-2} = \mathrm{e}^{-2},$$

这里 $s = \dfrac{t-2}{2}$.

3. 函数的上、下极限

作为本节的结束, 我们简要地介绍一下函数的上、下极限. 为了避免繁琐, 我们这里仅考虑当 $x \to x_0$ 时的情形, 其他情形请读者自己补出.

设函数 $y = f(x)$ 在 $U_0(x_0, \delta_0)$ 内有定义. 对任意的 $0 < \delta < \delta_0$, 设

$$\ell(\delta) = \inf\{f(x) \,:\, x \in U_0(x_0, \delta)\},$$
$$h(\delta) = \sup\{f(x) \,:\, x \in U_0(x_0, \delta)\},$$

则当 $x \in U_0(x_0, \delta)$ 时, 有 $\ell(\delta) \leqslant f(x) \leqslant h(\delta)$. 容易看出, 作为 $(0, \delta_0)$ 上的函数, $\ell(\delta)$ 关于 δ 单调递减, 而 $h(\delta)$ 关于 δ 单调递增. 因此它们的广义极限都存在. 令

$$\ell = \lim_{\delta \to 0} \ell(\delta), \qquad h = \lim_{\delta \to 0} h(\delta),$$

则分别称之为当 x 趋于 x_0 时 $f(x)$ 的**下极限**和**上极限**, 记为

$$\ell = \varliminf_{x \to x_0} f(x), \qquad h = \varlimsup_{x \to x_0} f(x).$$

函数的上、下极限与序列的上、下极限具有相似的性质, 请读者作为练习自己补出. 特别地, 我们有

定理 3.1.10 设函数 $f(x)$ 在 $U_0(x_0, \delta_0)$ $(\delta_0 > 0)$ 内有定义, 则 $\lim\limits_{x \to x_0} f(x)$ 存在的充分必要条件是 $\varliminf\limits_{x \to x_0} f(x) = \varlimsup\limits_{x \to x_0} f(x)$.

§3.2 函数的连续与间断

3.2.1 函数的连续与间断

所谓函数在某点的连续与间断, 是对该点函数值与其附近点的函数值的变化趋势是否衔接的一种刻画, 是函数的一种局部属性, 其定义如下:

定义 3.2.1 设函数 $f(x)$ 在 $U(x_0, \delta_0)(\delta_0 > 0)$ 内有定义. 若有 $\lim\limits_{x \to x_0} f(x) = f(x_0)$, 则称 $f(x)$ 在点 x_0 **连续**, 并称 x_0 为 $f(x)$ 的一个**连续点**; 否则称 $f(x)$ 在点 x_0 **间断** (或不连续), 并称 x_0 为 $f(x)$ 的一个**间断点**(或不连续点).

我们也可以用 ε-δ 语言来表述 $f(x)$ 在点 x_0 处连续: 若 $\forall \varepsilon > 0$, $\exists \delta > 0$, 当 $x \in U(x_0, \delta)$ 时, 有 $|f(x) - f(x_0)| < \varepsilon$, 则称 $f(x)$ 在点 x_0 连续.

设函数 $f(x)$ 在点 x_0 处连续, 则有

$$\lim_{x \to x_0} f(x) = f(x_0) = f(\lim_{x \to x_0} x).$$

因此, 函数在一点处连续可以看成在该点附近求函数值与求极限的顺序可以互换.

例 3.2.1 在上一节例 3.1.2 之后, 我们曾经指出, 对任意的实数 x_0 和任意的正整数 k, 有 $\lim\limits_{x \to x_0} x^k = x_0^k$. 由函数极限的性质知, 对任意的多项式函数

$$P(x) = a_n x^n + a_{n-1} x^{n-1} + \cdots + a_1 x + a_0,$$

有 $\lim\limits_{x \to x_0} P(x) = P(x_0)$. 这表明, 多项式函数在 $\mathbb{R}$ 上的任意点处都连续.

例 3.2.2 在上一节我们已经证明了

$$\lim_{x \to x_0} \sin x = \sin x_0, \qquad \lim_{x \to x_0} \cos x = \cos x_0.$$

这里 x_0 是任意给定的实数. 这表明, 三角函数 $\sin x$ 和 $\cos x$ 在 $\mathbb{R}$ 上的任意点处都连续.

为了能够对闭区间上定义的函数讨论其端点处的连续性问题, 我们引入:

定义 3.2.2 若函数 $f(x)$ 在 $U^+(x_0, \delta_0)$ 上有定义, 且 $f(x_0 + 0) = f(x_0)$, 则称 $f(x)$ 在点 x_0 **右连续**; 若 $f(x)$ 在 $U^-(x_0, \delta_0)$ 上有定义, 且 $f(x_0 - 0) = f(x_0)$, 则称 $f(x)$ 在点 x_0 **左连续**.

显然, $f(x)$ 在点 x_0 处连续的充分必要条件是它在该点左、右连续.

定义 3.2.3 设函数 $f(x)$ 在 $[a, b]$ 上有定义. 若对 $x \in (a, b)$, $f(x)$ 在点 x 处连续, 则称 $f(x)$ 在 (a, b) 内连续, 此时记为 $f(x) \in C(a, b)$;

若 $f(x) \in C(a,b)$, 而且在左端点 a 右连续、在右端点 b 左连续, 则称 $f(x)$**在$[a,b]$上连续**, 此时记为 $f(x) \in C[a,b]$.

注 1 设 $f(x) \in C(a,b)$, 若 $\lim\limits_{x \to a+0} f(x) = A$ 及 $\lim\limits_{x \to b-0} f(x) = B$ 存在, 则 $f(x)$ 可连续延拓到 $[a,b]$, 即以下函数

$$\widetilde{f}(x) = \begin{cases} A, & x = a, \\ f(x), & x \in (a,b), \\ B, & x = b \end{cases}$$

是 $[a,b]$ 上的连续函数.

注 2 若 $f(x) \in C[a,b]$, 则 $f(x)$ 可连续延拓到 $(-\infty, +\infty)$. 事实上, 以下函数就是 $f(x)$ 的一个连续延拓:

$$\widetilde{f}(x) = \begin{cases} f(a), & x < a, \\ f(x), & a \leqslant x \leqslant b, \\ f(b), & x > b. \end{cases}$$

请读者自己给出 $\widetilde{f}(x)$ 的连续性证明.

如果 $f(x)$ 在 x_0 处是间断的, 则情况比较复杂. 一般地, 我们可以将间断点分为以下两类:

(1) 若 $f(x_0 + 0)$ 与 $f(x_0 - 0)$ 都存在, 则称 x_0 为 $f(x)$ 的**第一类间断点**. 此时, 若 $f(x_0 + 0) = f(x_0 - 0) \neq f(x_0)$, 则称此间断点为**可去间断点**; 否则称其为**跳跃间断点**.

(2) 若 $f(x_0+0)$ 与 $f(x_0-0)$ 至少有一个不存在时, 则称 x_0 为 $f(x)$ 的**第二类间断点**.

例 3.2.3 考查函数

$$f(x) = \begin{cases} x \sin \dfrac{1}{x}, & x \neq 0, \\ 1, & x = 0 \end{cases}$$

在 $x = 0$ 处的连续性.

解 由 $\left| x \sin \dfrac{1}{x} \right| \leqslant |x|$ 知, $\lim\limits_{x \to 0} f(x) = 0 \neq f(0)$. 因此, $x = 0$ 是 $f(x)$

的可去间断点 (参见图 3.2.1).

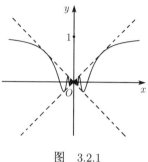

图 3.2.1

例 3.2.4 考查函数 $f(x) = \dfrac{1}{x} - \left[\dfrac{1}{x}\right]$ 在 $x = 1$ 处的连续性.

解 当 $x > 1$ 时, 有 $0 < \dfrac{1}{x} < 1$, 于是, 此时 $f(x) = \dfrac{1}{x}$, 从而 $f(1+0) = 1$; 而当 $\dfrac{1}{2} < x \leqslant 1$ 时, 有 $1 \leqslant \dfrac{1}{x} < 2$, 于是, 此时 $f(x) = \dfrac{1}{x} - 1$, 从而 $f(1-0) = 0 = f(1)$. 因此, $f(x)$ 在 $x = 1$ 处左连续, 右不连续, 从而 $x = 1$ 为跳跃间断点 (参见图 3.2.2).

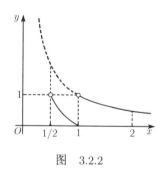

图 3.2.2

例 3.2.5 考查函数

$$f(x) = \begin{cases} \mathrm{e}^{\frac{1}{x}}, & x \neq 0, \\ 0, & x = 0 \end{cases}$$

在 $x = 0$ 处的连续性.

解 由于
$$f(0+0) = +\infty,$$
$$f(0-0) = 0 = f(0),$$

所以 $x = 0$ 是 $f(x)$ 的第二类间断点 (参见图 3.2.3).

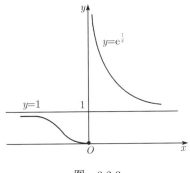

图 3.2.3

例 3.2.6 讨论函数
$$f(x) = \begin{cases} \sin\dfrac{1}{x}, & x \neq 0, \\ 0, & x = 0 \end{cases}$$

在 $x = 0$ 处的连续性.

解 在上一节我们已经证明了 $\lim\limits_{x \to 0+0} f(x)$ 与 $\lim\limits_{x \to 0-0} f(x)$ 都不存在. 因此, 此时 $x = 0$ 为 $f(x)$ 的第二类间断点 (参见图 3.2.4).

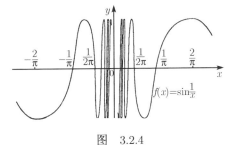

图 3.2.4

例 3.2.7 讨论黎曼函数 $R(x)$(参考例 1.2.4) 在 $(0,1)$ 内的连续性.

解 任意取定 $x_0 \in (0,1)$, 我们来考查 $R(x)$ 在 x_0 处的连续性. $\forall \varepsilon > 0$, 取定正整数 p, 使得 $1/p < \varepsilon$. 由于在 $(0,1)$ 内分母小于或等于 p 的分数仅为有限个, 在这有限个数中, 必存在 $r \neq x_0$, 使得 r 到 x_0 的距离是在所有和 x_0 不相等的这些数中与 x_0 的距离达到最小. 如果我们令 $\delta = \min\{|x_0 - r|, x_0, 1-x_0\}$, 则对 $\forall x \in U_0(x_0, \delta)$, 有

$$|R(x) - 0| < 1/p < \varepsilon,$$

这表明 $\lim\limits_{x \to x_0} R(x) = 0$. 由此可知: 当 x_0 为有理数时, $R(x)$ 在 x_0 处不连续, 是可去间断点; 当 x_0 为无理数时, $R(x)$ 在 x_0 处连续.

例 3.2.8 考查有理函数

$$f(x) = \frac{p(x)}{q(x)} = \frac{a_n x^n + a_{n-1} x^{n-1} + \cdots + a_1 x + a_0}{b_m x^m + b_{m-1} x^{m-1} + \cdots + b_1 x + b_0}$$

的连续性以及 $x \to \infty$ 时的极限, 其中 $a_n b_m \neq 0$, 而且 $p(x), q(x)$ 互素.

解 设 $x_0 \in (-\infty, +\infty)$. 当 $q(x_0) \neq 0$ 时, 有

$$\lim_{x \to x_0} \frac{p(x)}{q(x)} = \frac{p(x_0)}{q(x_0)},$$

从而 $f(x)$ 在 x_0 处连续; 当 $q(x_0) = 0$ 时, $f(x)$ 在 x_0 处没有定义. 此外, 由于 $p(x), q(x)$ 互素, 所以 $p(x_0) \neq 0$, 从而

$$\lim_{x \to x_0} \frac{p(x)}{q(x)} = \infty.$$

现考虑 $x \to \infty$ 的情况. 此时, 我们有

$$\lim_{x \to \infty} f(x) = \lim_{x \to \infty} \left(x^{n-m} \frac{a_n + \dfrac{a_{n-1}}{x} + \cdots + \dfrac{a_0}{x^n}}{b_m + \dfrac{b_{m-1}}{x} + \cdots + \dfrac{b_0}{x^m}} \right) = \begin{cases} 0, & n < m, \\ \dfrac{a_n}{b_m}, & n = m, \\ \infty, & n > m. \end{cases}$$

例 3.2.9 设函数 $f(x)$ 在 (a,b) 上单调,则 $f(x)$ 在 (a,b) 内只可能有第一类间断点.

证明 不妨设 $f(x)$ 在 (a,b) 上单调递减. 对 $\forall \xi \in (a,b)$, 在 (a,ξ) 中, $f(x)$ 单调递减且有下界 $f(\xi)$, 因此 $\lim\limits_{x\to\xi-0} f(x)$ 存在; 而在 (ξ,b) 中, $f(x)$ 单调递减且有上界 $f(\xi)$, 因此 $\lim\limits_{x\to\xi+0} f(x)$ 存在. 这样, 若 $f(x)$ 在点 ξ 处不连续, 则 ξ 只能是第一类间断点.

注 由此例可以看出: 若 $f(x)$ 在 (a,b) 单调, 则 $f(x)$ 在每一个间断点的取值具有跳跃性. 例如, 假定 $f(x)$ 在 (a,b) 单调递增, 并且假设 $\xi \in (a,b)$ 为 $f(x)$ 的一个间断点, 则必有 $f(\xi-0) < f(\xi+0)$. 因此 $f(x)$ 在 (a,b) 中取不到 $(f(\xi-0), f(\xi+0)) \setminus \{f(\xi)\}$ 中的值. 换句话说, $f(x)$ 在点 ξ 处有一跳跃. 作为练习, 请读者试构造一个单调函数, 使其具有无穷多个间断点.

3.2.2 连续函数的性质

首先, 由函数在一点连续的定义和函数极限的性质, 读者不难得到:

(1) 连续函数是局部有界的, 即若 $f(x)$ 在点 x_0 处连续, 则必存在 $\delta > 0$, 使得 $f(x)$ 在 $U(x_0, \delta)$ 上有界.

(2) 连续函数具有局部保号性, 即: 若 $f(x)$ 在点 x_0 处连续, 而且 $f(x_0) > 0$, 则必存在 $\delta > 0$, 使得 $f(x) > 0$ 对一切 $x \in U(x_0, \delta)$ 成立. 以后我们要经常用到的结论是: 对任意的 $0 < A < f(x_0)$ (如 $A = f(x_0)/2$), 总存在 $\delta_0 > 0$, 使得当 $x \in U(x_0, \delta_0)$ 时, 有 $f(x) > A$.

(3) 连续函数经四则运算后仍然连续, 即: 若 $f(x)$ 和 $g(x)$ 在点 x_0 处连续, 则函数 $f(x) \pm g(x)$, $f(x)g(x)$ 和 $\dfrac{f(x)}{g(x)}$ ($g(x_0) \neq 0$) 仍然在点 x_0 处连续.

此外, 连续函数的复合函数和反函数也是连续的.

定理 3.2.1 (复合函数的连续性) 设 $u = g(x)$ 在点 x_0 连续, $y = f(u)$ 在点 $u_0 = g(x_0)$ 连续, 则复合函数 $f(g(x))$ 在点 x_0 连续.

证明 $\forall \varepsilon > 0$, 由 $f(u)$ 在点 u_0 连续知, $\exists \eta > 0$, 当 $|u - u_0| < \eta$ 时, 有
$$|f(u) - f(u_0)| < \varepsilon.$$
对 $\eta > 0$, 再由 $u = g(x)$ 在点 x_0 连续知, $\exists \delta > 0$, 当 $|x - x_0| < \delta$ 时, 有
$$|u - u_0| = |g(x) - g(x_0)| < \eta,$$
从而当 $|x - x_0| < \delta$ 时, 有
$$|f(g(x)) - f(g(x_0))| < \varepsilon.$$
因此, $f(g(x))$ 在点 x_0 连续.

定理 3.2.2 (反函数的连续性) 设 $f(x)$ 是区间 I 上严格单调的连续函数, 则其反函数 $x = f^{-1}(y)$ 在 $f(I)$ 上连续.

证明 由 $f(x)$ 的严格单调性, 知 $f^{-1}(y)$ 存在. 现不妨设 $f(x)$ 严格递增. 显然, 当 $f(x)$ 严格递增时, $f^{-1}(x)$ 必定严格递增. 另外, 由 $f(x)$ 的连续性, 我们可以推出 $f(I)$ 必定是一个区间 (在下节中, 我们将证明任何区间上连续函数的值域都是一个区间). 事实上, 倘若 $f(I)$ 不是一个区间, 则由 $f(x)$ 的连续性, 必存在一个开区间 (α, β) 使得 $f(I) \cap (\alpha, \beta) = \varnothing$, 并且 $\alpha, \beta \in f(I)$. 设 $f(x_0) = \alpha$. 由 $f(x)$ 的单调性有
$$f(x_0 - 0) \leqslant f(x_0) < \beta \leqslant f(x_0 + 0).$$
这与 $f(x)$ 在 x_0 的连续性矛盾.

现任取 $y_0 \in f(I)$, 则存在 $x_0 \in I$, 使得 $x_0 = f^{-1}(y_0)$. 不妨假定 x_0 不是 I 的端点, 否则考查左、右连续即可.

$\forall \varepsilon > 0$, 存在 $x_1, x_2 \in I$, 使得 $x_0 - \varepsilon < x_1 < x_0 < x_2 < x_0 + \varepsilon$. 记 $y_1 = f(x_1)$, $y_2 = f(x_2)$, 则有
$$y_1 = f(x_1) < f(x_0) = y_0 < f(x_2) = y_2.$$
令 $\delta = \min\{y_0 - y_1, y_2 - y_0\} > 0$, 则当 $y \in (y_0 - \delta, y_0 + \delta)$ 时, 有 $y_1 < y < y_2$, 从而由 $f(I)$ 是一个区间推知, $\exists x \in I$, 使得 $y = f(x)$, 即 $y \in f(I)$.

于是
$$x_0 - \varepsilon < x_1 = f^{-1}(y_1) < f^{-1}(y) < f^{-1}(y_2) = x_2 < x_0 + \varepsilon$$
即
$$|f^{-1}(y) - f^{-1}(y_0)| = |f^{-1}(y) - x_0| < \varepsilon.$$

这就证明了 $f^{-1}(y)$ 在点 y_0 处连续. 注意到 $y_0 \in f(I)$ 的任意性, 即知 $f^{-1}(y)$ 在 $f(I)$ 上连续.

3.2.3 初等函数的连续性

首先我们来证明, 对 $a > 1$, 指数函数 $f(x) = a^x$ 在 $(-\infty, +\infty)$ 上连续. 我们回忆一下, 实际上, 在中学数学的学习中, 我们并不知道当 x 是无理数时 a^x 是如何定义的. 下面我们给出它的严格定义:

对任何正有理数 $x = \dfrac{q}{p}$ (其中 p, q 是互素的正整数), 定义 $a^x = (\sqrt[p]{a})^q$; 对于任何负有理数 x, 定义 $a^x = \dfrac{1}{a^{-x}}$, 并定义 $a^0 = 1$. 容易证明, $\forall r, s \in \mathbb{Q}$, 有

(1) $a^r a^s = a^{r+s}$;

(2) 若 $r < s$, 则 $a^r < a^s$.

而当 x 为一无理数时, 定义
$$a^x = \sup\{a^r : r \text{ 为小于 } x \text{ 的有理数}\}.$$

这样, 对一切 $x \in (-\infty, +\infty), a^x$ 均有定义.

现在我们来证明 a^x 在 $(-\infty, +\infty)$ 上严格递增. 设 $x_1 < x_2$, 则存在有理数 q_1, q_2, 使得
$$x_1 \leqslant q_1 < q_2 \leqslant x_2,$$
从而
$$a^{x_1} = \sup\{a^q : q \text{ 为小于 } x_1 \text{ 的有理数}\} \leqslant a^{q_1}$$
$$< a^{q_2} \leqslant \sup\{a^q : q \text{ 为小于 } x_2 \text{ 的有理数}\} = a^{x_2}.$$

再来证明 $a^x \in C(-\infty, +\infty)$. $\forall x_0 \in (-\infty, +\infty)$, $\forall \varepsilon > 0$, 先取正整数 N, 使得 $a < (1+\varepsilon)^{\frac{N}{2}}$; 再取正整数 q, 使得 $q \leqslant Nx_0 < q+1$; 然后令 $q_1 = \dfrac{q-1}{N}$, $q_2 = \dfrac{q+1}{N}$. 这样, 由 a^x 的严格递增性知

$$a^{q_1} \leqslant f(x_0 - 0) \leqslant f(x_0) \leqslant f(x_0 + 0) \leqslant a^{q_2},$$

从而有

$$1 \leqslant \frac{f(x_0 + 0)}{f(x_0 - 0)} \leqslant \frac{a^{q_2}}{a^{q_1}} = a^{q_2 - q_1} = a^{\frac{2}{N}} < 1 + \varepsilon.$$

由 $\varepsilon > 0$ 的任意性, 即知

$$f(x_0 + 0) = f(x_0 - 0) = f(x_0) = a^{x_0}.$$

这样, 我们就证明了 $a^x \in C(-\infty, +\infty)$.

对于 $0 < a < 1$, 我们定义 $a^x = \dfrac{1}{(1/a)^x}$, 则由连续函数的性质知, 此时亦有 $a^x \in C(-\infty, +\infty)$; 至于 $a = 1$ 的情形, 我们规定 $a^x \equiv 1$. 这样一来, 对 $\forall a \in (0, +\infty)$, $y = a^x$ 均有定义, 而且 $y = a^x \in C(-\infty, +\infty)$.

由反函数的连续性知, 对任意的 $a > 0$, 对数函数 $y = \log_a x \in C(0, +\infty)$; 再由复合函数连续性知, 幂函数 $y = x^\alpha = e^{\alpha \ln x} \in C(0, +\infty)$.

上一节我们已经证明了, 对任意的实数 a, 有 $\lim\limits_{x \to a} \cos x = \cos a$, 从而 $\cos x \in C(-\infty, +\infty)$. 同理可证 $\sin x \in C(-\infty, +\infty)$. 再利用连续函数的性质知, 所有的三角函数及反三角函数在其定义域内都是连续的.

这样一来, 我们已经证明了所有的基本初等函数在其定义域内都是连续的. 由于初等函数是由基本初等函数经过有限次四则运算和复合运算所得, 利用连续函数的性质, 我们有

定理 3.2.3 初等函数在其定义域内是连续的.

例 3.2.10 设 $\lim\limits_{x \to x_0} u(x) = a > 0$, $\lim\limits_{x \to x_0} v(x) = b$, 则

$$\lim_{x \to x_0} u(x)^{v(x)} = a^b.$$

证明 定义 $u(x_0) = a$, $v(x_0) = b$, 则 $u(x), v(x)$ 在点 x_0 处都连续, 从而

$$\lim_{x \to x_0} u(x)^{v(x)} = \lim_{x \to x_0} e^{v(x) \ln u(x)} = e^{v(x_0) \ln u(x_0)} = u(x_0)^{v(x_0)} = a^b.$$

例 3.2.11 求极限 $\lim\limits_{x\to+\infty}\left(1+\sin\dfrac{1}{x}\right)^x$.

解 由
$$\left(1+\sin\frac{1}{x}\right)^x = \left(1+\sin\frac{1}{x}\right)^{\frac{1}{\sin\frac{1}{x}}\cdot\frac{\sin\frac{1}{x}}{\frac{1}{x}}},$$

$$\lim_{x\to+\infty}\left(1+\sin\frac{1}{x}\right)^{\frac{1}{\sin\frac{1}{x}}} = \mathrm{e}, \quad \lim_{x\to+\infty}\frac{\sin\frac{1}{x}}{\frac{1}{x}} = 1,$$

得
$$\lim_{x\to+\infty}\left(1+\sin\frac{1}{x}\right)^x = \mathrm{e}^1 = \mathrm{e}.$$

§3.3 闭区间上连续函数的基本性质

上一节中, 我们讨论了函数 $f(x)$ 在其连续点 x_0 邻近的局部性质. 例如, 若一个函数 $f(x)$ 在点 x_0 连续且满足 $f(x_0) < \eta$, 则我们能断定在点 x_0 邻近有 $f(x) < \eta$, 即存在 $\delta > 0$, 使得 $f(x) < \eta$ 对一切的 $x \in (x_0 - \delta, x_0 + \delta)$ 成立. 如果一个函数 $f(x) \in C[a, b]$, 那么 $f(x)$ 在整个闭区间上能具有什么样的整体性质呢? 本节将讨论这一重要问题.

定理 3.3.1 (有界性) 设函数 $f(x) \in C[a, b]$, 则 $f(x)$ 在 $[a, b]$ 上有界.

证明 倘若 $f(x)$ 在 $[a, b]$ 上无界, 则将 $[a, b]$ 等分成两个闭区间, $f(x)$ 必在其中一个子区间上无界, 取定这样的一个区间并将其设为 $[a_1, b_1]$. 同理, 再将 $[a_1, b_1]$ 二等分, $f(x)$ 必在其中一个子区间上无界, 取定这样的一个区间并将其记为 $[a_2, b_2]$. 如此进行下去, 我们就得到一个闭区间列 $\{[a_n, b_n]\}$, 满足:

(1) $[a_n, b_n] \subset [a_{n+1}, b_{n+1}]$;

(2) $b_{n+1} - a_{n+1} = \dfrac{1}{2}(b_n - a_n)$;

(3) $f(x)$ 在每个 $[a_n, b_n]$ 上都无界.

于是, 由闭区间套定理知, 存在唯一的 $\xi \in \bigcap\limits_{n=1}^{+\infty}[a_n, b_n]$. 再由 $f(x) \in C[a, b]$ 和 $\xi \in [a_1, b_1] \subset [a, b]$ 知, 存在 $\delta > 0$, 使得 $f(x)$ 在 $U(\xi, \delta) \cap [a, b]$ 上有界; 而条件 (2) 又蕴涵着, 当 n 充分大时, 有 $[a_n, b_n] \subset U(\xi, \delta)$, 从而 $f(x)$ 在 $[a_n, b_n]$ 上有界. 这与条件 (3) 矛盾.

例 3.3.1 函数 $y = \dfrac{1}{x}$ 在开区间 $(0, 1)$ 上连续, 但它在此区间上无界.

思考题 若不假定 $f(x)$ 在 $[a, b]$ 上连续, 仅仅假定 $\forall x_0 \in [a, b]$, $\lim\limits_{x \to x_0} f(x)$ 存在 (在端点处单侧极限存在), 能否推出 $f(x)$ 在 $[a, b]$ 上有界.

设 $f(x) \in C[a, b]$. 由于 $f(x)$ 在 $[a, b]$ 上有界, 故 $\sup\limits_{x \in [a, b]}\{f(x)\}$ 与 $\inf\limits_{x \in [a, b]}\{f(x)\}$ 都为有限数. 下面的定理告诉我们它们将属于 $f(x)$ 的值域.

定理 3.3.2 (最值定理) 设 $f(x) \in C[a, b]$, 则 $f(x)$ 在 $[a, b]$ 上必有最小值和最大值, 即存在 $\xi, \zeta \in [a, b]$, 使得 $f(\xi) \leqslant f(x) \leqslant f(\zeta)$ 对一切的 $x \in [a, b]$ 成立.

证明 令 $M = \sup\limits_{x \in [a, b]}\{f(x)\}$, 则由上确界的定义知, 存在一个序列 $\{x_n\} \subset [a, b]$, 使得 $f(x_n) \to M$ $(n \to \infty)$. 由于 $\{x_n\}$ 是有界序列, 所以必有一收敛子列 $\{x_{n_k}\}$. 设 $\lim\limits_{k \to \infty} x_{n_k} = \zeta$, 则 $\zeta \in [a, b]$. 再由 $f(x) \in C[a, b]$ 知

$$f(\zeta) = \lim_{k \to \infty} f(x_{n_k}) = M.$$

同理可证存在 $\xi \in [a, b]$, 使得

$$f(\xi) = m = \inf_{x \in [a, b]}\{f(x)\}.$$

此定理表明: 若 $f(x) \in C[a, b]$, 则存在 $\xi, \zeta \in [a, b]$, 使得

$$f(\xi) = \min_{x \in [a, b]}\{f(x)\}, \quad f(\zeta) = \max_{x \in [a, b]}\{f(x)\}.$$

例 3.3.2 设 $f(x) \in C[a, b]$, 且 $\forall x \in [a,b]$, 有 $f(x) > 0$. 证明存在正数 η, 使得 $f(x) \geqslant \eta$ 对一切的 $x \in [a,b]$ 成立.

证明 由 $f(x) \in C[a,b]$, 根据定理 3.3.2 知, $\exists \xi \in [a,b]$, 使

$$f(\xi) = \min_{x \in [a,b]} \{f(x)\} > 0,$$

从而取 $\eta = f(\xi)$ 即可.

定理 3.3.3 (介值定理) 设 $f(x) \in C[a,b]$, 记 $m = \min\limits_{x \in [a,b]} \{f(x)\}$, $M = \max\limits_{x \in [a,b]} \{f(x)\}$, 则 $f([a,b]) = [m, M]$, 即对 $\forall \eta \in (m, M)$, $\exists \xi \in [a, b]$, 使得 $f(\xi) = \eta$.

证明 由定理 3.3.2 知, $\exists x_1, x_2 \in [a,b]$, 使得 $f(x_1) = m$, $f(x_2) = M$. 下面证明对 $\forall \eta \in (m, M)$, $\exists \xi \in [a, b]$, 使得 $f(\xi) = \eta$.

不妨设 $x_1 < x_2$, 并定义

$$E = \{x \in [x_1, x_2] : f(x) > \eta\}.$$

显然有 $x_1 \notin E$, $x_2 \in E$. 现令 E 的下确界为 ξ, 则有 $f(\xi) = \eta$.

事实上, 若不然, 则 $f(\xi) > \eta$. 由连续函数的局部保号性知, 存在 ξ 的一个邻域 $U(\xi, \delta)$, 使得 $f(x) > \eta$ 对一切的 $x \in U(\xi, \delta)$ 成立. 由于 $\xi > x_1$, 所以 $[x_1, x_2] \cap (\xi - \delta, \xi) \neq \varnothing$, 现取 $\xi' \in [x_1, x_2] \cap (\xi - \delta, \xi)$, 则有 $f(\xi') > \eta$, 从而有 $\xi' < \xi$ 且 $\xi' \in E$. 这与 ξ 是 E 的下确界矛盾.

例 3.3.3 设 $f(x) \in C[a, b]$, $x_j \in [a,b], j = 1, 2, \cdots, n$. 证明 $\exists \xi \in [a, b]$, 使得 $f(\xi) = \dfrac{1}{n} \sum\limits_{j=1}^{n} f(x_j)$.

证明 记

$$m = \min_{x \in [a, b]} \{f(x)\}, \qquad M = \max_{x \in [a, b]} \{f(x)\},$$

则有

$$m \leqslant \frac{1}{n} \sum_{j=1}^{n} f(x_j) \leqslant M.$$

于是, 由介值定理知, $\exists \xi \in [a, b]$, 使得

$$f(\xi) = \frac{1}{n}\sum_{j=1}^{n} f(x_j).$$

注　将例 3.3.3 中的 $[a, b]$ 换成开区间 (a, b), 其结论仍真.

定理 3.3.4 (零点存在定理)　设 $f(x)$ 在区间 I 上连续. 若 $\alpha, \beta \in I$, $\alpha < \beta$, 满足 $f(\alpha)f(\beta) < 0$, 则存在 $\xi \in (\alpha, \beta)$, 使得 $f(\xi) = 0$.

证明　不妨设 $f(\alpha) < 0$, $f(\beta) > 0$, 则有

$$m = \min_{x\in[\alpha,\beta]}\{f(x)\} < 0 < \max_{x\in[\alpha,\beta]}\{f(x)\} = M.$$

在闭区间 $[\alpha, \beta]$ 上应用介值定理, 知存在 $\xi \in [\alpha, \beta]$, 使得 $f(\xi) = 0$. 但 $f(\alpha) < 0$, 而 $f(\beta) > 0$, 所以必有 $\xi \in (\alpha, \beta)$ 成立.

注　这一定理表明: 任何使连续函数 $f(x)$ 的函数值异号的两点之间必有方程 $f(x) = 0$ 的一个根. 我们常可以用它来证明非线性方程之解的存在性, 或者用它来求方程的近似解. 显然, 定理 3.3.4 是定理 3.3.3 的直接推论. 但由于零点存在定理有特别的重要性, 我们还是将它叙述成一个单独的定理.

例 3.3.4　证明三次方程 $ax^3 + bx^2 + cx + d = 0$ 至少有一实根.

证明　无妨设 $a > 0$. 由于

$$f(x) = ax^3 + bx^2 + cx + d = ax^3\left(1 + \frac{b}{ax} + \frac{c}{ax^2} + \frac{d}{ax^3}\right),$$

我们有 $\lim_{x\to-\infty} f(x) = -\infty$ 和 $\lim_{x\to+\infty} f(x) = +\infty$. 因此易知, 必有 $\alpha < 0$ 和 $\beta > 0$, 使 $f(\alpha) < 0$, $f(\beta) > 0$. 在闭区间 $[\alpha, \beta]$ 上应用定理 3.3.4 即知在 (α, β) 内必有 $f(x)$ 的一个零点, 即该三次方程至少有一个实根.

例 3.3.5　证明方程 $x^4 + 2x - 1 = 0$ 在 $(0, 1)$ 中必有一根, 并求它的一个近似解.

证明　令 $f(x) = x^4 + 2x - 1$, 则有 $f(0) = -1 < 0$, $f(1) = 2 > 0$. 于是, 在 $(0, 1)$ 之内必有该方程的一个根. 取 $[0, 1]$ 的中点 $\frac{1}{2}$, 计算可

得 $f\left(\frac{1}{2}\right) = 0.0625 > 0$. 于是, 在 $\left(0, \frac{1}{2}\right)$ 之内必有该方程的一个根. 再取 $[0, 1]$ 的中点 $\frac{1}{4}$, 计算可得 $f\left(\frac{1}{4}\right) = -0.4961 < 0$. 于是, 在 $\left(\frac{1}{4}, \frac{1}{2}\right)$ 之内必有该方程的一个根. 如此进行, 我们可以断定, 在 $\left(\frac{121}{256}, \frac{61}{128}\right)$ 之内必有该方程的一个根, 因此我们可取其中点

$$\hat{x} = \frac{243}{512} \approx 0.4746$$

作为该方程的一个近似解, 其误差为

$$|x - \hat{x}| < \frac{1}{512} \approx 0.002.$$

例 3.3.6 设函数 $f(x) \in C[a, b]$, 且 $f^{-1}(x)$ 存在. 证明 $f(x)$ 必在 $[a, b]$ 上严格单调.

证明 倘若 $f(x)$ 在 $[a, b]$ 不严格单调, 必存在

$$a \leqslant x_1 < x_2 < x_3 \leqslant b,$$

使得以下两种情形之一发生:
(1) $f(x_1) < f(x_2)$ 且 $f(x_2) > f(x_3)$;
(2) $f(x_1) > f(x_2)$ 且 $f(x_2) < f(x_3)$.

不妨设情形 (1) 发生, 并且取 η 满足

$$\max\{f(x_1), f(x_3)\} < \eta < f(x_2),$$

则由介值定理推知, 存在 $\xi_1 \in (x_1, x_2)$ 和 $\xi_2 \in (x_2, x_3)$, 使得 $f(\xi_1) = \eta = f(\xi_2)$. 这与 $f^{-1}(x)$ 存在相矛盾.

注 前面我们已经指出 (见例 3.2.9 的注): 若单调函数 $f(x)$ 在 I 内不连续, 则它的取值不能是一个区间. 将这一事实与连续函数的介值性定理相结合便有: 若 $f(x)$ 在区间 I 上单调, 则 $f(x)$ 在 I 上连续的充分必要条件是 $f(I)$ 是一个区间.

以下我们来讨论函数的一致连续性问题. 为此先来考查函数 $f(x) = \dfrac{1}{x}, x \in (0,1)$. 我们知道 $f(x)$ 在 $(0,1)$ 是连续的. 换句话说, 对每个 $x_0 \in (0,1)$, 对任意给定的 $\varepsilon > 0$, 都存在 $\delta > 0$, 使得当 $|x - x_0| < \delta$ 时, 有 $\left|\dfrac{1}{x} - \dfrac{1}{x_0}\right| < \varepsilon$. 这里有个值得注意的现象是, 对于同一个 ε, 当 x_0 与 0 越近时, 相应得到的 δ 也就越小. 换句话说, 我们不可能找到一个仅依赖 ε, 而不依赖 x_0 的 δ, 使得对所有的 $x_0 \in (0,1)$, 有 $\left|\dfrac{1}{x} - \dfrac{1}{x_0}\right| < \varepsilon$. 基于这一现象, 我们引入如下的概念:

定义 3.3.1 设函数 $f(x)$ 在区间 I 上有定义. 若 $\forall \varepsilon > 0, \exists \delta > 0$, 当 $x_1, x_2 \in I$ 且 $|x_1 - x_2| < \delta$ 时, 有 $|f(x_1) - f(x_2)| < \varepsilon$, 则称 $f(x)$ 在 I 上**一致连续**.

显然, $f(x)$ 在 I 上一致连续, 它必在 I 上连续.

例 3.3.7 证明函数 $y = \sin x$ 在 $(-\infty, +\infty)$ 上一致连续.

证明 由于对任意的 $x_1, x_2 \in (-\infty, +\infty)$ 有

$$|\sin x_1 - \sin x_2| = 2\left|\cos \dfrac{x_1 + x_2}{2}\right|\left|\sin \dfrac{x_1 - x_2}{2}\right| \leqslant |x_1 - x_2|,$$

所以 $\forall \varepsilon > 0$, 取 $\delta = \varepsilon$, 当 $x_1, x_2 \in (-\infty, +\infty)$ 且 $|x_1 - x_2| < \delta$ 时, 有 $|\sin x_1 - \sin x_2| < \varepsilon$. 这就证明了 $y = \sin x$ 在 $(-\infty, +\infty)$ 上一致连续.

对于判别一个函数是否一致连续, 下面的定理有时是非常方便的.

定理 3.3.5 设函数 $f(x)$ 在区间 I 上有定义, 则 $f(x)$ 在 I 一致连续的充分必要条件是: 对任意的两个序列 $\{x_n'\} \subset I, \{x_n''\} \subset I$, 若它们满足 $\lim\limits_{n \to \infty}(x_n' - x_n'') = 0$, 必有 $\lim\limits_{n \to \infty}[f(x_n') - f(x_n'')] = 0$.

此定理的证明留给读者自己完成.

例 3.3.8 证明函数 $f(x) = \dfrac{1}{x}$ 在 $(0, +\infty)$ 上不一致连续, 但对任意的 $x_0 > 0$, 它在 $[x_0, +\infty)$ 上一致连续.

证明 由定理 3.3.5 我们注意到, "$f(x)$ 在 I 上不一致连续" 与

以下断言等价: 存在 $\varepsilon_0 > 0$ 及序列 $\{x'_n\}, \{x''_n\} \subset I$ 满足 $x'_n - x''_n \to 0 \ (n \to \infty)$ 及 $|f(x'_n) - f(x''_n)| \geqslant \varepsilon_0$.

对 $f(x) = \dfrac{1}{x}$ 而言, 我们取 $\varepsilon_0 = 1, x'_n = \dfrac{1}{n}, x''_n = \dfrac{1}{n+1}(n = 1, 2, \cdots)$, 则有
$$x'_n - x''_n \to 0 \quad (n \to \infty),$$
且
$$\left|\frac{1}{x'_n} - \frac{1}{x''_n}\right| = 1.$$
此即证明了 $\dfrac{1}{x}$ 在 $(0, +\infty)$ 上不一致连续.

对任意给定的 $x_0 > 0$, 由于对 $x_1, x_2 \in [x_0, +\infty)$, 有
$$\left|\frac{1}{x_1} - \frac{1}{x_2}\right| = \frac{|x_1 - x_2|}{x_1 x_2} \leqslant \frac{|x_1 - x_2|}{x_0^2},$$
所以 $\forall \varepsilon > 0$, 取 $\delta = x_0^2 \varepsilon > 0$, 则当 $x_1, x_2 \in [x_0, +\infty)$ 且 $|x_1 - x_2| < \delta$ 时, 就有
$$\left|\frac{1}{x_1} - \frac{1}{x_2}\right| < \varepsilon.$$
此时的 δ 只依赖于 ε, 所以 $f(x)$ 在 $[x_0, +\infty)$ 上一致连续.

定理 3.3.6 (康托尔定理) 设函数 $f(x) \in C[a, b]$, 则 $f(x)$ 在闭区间 $[a, b]$ 上一致连续.

证明 定义
$$F(x) = \begin{cases} f(a), & x \in (-\infty, a), \\ f(x), & x \in [a, b], \\ f(b), & x \in (b, +\infty), \end{cases}$$
则 $F(x) \in C(-\infty, +\infty)$. $\forall \varepsilon > 0$ 和 $x \in [a, b]$, 由 $F(x)$ 在点 x 处的连续性知, $\exists \delta_x > 0$, 当 $x', x'' \in U(x, 2\delta_x)$ 时, 有
$$|F(x') - F(x'')| < \varepsilon.$$

显然, 开区间簇 $\{U(x,\delta_x) : x \in [a, b]\}$ 是闭区间 $[a, b]$ 的一个开覆盖. 由有限覆盖定理知, 必有有限多个这样的开区间

$$U(x_1,\delta_{x_1}), \quad U(x_2,\delta_{x_2}), \quad \cdots, \quad U(x_m,\delta_{x_m}),$$

它们也完全覆盖了 $[a, b]$. 令 $\delta = \min\{\delta_{x_j} : j = 1,2,\cdots,m\}$, 则 $\delta > 0$, 而且当 $x', x'' \in [a,\ b]$ 且 $|x' - x''| < \delta$ 时, 必存在某一 $U(x_j,\delta_{x_j})$, 使得 $x' \in U(x_j,\delta_{x_j})$, 即 $|x'-x_j| < \delta_{x_j}$, 从而 $|x''-x_j| \leqslant |x''-x'|+|x'-x_j| < \delta + \delta_{x_j} \leqslant 2\delta_{x_j}$, 于是有 $x', x'' \in U(x_j, 2\delta_{x_j})$. 这样, 由 δ_{x_j} 的定义, 有

$$|f(x') - f(x'')| = |F(x') - F(x'')| < \varepsilon.$$

注意到 δ 只与 ε 有关而与 x', x'' 无关, 这就证明了 $f(x)$ 在 $[a, b]$ 上一致连续.

例 3.3.9 设函数 $f(x)$ 在 (a, b) 上连续. 证明: $f(x)$ 在 (a, b) 上一致连续的充分必要条件是 $\lim\limits_{x \to a+0} f(x)$ 与 $\lim\limits_{x \to b-0} f(x)$ 都存在.

证明 **必要性** 若 $f(x)$ 在 (a, b) 上一致连续, 由一致连续的定义及函数极限的柯西收敛准则知, $\lim\limits_{x \to a+0} f(x)$ 与 $\lim\limits_{x \to b-0} f(x)$ 都存在.

充分性 令

$$f(a) = \lim_{x \to a+0} f(x), \quad f(b) = \lim_{x \to b-0} f(x),$$

并且定义

$$\widetilde{f}(x) = \begin{cases} f(a), & x = a, \\ f(x), & x \in (a, b), \\ f(b), & x = b, \end{cases}$$

则 $\widetilde{f} \in C[a, b]$. 于是由定理 3.3.6 知, 它在 $[a, b]$ 上一致连续, 从而 $f(x)$ 在 (a, b) 上一致连续.

注 从以上例子可知, 要考查一个连续函数在有穷区间上是否一致连续, 只需考查它在端点的单侧极限是否存在即可. 从这个意义上

来讲，连续函数在有穷区间的一致连续性问题已经圆满解决. 特别地，若 $f(x)$ 在有穷区间 I 上无界，则它在 I 上必定不一致连续.

当函数 $f(x), g(x)$ 在区间 I 上一致连续时，显然 $f(x) \pm g(x)$ 在区间 I 上也一致连续.

思考题 设 $f(x), g(x)$ 在区间 I 上一致连续, 是否 $f(x)g(x)$ 也在 I 上一致连续?

例 3.3.10 证明 $f(x) = \sqrt{x}$ 在 $[0, +\infty)$ 上一致连续.

证明 显然 $f(x)$ 在 $[0, +\infty)$ 连续. 下面我们证明 $f(x) = \sqrt{x}$ 在 $[0, +\infty)$ 一致连续.

事实上，任取 $\varepsilon > 0$, 取 $\delta_1 = \varepsilon$，则当 $x', x'' \in [1, +\infty)$ 且 $|x' - x''| < \delta_1$ 时, 有

$$|f(x') - f(x'')| = |\sqrt{x'} - \sqrt{x''}|$$
$$= \frac{|x' - x''|}{|\sqrt{x'} + \sqrt{x''}|} \leqslant |x' - x''| < \varepsilon.$$

其次, 由康托尔定理, $f(x)$ 在 $[0, 2]$ 上连续, 从而一致连续. 因此对上述 $\varepsilon > 0$, $\exists \delta_2 > 0$, 使得当 $x', x'' \in [0, 2]$ 且 $|x' - x''| < \delta_2$ 时, 有

$$|f(x') - f(x'')| < \varepsilon.$$

因此取 $\delta = \min\left\{\delta_1, \delta_2, \dfrac{1}{2}\right\}$, 对任意的 $x', x'' \in [0, +\infty)$, 当 $|x' - x''| < \delta$ 时, 必有 x', x'' 同时落在 $[0, 2]$ 或 $[1, +\infty)$ 上. 因此, 由上所证, 有

$$|f(x') - f(x'')| < \varepsilon.$$

这就证明了 $f(x) = \sqrt{x}$ 在 $[0, +\infty)$ 上一致连续.

§3.4 无穷小量与无穷大量的阶

首先, 我们以 $x \to x_0$ 为规范, 给出与无穷小量和无穷大量有关的一些定义和记号.

定义 3.4.1 设函数 $f(x)$ 在 $U_0(x_0,\delta_0)\,(\delta_0>0)$ 上有定义. 若 $\lim\limits_{x\to x_0}f(x)=0$, 则称 $f(x)$ 为 $x\to x_0$ 时的一个**无穷小量**; 若 $\lim\limits_{x\to x_0}f(x)=\infty$, 则称 $f(x)$ 为 $x\to x_0$ 时的一个**无穷大量**.

无穷小量有特殊的意义, 在数学分析产生与发展的历史上, 它起过特别重要的作用. 这是因为无穷小量不仅是一种特殊的有极限的变量, 而且由于: $x\to x_0$ 时 $f(x)$ 以 A 为极限的充分必要条件是 $f(x)-A$ 为 $x\to x_0$ 时的一个无穷小量, 从而无穷小量可以表征一般有极限的变量.

关于无穷小量与无穷大量之间有如下的关系:

定理 3.4.1 设函数 $f(x)$ 在 $U_0(x_0,\delta_0)\,(\delta_0>0)$ 上有定义且恒不为零, 则 $f(x)$ 为 $x\to x_0$ 时的一个无穷小量的充分必要条件是 $\dfrac{1}{f(x)}$ 为 $x\to x_0$ 时的一个无穷大量.

证明略.

在前面我们已经知道 $\left\{\dfrac{1}{n}\right\}$ 和 $\left\{\dfrac{1}{n^n}\right\}$ 都是无穷小量, 而且后者趋于零的速度比前者要 "快". 如何来刻画它们趋于零的速度是一个值得研究的问题. 为了便于比较无穷小量(无穷大量), 我们引入:

定义 3.4.2 设 $f(x)$ 和 $g(x)$ 都是当 $x\to x_0$ 时的无穷小量(无穷大量), 且 $g(x)\neq 0$, $x\in U_0(x_0,\delta_0)\,(\delta_0>0)$.

(1) 若 $\lim\limits_{x\to x_0}\dfrac{f(x)}{g(x)}=0$, 则称 $f(x)$ 是比 $g(x)$ **更高阶的无穷小量**(**更低阶的无穷大量**), 记为 $f(x)=o(g(x))\,(x\to x_0)$, 并读做 $f(x)$ 等于小欧 $g(x)$;

(2) 若 $\lim\limits_{x\to x_0}\dfrac{f(x)}{g(x)}=l\neq 0$, 则称 $f(x)$ 与 $g(x)$ **是同阶无穷小量**(**同阶无穷大量**);

(3) 若 $\lim\limits_{x\to x_0}\dfrac{f(x)}{g(x)}=1$, 则称 $f(x)$ 与 $g(x)$ 是**等价无穷小量**(**等价无穷大量**), 记为 $f(x)\sim g(x)\,(x\to x_0)$;

§3.4 无穷小量与无穷大量的阶

(4) 若存在 $M > 0$ 和 $\delta > 0$, 使得 $\forall x \in U_0(x_0, \delta)$, 有 $|f(x)| \leqslant M|g(x)|$ 成立, 则记为 $f(x) = O(g(x))\,(x \to x_0)$(读做 $f(x)$ 等于大欧 $g(x)$).

有的时候我们可以在上述定义中不假定 $g(x)$ 是一个无穷小 (大) 量. 如令 $g(x) \equiv 1$, 此时我们有以下记号

$$f(x) = O(1) \quad (x \to x_0).$$

由 (4) 我们知道此记号表示 $f(x)$ 在 x_0 的某个去心邻域上有界; 而记号

$$f(x) = o(1) \quad (x \to x_0)$$

表示 $\lim\limits_{x \to x_0} f(x) = 0$, 即 $f(x)$ 为 $x \to x_0$ 时的无穷小量.

在前面所给出的定义和记号中将 "x_0" 换成 "$x_0 + 0$", "$x_0 - 0$", "$-\infty$", "$+\infty$" 或 "∞", 就得到相应的极限过程的定义和记号. 当然, 此时对凡涉及"x_0 的邻域"的地方都要做相应的修改. 特别地, 我们可以对序列引进上述记号, 如 $\dfrac{1}{n^n} = o\left(\dfrac{1}{n}\right)(n \to \infty)$.

例 3.4.1 函数 $y = x^n \sin \dfrac{1}{x} = O(x^n)(x \to 0)$.

在学习无穷小量的比较时我们要注意以下的一个重要问题, 即有时候不能简单地在两个无穷小量之间加上等号. 例如: 从 $x^2 = o(x)(x \to 0)$ 我们可以推出 $x^2 = O(x)\,(x \to 0)$. 但我们不能简单地推出以下的等式: $o(x) = O(x)\,(x \to 0)$. 读者很容易举出这种等式不成立的例子.

例 3.4.2 设 $f(x) = (x - x_0)^m$, $g(x) = (x - x_0)^n$, 则有

$$\lim_{x \to x_0} \frac{f(x)}{g(x)} = \begin{cases} 0, & m > n, \\ 1, & m = n, \\ \infty, & m < n. \end{cases}$$

这说明: 对于极限过程 $x \to x_0$, 正整数 k 越大时, 无穷小量 $(x - x_0)^k$ 的阶就越高.

例 3.4.3 设 $f(x) = \dfrac{1}{(x-x_0)^m}$, $g(x) = \dfrac{1}{(x-x_0)^n}$, 则有

$$\lim_{x \to x_0} \frac{f(x)}{g(x)} = \begin{cases} 0, & m < n, \\ 1, & m = n, \\ \infty, & m > n. \end{cases}$$

这说明: 对于极限过程 $x \to x_0$, 正整数 k 越大时, 无穷大量 $\dfrac{1}{(x-x_0)^k}$ 的阶就越高.

例 3.4.4 设 $f(x) = x^\mu\ (\mu > 0)$, $g(x) = a^x\ (a > 1)$, 证明

$$\lim_{x \to +\infty} \frac{f(x)}{g(x)} = \lim_{x \to +\infty} \frac{x^\mu}{a^x} = 0.$$

证明 先考虑 $\mu = k$ 为正整数的情形. 令 $a = 1 + b(b > 0)$, 则对任意的正整数 n, 有

$$a^n = (1+b)^n = 1 + nb + \frac{n(n-1)}{2}b^2 + \cdots + b^n > \frac{n(n-1)}{2}b^2,$$

从而有

$$0 < \frac{n}{a^n} < \frac{2}{(n-1)b^2},$$

所以

$$\lim_{n \to \infty} \frac{n}{a^n} = 0.$$

由此立即可得

$$\lim_{n \to \infty} \frac{n^k}{a^n} = \lim_{n \to \infty} \left(\frac{n}{(\sqrt[k]{a})^n}\right)^k = 0.$$

这样, 由于

$$0 < \frac{x^k}{a^x} \leqslant \frac{(1+[x])^k}{a^{[x]}},$$

所以我们有

$$\lim_{x \to +\infty} \frac{x^k}{a^x} = 0.$$

对于一般的 $\mu > 0$, 我们取一个正整数 $k > \mu$, 便有

$$0 < \frac{x^\mu}{a^x} \leqslant \frac{x^k}{a^x} \quad (x > 1),$$

从而有

$$\lim_{x \to +\infty} \frac{x^\mu}{a^x} = 0.$$

本例说明: 对于极限过程 $x \to +\infty$, 指数函数 $a^x (a > 1)$ 是比任何幂函数 x^μ 都高阶的无穷大量.

例 3.4.5 设 $f(x) = \log_a x \, (a > 1)$, $g(x) = x^\mu \, (\mu > 0)$, 证明

$$\lim_{x \to +\infty} \frac{f(x)}{g(x)} = \lim_{x \to +\infty} \frac{\log_a x}{x^\mu} = 0.$$

证明 令 $y = \log_a x$, 则 $x = a^y$. 由此当 $x \to +\infty$ 时, $y \to +\infty$, 有

$$\lim_{x \to +\infty} \frac{\log_a x}{x^\mu} = \lim_{y \to +\infty} \frac{y}{(a^\mu)^y} = 0.$$

本例说明: 对于极限过程 $x \to +\infty$, 对数函数 $\log_a x (a > 1)$ 是比任何幂函数 x^μ 都低阶的无穷大量.

当 $x \to 0$ 时, 我们有以下重要的例子. 这些例子在今后的学习中会经常用到, 读者应该熟练掌握它们.

例 3.4.6 证明: 当 $x \to 0$ 时, 下列关系式成立:

(1) $\sin x \sim x$; $\qquad\qquad$ $\sin x = x + o(x)$.

(2) $1 - \cos x \sim \dfrac{1}{2} x^2$; $\qquad$ $\cos x = 1 - \dfrac{1}{2} x^2 + o(x^2)$.

(3) $\tan x \sim x$; $\qquad\qquad$ $\tan x = x + o(x)$.

(4) $\arcsin x \sim x$; $\qquad\quad$ $\arcsin x = x + o(x)$.

(5) $\ln(1 + x) \sim x$; $\qquad\;\,$ $\ln(1 + x) = x + o(x)$.

(6) $e^x - 1 \sim x$; $\qquad\qquad$ $e^x = 1 + x + o(x)$.

(7) $(1 + x)^\mu - 1 \sim \mu x$; $\qquad$ $(1 + x)^\mu = 1 + \mu x + o(x)$.

证明 (1) $\lim\limits_{x \to 0} \dfrac{\sin x}{x} = 1$.

(2) $\lim\limits_{x\to 0}\dfrac{1-\cos x}{\frac{1}{2}x^2} = \lim\limits_{x\to 0}\dfrac{2\sin^2\frac{x}{2}}{\frac{1}{2}x^2} = \lim\limits_{x\to 0}\left(\dfrac{\sin\frac{x}{2}}{\frac{x}{2}}\right)^2 = 1.$

(3) $\lim\limits_{x\to 0}\dfrac{\tan x}{x} = \lim\limits_{x\to 0}\dfrac{\sin x}{x}\dfrac{1}{\cos x} = 1.$

(4) 令 $t = \arcsin x$, 则 $x = \sin t$, 且当 $x \to 0$ 时, $t \to 0$. 于是, 有
$$\lim_{x\to 0}\frac{\arcsin x}{x} = \lim_{t\to 0}\frac{t}{\sin t} = 1.$$

(5) $\lim\limits_{x\to 0}\dfrac{\ln(1+x)}{x} = \lim\limits_{x\to 0}\ln(1+x)^{\frac{1}{x}} = \ln \mathrm{e} = 1.$

(6) 令 $\mathrm{e}^x - 1 = t$, 则 $x = \ln(1+t)$, 且当 $x \to 0$ 时, $t \to 0$. 因此
$$\lim_{x\to 0}\frac{\mathrm{e}^x - 1}{x} = \lim_{t\to 0}\frac{t}{\ln(1+t)} = 1.$$

(7) $\lim\limits_{x\to 0}\dfrac{(1+x)^\mu - 1}{\mu x} = \lim\limits_{x\to 0}\left(\dfrac{\mathrm{e}^{\mu\ln(1+x)} - 1}{\mu\ln(1+x)}\right)\left(\dfrac{\ln(1+x)}{x}\right) = 1.$

设 $f(x)$ 与 $g(x)$ 是当 $x \to x_0$ 时的等价无穷小量, 则 $\dfrac{f(x)}{g(y)} - 1 = o(1)(x \to x_0)$. 由此推出 $f(x) = g(x) + o(g(x))(x \to x_0)$, 从而上述各结论的相应等式成立.

下面的定理说明, 在求乘积或者商的极限时, 可以将任何一个无穷小 (大) 的因式用它的等价因式来替换.

定理 3.4.2 若无穷小 (大) 量 $h(x) \sim \ell(x)\,(x \to x_0)$, 则有

(1) $\lim\limits_{x\to x_0} h(x)f(x) = \lim\limits_{x\to x_0} \ell(x)f(x)$;

(2) $\lim\limits_{x\to x_0}\dfrac{h(x)f(x)}{g(x)} = \lim\limits_{x\to x_0}\dfrac{\ell(x)f(x)}{g(x)}$;

(3) $\lim\limits_{x\to x_0}\dfrac{f(x)}{h(x)g(x)} = \lim\limits_{x\to x_0}\dfrac{f(x)}{\ell(x)g(x)}$.

这里, 我们假定所有的函数都在点 x_0 的某个去心邻域上有定义, 作为分母的函数在这个去心领域上不为 0, 并且假定各式右端的极限存在.

证明 我们这里只给出结论 (1) 的证明, 其余的请读者自己补出. 事实上, 我们有

$$\lim_{x \to x_0} h(x)f(x) = \lim_{x \to x_0} \frac{h(x)}{\ell(x)} \ell(x) f(x) = \lim_{x \to x_0} \ell(x) f(x).$$

例 3.4.7 求当 $x \to 0$ 时无穷小量 $\ln \cos 2x$ 的形如 ax^α 的等价无穷小量.

解 由于

$$\ln \cos 2x = \ln(1 - 2\sin^2 x) \sim -2\sin^2 x \sim -2x^2,$$

所以

$$\ln \cos 2x \sim -2x^2.$$

注 如果不是乘积和商的极限, 则一般不能用等价无穷小 (大) 量来代替. 例如:

$$\lim_{x \to 0} \frac{\tan x - \sin x}{x^3} = \frac{1}{2} \neq \lim_{x \to 0} \frac{x - x}{x^3} = 0.$$

习 题 三

1. 证明函数极限的定义与下述的 (1) 或 (2) 均等价:

(1) 对任意给定的正整数 n, 存在正数 δ, 使当 $0 < |x - x_0| < \delta$ 时, $|f(x) - A| < \dfrac{1}{n}$;

(2) 对任意给定的正数 ε, 存在正整数 n_0, 使当 $0 < |x - x_0| < \dfrac{1}{n_0}$ 时, $|f(x) - A| < \varepsilon$.

2. 用极限的定义证明下列极限:

(1) $\lim\limits_{x \to a} |x| = |a|$;   (2) $\lim\limits_{x \to 3} x^3 = 27$;   (3) $\lim\limits_{x \to 4} \sqrt{x} = 2$.

3. 叙述下列极限的定义:

(1) $f(x_0 - 0) = A$;

(2) $\lim\limits_{x \to x_0} f(x) = -\infty$;

(3) $\lim\limits_{x \to -\infty} f(x) = l$;

(4) $\lim\limits_{x \to \infty} f(x) = -\infty$.

4. 用肯定的语气叙述：

(1) $\lim\limits_{x \to +\infty} f(x) \neq +\infty$;   (2) $\lim\limits_{x \to a+0} f(x)$ 不存在有限极限.

5. 设 $\lim\limits_{x \to a} f(x) = A$, 用极限的定义证明：

(1) $\lim\limits_{x \to a} |f(x)| = |A|$;   (2) $\lim\limits_{x \to a} \sqrt[3]{f(x)} = \sqrt[3]{A}$.

6. 求下列极限：

(1) $\lim\limits_{x \to 0} \dfrac{x^2 - x + 2}{2x^2 + x + 1}$;

(2) $\lim\limits_{x \to \infty} \dfrac{x^3 - 3x + 5}{2x^3 + x^2 - 6}$;

(3) $\lim\limits_{t \to 1} \dfrac{\sqrt{t} - 1}{\sqrt[3]{t} - 1}$;

(4) $\lim\limits_{t \to 3} \dfrac{\sqrt{1+t} - 2}{t - 3}$;

(5) $\lim\limits_{x \to +\infty} (\sqrt{x^2 + 1} - x)$;

(6) $\lim\limits_{x \to +\infty} \dfrac{\sqrt{x} \sin x}{x + 1}$;

(7) $\lim\limits_{x \to +\infty} \dfrac{\sqrt{x + \sqrt{x}}}{x + \sqrt{x} + 1}$;

(8) $\lim\limits_{x \to +\infty} \left(\sqrt{x + \sqrt{x + \sqrt{x}}} - \sqrt{x} \right)$.

7. 求下列极限：

(1) $\lim\limits_{x \to 0+0} x \left[\dfrac{1}{x} \right]$;

(2) $\lim\limits_{x \to 2-0} \dfrac{[x]^2 - 4}{x^2 - 4}$.

8. 求下列极限：

(1) $\lim\limits_{x \to 0} \dfrac{\sin 10x}{\sin 5x}$;

(2) $\lim\limits_{x \to 0} \dfrac{\sin^2 x}{\sin x^2}$;

(3) $\lim\limits_{x \to 0} \dfrac{2 \sin x - \sin 2x}{x^3}$;

(4) $\lim\limits_{x \to 0} \dfrac{1 - \cos 2x}{x \sin x}$;

(5) $\lim\limits_{x \to 0} \dfrac{\tan x - \sin x}{x^3}$;

(6) $\lim\limits_{t \to 1} (1 - t) \tan \dfrac{\pi t}{2}$;

(7) $\lim\limits_{x \to \pi} \dfrac{\sin mx}{\sin nx}$ (m, n 为整数);

(8) $\lim\limits_{x \to \frac{\pi}{4}} \dfrac{\tan x - 1}{x - \frac{\pi}{4}}$;

(9) $\lim\limits_{x \to 0} \dfrac{\cos(n \arccos x)}{x}$ (n 为奇数);

(10) $\lim\limits_{n \to \infty} \sin(\pi \sqrt{n^2 + 1})$.

9. 求下列极限:

(1) $\lim\limits_{x\to\infty}\left(\dfrac{2x-3}{2x+1}\right)^{2x}$;

(2) $\lim\limits_{x\to 0}(1-2x)^{\frac{1}{x}}$;

(3) $\lim\limits_{x\to 0}\dfrac{e^{ax}-e^{bx}}{x}$;

(4) $\lim\limits_{x\to\infty}\left(\cos\dfrac{a}{x}\right)^{x^2}\;(a\neq 0)$;

(5) $\lim\limits_{x\to\frac{\pi}{2}}(\sin x)^{\tan x}$;

(6) $\lim\limits_{x\to\infty}\left(\sin\dfrac{1}{x}+\cos\dfrac{1}{x}\right)^x$.

10. 设函数 $f(x)$ 在集合上 D 定义. 证明 $f(x)$ 在 D 上无界的充分必要条件是, 存在 $\{x_n\}\subset D$, 使得 $\lim\limits_{n\to\infty}f(x_n)=\infty$.

11. 设函数 $f(x)$ 在 $(a,+\infty)$ 上单调上升, $\lim\limits_{n\to\infty}x_n=+\infty$. 证明: 若 $\lim\limits_{n\to\infty}f(x_n)=A$, 则 $\lim\limits_{x\to+\infty}f(x)=A$.

12. 设函数 $f(x)$ 在 $(a,+\infty)$ 上严格单调下降, 证明: 若 $\lim\limits_{n\to\infty}f(x_n)=\lim\limits_{x\to+\infty}f(x)$, 则 $\lim\limits_{n\to\infty}x_n=+\infty$.

13. 设函数 $f(x)$ 是 $(-\infty,+\infty)$ 上定义的周期函数, 而且 $\lim\limits_{x\to+\infty}f(x)=0$, 证明 $f(x)\equiv 0$.

14. 设函数 $f(x)$ 定义在 $(0,+\infty)$ 上, 且满足: $f(x)=f(2x),\forall x\in(0,+\infty)$, 以及 $\lim\limits_{x\to+\infty}f(x)=l$. 证明 $f(x)\equiv l$.

15. 设 $\lim\limits_{x\to 0}\dfrac{f(x)}{x}$ 存在, 又有常数 $\alpha\neq 1$ 使 $\lim\limits_{x\to 0}\dfrac{f(x)-f(\alpha x)}{x}=0$. 证明 $\lim\limits_{x\to 0}\dfrac{f(x)}{x}=0$.

16. 证明: $\lim\limits_{x\to 0}f(x)$ 与 $\lim\limits_{x\to 0}f(x^3)$ 有一个存在时, 另一个也存在, 而且两者相等; 问是否 $\lim\limits_{x\to 0}f(x)$ 与 $\lim\limits_{x\to 0}f(x^2)$ 一定同时存在?

17. 指出下列函数的间断点, 并说明属于哪一种类型的间断点:

(1) $f(x)=\text{sgn}\left(\sin x+\dfrac{1}{2}\right)$;

(2) $f(x)=\begin{cases}\dfrac{x}{(1+x)^2}, & x\neq -1,\\ 0, & x=-1;\end{cases}$

(3) $f(x)=\begin{cases}x, & |x|\leqslant 1,\\ \ln|x+1|, & |x|>1;\end{cases}$

(4) $f(x)=\begin{cases}\cos^2\dfrac{1}{x}, & x\neq 0,\\ 1, & x=0.\end{cases}$

18. 给出下列函数在 $x=0$ 的函数值, 使其在该点连续:

(1) $f(x) = \dfrac{\sqrt[3]{1+x}-1}{\sqrt{1+x}-1}$; (2) $f(x) = \sin x \sin \dfrac{1}{x}$.

19. 适当选取 α, 使函数 $f(x) = \begin{cases} e^x, & x < 0, \\ \alpha + x, & x \geqslant 0 \end{cases}$ 在 $(-\infty, +\infty)$ 上连续.

20. 设函数 $f(x)$ 在 $x = x_0$ 处连续, $g(x)$ 在 $x = x_0$ 处不连续, 问 $f(x) + g(x)$ 和 $f(x)g(x)$ 是否在 $x = x_0$ 处一定不连续?

21. 举出一个在 $(-\infty, +\infty)$ 上处处都不连续, 但取绝对值后却处处连续的函数的例子.

22. 设序列 $\{x_n\}$ 是一列两两不同的实数. 试构造一个定义在 $(-\infty, +\infty)$ 上的函数 $f(x)$, 使得它的间断点集为 $\{x_n\}$.

23. 研究下列函数的连续性, 并指出间断点的类型:

(1) $f(x) = \mathrm{sgn} x$; (2) $g(x) = x - [x]$;

(3) $f(g(x))$; (4) $g(f(x))$.

24. 设函数 $f(x), g(x) \in C[a,b]$, 证明:

(1) $|f(x)| \in C[a,b]$;

(2) $\max\{f(x), g(x)\} \in C[a,b]$;

(3) $\min\{f(x), g(x)\} \in C[a,b]$.

25. 设函数 $f(x)$ 在 $[0, +\infty)$ 上连续, 且 $0 \leqslant f(x) \leqslant x \ (x \geqslant 0)$. 取 $a_1 > 0$, 并定义 $a_{n+1} = f(a_n) (n = 1, 2, \cdots)$, 证明:

(1) $\lim\limits_{n \to \infty} a_n$ 存在;

(2) 设 $\lim\limits_{n \to \infty} a_n = l$, 则 $f(l) = l$;

(3) 如果将条件改为 $0 \leqslant f(x) < x \ (x > 0)$, 则 $l = 0$.

26. 设 $a_1, \cdots, a_p$ 为正数 $(p \geqslant 2)$, 求极限 $\lim\limits_{x \to 0+0} \left(\dfrac{a_1^x + a_2^x + \cdots + a_p^x}{p} \right)^{\frac{1}{x}}$.

27. 证明:

(1) 三次方程 $x^3 + x + 1 = 0$ 必有一实根;

(2) 方程 $\tan x - x = 0$ 有无穷多个实根.

28. 设函数 $f(x)$ 在区间 I 连续, 且 $x_1, x_2, \cdots, x_n$ 是 I 上任意 n 个点. 证明: 若对 $\forall x \in I$, 有 $f(x) > 0$, 则存在 $\xi \in I$, 使 $f(\xi) = \sqrt[n]{f(x_1)f(x_2)\cdots f(x_n)}$.

29. 设函数 $f(x)$ 在 (a,b) 上连续, 而且存在 $\{x_n\}, \{y_n\} \subset (a,b)$, 满足 $\lim\limits_{n\to\infty} x_n = b = \lim\limits_{n\to\infty} y_n$, 使得
$$\lim_{n\to\infty} f(y_n) = B > A = \lim_{n\to\infty} f(x_n).$$
证明: 对任意的 η 满足 $A < \eta < B$, 必存在 $\{z_n\} \subset (a,b)$, 满足 $\lim\limits_{n\to\infty} z_n = b$, 使得 $\lim\limits_{n\to\infty} f(z_n) = \eta$.

30. 设函数 $f(x) \in C[a,b]$, 且 $f([a,b]) \subset [a,b]$, 证明: 存在 $c \in [a,b]$, 使得 $f(c) = c$, 即 $f(x)$ 在 $[a,b]$ 上有不动点.

31. 设函数 $f(x) \in C[a,b]$, 证明: 若 $|f(x)|$ 在 $[a,b]$ 上单调, 则 $f(x)$ 在 $[a,b]$ 上也单调.

32. 设函数 $f(x) \in C[a,b]$, 而且当 $x_1 \neq x_2$ 时有 $f(x_1) \neq f(x_2)$. 证明: $f(x)$ 在 $[a,b]$ 上严格单调上升或严格单调下降.

33. 设函数 $f(x)$ 在 $(-\infty, +\infty)$ 上有定义, 且对任意的实数 x, y 有
$$|f(x) - f(y)| \leqslant k|x - y|,$$
这里 k 是一常数且满足 $0 < k < 1$. 证明:

(1) $kx - f(x)$ 是单调上升的;

(2) 存在一实数 c, 使 $f(c) = c$.

34. 设函数 $f(x)$ 是 $(-\infty, +\infty)$ 上的连续函数, 且 $\lim\limits_{x\to\pm\infty} f(x) = +\infty$. 证明 $f(x)$ 在 $(-\infty, +\infty)$ 上取到它的最小值.

35. 设函数 $f(x) \in C[0,1]$, 且 $f(x) > 0$, 令
$$M(x) = \max_{0 \leqslant t \leqslant x} f(t), \quad x \in [0,1].$$
证明: 函数 $Q(x) = \lim\limits_{n\to\infty} \left[\dfrac{f(x)}{M(x)}\right]^n$ 在 $[0,1]$ 上连续的充分必要条件是 $f(x)$ 在 $[0,1]$ 上是单调上升的.

36. 设函数 $f(x) \in C[a,b]$, 并且对任意的 $x \in [a,b]$, 必存在 $y \in [a,b]$ 使得 $|f(y)| \leqslant \dfrac{1}{2}|f(x)|$. 证明: 必存在 $\xi \in [a,b]$, 使得 $f(\xi) = 0$.

37. 证明:

(1) $\cos \sqrt{x}$ 在 $[0,+\infty)$ 上一致连续;

(2) $\cos x^2$ 在 $[0,+\infty)$ 上不一致连续.

38. 证明 $\sin \dfrac{1}{x}$ 在 $(0,1)$ 内不一致连续, 而在 $[1,+\infty)$ 上一致连续.

39. 设 $f(x)$ 是定义在 $(-\infty,+\infty)$ 上的连续周期函数, 证明 $f(x)$ 在 $(-\infty,+\infty)$ 上一致连续.

40. 设函数 $f(x)$ 在 $[a,+\infty)$ 上连续, 且 $\lim\limits_{x\to+\infty} f(x)$ 存在. 证明 $f(x)$ 在 $[a,+\infty)$ 上一致连续.

41. 设函数 $f(x)$ 在 $[a,+\infty)$ 上一致连续, $g(x)$ 在 $[a,+\infty)$ 上连续, 且有 $\lim\limits_{x\to+\infty}(f(x)-g(x)) = 0$. 证明 $g(x)$ 在 $[a,+\infty)$ 上也是一致连续的.

42. 设函数 $f(x)$ 和 $g(x)$ 在 $[0,+\infty)$ 上一致连续, 且 $g(x)$ 在 $[0,+\infty)$ 上有界. 问: 是否 $f(x)g(x)$ 在 $[0,+\infty)$ 上也是一致连续的?

43. 求下列无穷小量的形如 ax^α 的等价无穷小量:

(1) $\ln(1-2x^2)$ $(x \to 0)$;

(2) $\mathrm{e}^{x^2+x} - 1$ $(x \to 0)$;

(3) $\sqrt[n]{1+x} - 1$ $(x \to 0)$;

(4) $\sqrt{x+\sqrt{x+\sqrt{x}}}$ $(x \to 0+0)$.

44. 求下列无穷大量的形如 ax^α 的等价无穷大量:

(1) $2x^3 - 5x + 10^{100}$ $(x \to \infty)$;

(2) $\sqrt{x+\sqrt{x+\sqrt{x}}}$ $(x \to +\infty)$;

(3) $\dfrac{x+10^{10}}{x^2+2x}$ $(x \to 0)$;

(4) $\dfrac{\arctan x}{x^2}$ $(x \to 0)$.

45. 设 $x \to a$ 时, $f_1(x)$ 与 $f_2(x)$ 是等价无穷小量, 而 $g_1(x)$ 与 $g_2(x)$ 是等价无穷大量, 而且 $\lim\limits_{x \to a} f_2(x)g_2(x)$ 存在. 证明:

$$\lim_{x\to a} f_1(x)g_1(x) = \lim_{x\to a} f_2(x)g_2(x).$$

46. 求下列极限：

(1) $\lim\limits_{x\to 0+0}\dfrac{x\ln(1+3x)}{(1-\cos 2\sqrt{x})^2}$;

(2) $\lim\limits_{x\to\infty} x^2(\sqrt{x^4-2}-x^2)$;

(3) $\lim\limits_{x\to 0}\dfrac{\ln\cos ax}{\ln\cos bx}\ (b\neq 0)$;

(4) $\lim\limits_{x\to 0}\dfrac{2^x-3^x}{3^x-4^x}$.

第四章 导数与微分

人们所说的"微积分"实际上包括"微分学"和"积分学"两部分. 这一章我们就来讲述一元函数的微分学.

§4.1 导　　数

4.1.1 导数概念的引入

导数是微分学的核心, 历史上这一概念是由对如下两个问题的研究而产生的:

(1) 求变速直线运动的瞬时速度;

(2) 求曲线上一点处的切线.

这两个问题的解决最终都归结为求一个函数的变化率的问题. 牛顿 (Newton) 从第一个问题出发, 莱布尼茨 (Leibniz) 从第二个问题出发, 分别给出了导数的概念.

1. 求变速直线运动的瞬时速度

通常人们所说的物体的运动速度, 一般是指物体在某段时间内的平均速度. 事实上, 任何物体的运动都很难保持匀速状态, 其速度每时每刻都在变化着. 像火箭升空, 火车行驶, 都是从静止慢慢加速而达到某种速度的. 此外, 即使以一定速度运动的物体, 也会根据运动过程中遇到的各种情况, 随时调整它的运行速度. 因此, 一般来说平均速度只是对运动物体快慢程度的粗略描述, 并不能真正反映物体每一时刻运动的快慢程度. 随着科学技术的发展, 仅仅知道运动物体的平均速度是不够的, 而是需要精确地给出其每一时刻的速度 —— 瞬时速度. 那么, 如何来计算瞬时速度呢? 一般来说, 人们易于测量的是沿直线运动的物体离开初始位置的距离, 因此一个自然的想法就是利用物体所走过的路程来求瞬时速度.

设物体沿直线朝一个方向作非匀速运动, 其运动规律由函数 $s = s(t)$ ($t \in [0, T]$) 给出, 其中 t 是时间, s 是物体在时间 t 内所走过的路程. 现在要求它在时刻 $t_0 \in (0, T)$ 的瞬时速度 $v(t_0)$.

显然, 用 $[0, T]$ 上的平均速度来代替 $v(t_0)$, 一般来说误差应很大. 一个朴素的想法是, $v(t_0)$ 的大小应该只与 t_0 附近物体移动的路程的改变量有关. 为此, 给 t_0 一个微小的改变量 $\Delta t \neq 0$, 物体在 Δt 这段时间内所经过的路程为

$$\Delta s = s(t_0 + \Delta t) - s(t_0).$$

物体在 Δt 这段时间内的平均速度为

$$v = \frac{s(t_0 + \Delta t) - s(t_0)}{\Delta t}.$$

容易看出, Δt 越接近于 0, 该平均速度就应该越接近瞬时速度 $v(t_0)$. 于是, 在时刻 $t_0 \in (0, T)$ 的瞬时速度 $v(t_0)$ 就应该是当 $\Delta t \to 0$ 时, 平均速度 v 的极限, 即

$$v(t_0) = \lim_{\Delta t \to 0} \frac{\Delta s}{\Delta t} = \lim_{\Delta t \to 0} \frac{s(t_0 + \Delta t) - s(t_0)}{\Delta t}.$$

上式既给出了瞬时速度的定义, 也给出了计算瞬时速度的方法.

2. 求曲线上一点处切线

莱布尼茨在研究如何求曲线在一点的切线这一几何问题时, 同样遇到了类似的极限问题. 现假定有一条平面曲线, 它是函数 $y = f(x)$ ($x \in (a, b)$) 的图像, 并给定 $x_0 \in (a, b)$. 那么, 应该怎样来求此曲线在点 $P(x_0, f(x_0))$ 的切线呢 (参见图 4.1.1)?

由于所求的切线经过点 $(x_0, f(x_0))$, 因此我们只要将其斜率确定即可. 如同计算瞬时速度一样, 一个显然的事实是过该点的切线的斜

率应该只与 x_0 附近的 x 所对应的函数值有关. 为此, 我们在 x_0 附近取一点 x, 并且观察过曲线上两点 $P(x_0, f(x_0))$ 和 $Q(x, f(x))$ 的割线. 显然, 该割线的斜率为

$$\tilde{k}(x) = \frac{f(x) - f(x_0)}{x - x_0}.$$

当 x 在 x_0 附近变化时, 点 Q 在曲线上变动, 割线的斜率也在变化. 当 x 趋于 x_0 时, 点 Q 沿曲线趋近于点 P, 割线 PQ 就应该趋近于过点 P 的切线 PT.

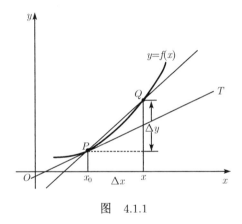

图 4.1.1

因此, 如果令 $\Delta x = x - x_0, \Delta y = f(x) - f(x_0)$, 当 Δx 趋于 0 时, 我们自然定义割线 PQ 的极限位置为该曲线过点 P 的切线 PT. 这样, 割线 PQ 的斜率 $\tilde{k}(x) = \dfrac{\Delta y}{\Delta x}$ 的极限就是所求切线 PT 的斜率, 即

$$k = \lim_{\Delta x \to 0} \tilde{k}(x) = \lim_{\Delta x \to 0} \frac{\Delta y}{\Delta x} = \lim_{x \to x_0} \frac{f(x) - f(x_0)}{x - x_0}.$$

上面的讨论既给出了切线的定义, 也给出了计算切线斜率的方法.

上述两个问题的实际意义完全不同: 一个是运动学中沿直线运动的物体的瞬时速度, 一个是几何学中曲线在一点处的切线. 但从数学上

来看, 它们是完全一样的, 即都是归结为求函数的改变量 Δy 与自变量的改变量 Δx 之比的极限.

4.1.2 导数的定义

除了上一小节的例子外, 还有许多实际问题也要遇到类似的求函数的改变量与自变量的改变量之比的极限问题. 例如, 由质量函数求密度, 由人口增长函数求增长率等. 略去各种背景, 便有以下纯数学的定义:

定义 4.1.1 设函数 $y = f(x)$ 在 $U(x_0, \delta_0)$ 内有定义. 若极限

$$\lim_{x \to x_0} \frac{f(x) - f(x_0)}{x - x_0}$$

存在, 则称 $f(x)$ 在点 x_0 处**可导**, 并且称此极限值为 $f(x)$ 在 x_0 处的**导数**, 记为 $f'(x_0)$ 或者 $\dfrac{\mathrm{d}f(x_0)}{\mathrm{d}x}$, 有时也记为 $\dfrac{\mathrm{d}f}{\mathrm{d}x}\Big|_{x=x_0}$ 或者 $y'\big|_{x=x_0}$.

由定义即知, 函数在一点的导数是它在该点附近各点平均变化率的极限, 是函数变化率的一种定量刻画. 从几何上来看, 导数 $f'(x_0)$ 就是曲线 $y = f(x)$ 在点 $P(x_0, f(x_0))$ 的切线的斜率, 即切线与 x 轴正向夹角的正切值 (参见图 4.1.1).

例 4.1.1 求常数函数 $f(x) = C$ 在点 $x_0 \in (-\infty, +\infty)$ 的导数.

解 对 $\forall x_0 \in (-\infty, +\infty)$, 由于

$$\lim_{x \to x_0} \frac{f(x) - f(x_0)}{x - x_0} = \lim_{x \to x_0} \frac{C - C}{x - x_0} = 0,$$

所以 $f'(x_0) = 0$.

例 4.1.2 求 $f(x) = \sqrt{x}$ 在 $x = x_0 > 0$ 的导数.

解 由于

$$\lim_{x \to x_0} \frac{\sqrt{x} - \sqrt{x_0}}{x - x_0} = \lim_{x \to x_0} \frac{1}{\sqrt{x} + \sqrt{x_0}} = \frac{1}{2\sqrt{x_0}},$$

所以 $f'(x_0) = \dfrac{1}{2\sqrt{x_0}}$.

若 $f(x)$ 在 (a,b) 内每点都有导数, 则它的导数 $f'(x)$ 也是 (a,b) 内的一个函数, 称为 $f(x)$ 的**导函数**, 简称导数. 此时, 如果我们要求 $f(x)$ 的导函数, 则我们先要设 x_0 是任意固定的一点, 然后按定义求出极限, 再将 x_0 换成 x. 为了避免这一过程, 我们可以引入 $\Delta x = x - x_0$, 从而 $x = x_0 + \Delta x, f(x) = f(x_0 + \Delta x)$. 因此, 我们有

$$f'(x) = \lim_{\Delta x \to 0} \frac{f(x + \Delta x) - f(x)}{\Delta x}.$$

这里 Δx 是自变量的一个改变量, 而 $f(x + \Delta x) - f(x)$ 是函数的一个相应改变量, 记之为 Δy, 便有

$$f'(x) = \lim_{\Delta x \to 0} \frac{\Delta y}{\Delta x}.$$

初学者应注意的是, 这里的 Δx 是可正可负的, 而不是恒大于 0 的.

在推导基本初等函数的导数时, 我们需要如下的三个重要极限:

(1) $\lim\limits_{x \to 0} \dfrac{\log_a(1+x)}{x} = \log_a e = \dfrac{1}{\ln a} (a > 0 \text{ 且 } a \neq 1)$;

(2) $\lim\limits_{x \to 0} \dfrac{a^x - 1}{x} = \ln a (a > 0)$;

(3) $\lim\limits_{x \to 0} \dfrac{(1+x)^\mu - 1}{x} = \mu$.

在上一章中我们已经给出这些结果的详细推导过程.

例 4.1.3 求 $f(x) = x^\alpha$ 的导数 (定义域与 α 有关, 对任何 α, $x > 0$ 总有定义).

解 设 $x \neq 0$, 则有

$$\frac{f(x + \Delta x) - f(x)}{\Delta x} = \frac{(x + \Delta x)^\alpha - x^\alpha}{\Delta x} = x^{\alpha - 1} \frac{\left(1 + \dfrac{\Delta x}{x}\right)^\alpha - 1}{\dfrac{\Delta x}{x}}.$$

对固定的 $x \neq 0$, 由于当 $\Delta x \to 0$ 时, $\dfrac{\Delta x}{x} \to 0$, 从而推出

$$f'(x) = \alpha x^{\alpha - 1}.$$

特别地, 我们有
$$(x^{-1})' = -\frac{1}{x^2} \quad (x \neq 0),$$
$$(\sqrt{x})' = \frac{1}{2\sqrt{x}} \quad (x > 0).$$

例 4.1.4 求 $f(x) = a^x \ (a > 0, -\infty < x < +\infty)$ 的导数.

解 由于 $\forall x \in (-\infty, +\infty)$, 有
$$\frac{a^{x+\Delta x} - a^x}{\Delta x} = a^x \frac{a^{\Delta x} - 1}{\Delta x} \to a^x \ln a \quad (\Delta x \to 0),$$

所以我们有 $f'(x) = a^x \ln a$. 特别地, 我们有 $(\mathrm{e}^x)' = \mathrm{e}^x$.

例 4.1.5 求 $f(x) = \log_a x \ (0 < a \neq 1, \ 0 < x < +\infty)$ 的导数.

解 由于 $\forall x \in (0, +\infty)$, 有
$$\frac{\log_a(x + \Delta x) - \log_a x}{\Delta x} = \frac{1}{x} \frac{\log_a \left(1 + \dfrac{\Delta x}{x}\right)}{\dfrac{\Delta x}{x}} \to \frac{\log_a \mathrm{e}}{x} \quad (\Delta x \to 0),$$

所以我们有 $f'(x) = \dfrac{\log_a \mathrm{e}}{x} = \dfrac{1}{x \ln a}$. 特别地, 我们有 $(\ln x)' = \dfrac{1}{x}$.

例 4.1.6 求 $f(x) = \sin x \ (-\infty < x < +\infty)$ 的导数.

解 由于 $\forall x \in (-\infty, +\infty)$, 有
$$\frac{\sin(x + \Delta x) - \sin x}{\Delta x} = \frac{2 \cos\left(x + \dfrac{\Delta x}{2}\right) \sin \dfrac{\Delta x}{2}}{\Delta x} \to \cos x \quad (\Delta x \to 0),$$

所以我们有 $f'(x) = \cos x$.

例 4.1.7 求 $f(x) = \cos x \ (-\infty < x < +\infty)$ 的导数.

解 由于 $\forall x \in (-\infty, +\infty)$, 有
$$\frac{\cos(x + \Delta x) - \cos x}{\Delta x} = \frac{-2 \sin\left(x + \dfrac{\Delta x}{2}\right) \sin \dfrac{\Delta x}{2}}{\Delta x} \to -\sin x \quad (\Delta x \to 0),$$

所以我们有 $f'(x) = -\sin x$.

4.1.3 单侧导数

类似于单侧极限, 我们有以下单侧导数的概念.

定义 4.1.2 设函数 $y = f(x)$ 在 $U^+(x_0, \delta)$ 内有定义. 若极限

$$\lim_{\Delta x \to 0+0} \frac{f(x_0 + \Delta x) - f(x_0)}{\Delta x}$$

存在, 则称 $f(x)$ 在 x_0 处**右可导**, 并且称此极限值为 $f(x)$ 在 x_0 处的**右导数**, 记为 $f'_+(x_0)$. 同理可定义函数 $f(x)$ 在 x_0 处的**左可导**和**左导数**, 即

$$f'_-(x_0) = \lim_{\Delta x \to 0-0} \frac{f(x_0 + \Delta x) - f(x_0)}{\Delta x}.$$

注 从导数的定义我们可以看出, $f'(x_0)$ 存在的充分必要条件是 $f'_+(x_0)$ 与 $f'_-(x_0)$ 都存在且相等.

当 $f(x)$ 在 x_0 处可导时, 有

$$f'(x_0) = \lim_{\Delta x \to 0} \frac{f(x_0 + \Delta x) - f(x_0)}{\Delta x}.$$

因此, $f'(x_0)$ 存在的一个必要条件是, 当 $\Delta x \to 0$ 时, $\Delta y = f(x+\Delta x) - f(x)$ 必须趋于零. 而这正是 $f(x)$ 在 x_0 处连续的定义, 从而我们有

定理 4.1.1 若函数 $y = f(x)$ 在 x_0 处可导, 则它在 x_0 处连续.

这样, 一个自然的问题就是, 是否连续函数一定可导呢? 其答案是否定的. 例如, 函数 $y = f(x) = |x|$ 在 $x = 0$ 处是连续的, 但 $f(x)$ 在 $x = 0$ 处不可导. 这是由于当 $\Delta x \to 0$ 时,

$$\frac{f(0 + \Delta x) - f(0)}{\Delta x} = \frac{|\Delta x|}{\Delta x} = \begin{cases} 1, & \Delta x > 0, \\ -1, & \Delta x < 0 \end{cases}$$

的极限不存在 (参见图 4.1.2).

注 从单侧导数的定义可以看出, $f(x)$ 在 x_0 处左可导, 则 $f(x)$ 在 x_0 处左连续; 右可导则右连续. 于是 $f(x)$ 在 x_0 左、右可导 (不要求左导数与右导数相等) 就可以推出 $f(x)$ 在 x_0 连续.

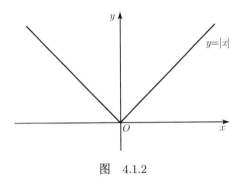

图 4.1.2

例 4.1.8 令函数

$$S(x) = \begin{cases} \sin\dfrac{1}{x}, & x \neq 0, \\ 0, & x = 0, \end{cases}$$

则有

(1) $S(x)$ 在 $x = 0$ 处间断, 是第二类间断点;

(2) $xS(x)$ 在 $x = 0$ 处连续, 但不可导 (其实, 其单侧导数也不存在);

(3) $x^2 S(x)$ 在 $x = 0$ 处连续而且可导, 其导数为 0.

此外, 按照导数的定义, 曲线 $y = x^2 \sin\dfrac{1}{x}$ 在 $(0,0)$ 处的切线方程为 $y = 0$. 此时, 该切线在 $x = 0$ 附近总是与曲线有交点, 这与中学里曲线的切线定义是有很大区别的.

§4.2 求导数的方法

按照导数定义, 导数表示为当 $\Delta x \to 0$ 时, $\dfrac{\Delta y}{\Delta x}$ 的极限. 但直接用定义对各种函数求导数, 并不总是一件容易的事, 有时甚至很难办到.

因此, 这一节我们来介绍各种行之有效的求导方法. 利用这些求导方法就可以轻而易举地求出许多函数的导数.

4.2.1 函数四则运算的导数

定理 4.2.1 设函数 $f(x)$ 和 $g(x)$ 都在点 x 处可导, 则下列各式在点 x 处成立:

(1) $\bigl(f(x) \pm g(x)\bigr)' = f'(x) \pm g'(x)$;

(2) $\bigl(f(x)g(x)\bigr)' = f'(x)g(x) + f(x)g'(x)$;

(3) $\left(\dfrac{f(x)}{g(x)}\right)' = \dfrac{f'(x)g(x) - f(x)g'(x)}{g^2(x)}$ $(g(x) \neq 0)$.

证明 (1) 令 $y = f(x) \pm g(x)$, 则有

$$\begin{aligned}
\bigl(f(x) \pm g(x)\bigr)' &= \lim_{\Delta x \to 0} \frac{\Delta y}{\Delta x} \\
&= \lim_{\Delta x \to 0} \frac{[f(x+\Delta x) \pm g(x+\Delta x)] - [f(x) \pm g(x)]}{\Delta x} \\
&= \lim_{\Delta x \to 0} \frac{f(x+\Delta x) - f(x)}{\Delta x} \pm \lim_{\Delta x \to 0} \frac{g(x+\Delta x) - g(x)}{\Delta x} \\
&= f'(x) \pm g'(x).
\end{aligned}$$

(2) 令 $y = f(x)g(x)$, 则有

$$\begin{aligned}
\bigl(f(x)g(x)\bigr)' &= \lim_{\Delta x \to 0} \frac{\Delta y}{\Delta x} \\
&= \lim_{\Delta x \to 0} \frac{f(x+\Delta x)g(x+\Delta x) - f(x)g(x)}{\Delta x} \\
&= \lim_{\Delta x \to 0} \frac{f(x+\Delta x) - f(x)}{\Delta x} g(x+\Delta x) \\
&\quad + \lim_{\Delta x \to 0} f(x) \frac{g(x+\Delta x) - g(x)}{\Delta x} \\
&= f'(x)g(x) + f(x)g'(x).
\end{aligned}$$

(3) 令 $y = \dfrac{1}{g(x)}$, 则有

$$y' = \lim_{\Delta x \to 0} \frac{\Delta y}{\Delta x}$$

$$= \lim_{\Delta x \to 0} \frac{1}{\Delta x} \left[\frac{1}{g(x+\Delta x)} - \frac{1}{g(x)} \right]$$
$$= -\lim_{\Delta x \to 0} \frac{g(x+\Delta x) - g(x)}{\Delta x} \frac{1}{g(x+\Delta x)g(x)}$$
$$= -\frac{g'(x)}{g^2(x)}.$$

再由 $\frac{f(x)}{g(x)} = f(x) \frac{1}{g(x)}$ 及 (2), 我们有

$$\left(\frac{f(x)}{g(x)} \right)' = \frac{f'(x)}{g(x)} + f(x) \left(\frac{1}{g(x)} \right)' = \frac{f'(x)g(x) - f(x)g'(x)}{g^2(x)}.$$

推论 设 $f_i(x)$ $(i=1,2,\cdots,n)$ 都在点 x 处可导, 则下列各式在点 x 处成立:

(1) $\left(\sum_{i=1}^{n} c_i f_i(x) \right)' = \sum_{i=1}^{n} c_i f_i'(x)$, 其中 c_i 是常数;

(2) $\left(\prod_{i=1}^{n} f_i(x) \right)' = \sum_{k=1}^{n} \left(f_k'(x) \prod_{\substack{i=1 \\ i \neq k}}^{n} f_i(x) \right)$.

例 4.2.1 设 $f(x) = \tan x$, 求 $f'(x)$.

解 $f'(x) = (\tan x)' = \left(\frac{\sin x}{\cos x} \right)'$
$$= \frac{(\sin x)' \cos x - \sin x (\cos x)'}{\cos^2 x}$$
$$= \frac{\cos^2 x + \sin^2 x}{\cos^2 x} = \frac{1}{\cos^2 x} = \sec^2 x.$$

例 4.2.2 设 $f(x) = \cot x$, 求 $f'(x)$.

解 $(\cot x)' = \left(\frac{1}{\tan x} \right)' = \frac{-(\tan x)'}{\tan^2 x}$
$$= -\frac{1}{\cos^2 x} \frac{\cos^2 x}{\sin^2 x} = -\frac{1}{\sin^2 x} = -\csc^2 x.$$

4.2.2 反函数的求导法则

定理 4.2.2 设函数 $y = f(x)$ 在 (a,b) 内严格单调, 并且令

$$\alpha = \min\{f(a+0), f(b-0)\}, \qquad \beta = \max\{f(a+0), f(b-0)\}.$$

如果 $f(x)$ 在 (a,b) 内可导且导数 $f'(x) \neq 0$, 则它的反函数 $x = f^{-1}(y)$ 在 (α, β) 内可导, 而且有

$$\frac{\mathrm{d}f^{-1}(y)}{\mathrm{d}y} = \frac{1}{f'(x)}.$$

证明 由于 $y = f(x)$ 在 (a,b) 内可导, 从而它在 (a,b) 上连续. 再由其在 (a,b) 内严格单调知, 它的反函数在 (α, β) 中连续且严格单调. 任取 $y_0 \in (\alpha, \beta)$, 则存在 $x_0 \in (a,b)$, 使得 $y_0 = f(x_0)$, 而且

$$\begin{aligned}
\left(f^{-1}(y)\right)'\big|_{y=y_0} &= \lim_{y \to y_0} \frac{f^{-1}(y) - f^{-1}(y_0)}{y - y_0} \\
&= \lim_{y \to y_0} \frac{x - x_0}{y - y_0} \\
&= \lim_{x \to x_0} \frac{1}{\dfrac{f(x) - f(x_0)}{x - x_0}} \\
&= \frac{1}{f'(x_0)}.
\end{aligned}$$

例 4.2.3 求 $y = \arctan x$ 的导数.

解 由 $y = \arctan x$, 得 $x = \tan y$. 因此, 有

$$y' = (\arctan x)' = \frac{1}{(\tan y)'} = \frac{1}{\sec^2 y} = \frac{1}{1 + \tan^2 y} = \frac{1}{1 + x^2}.$$

类似地, 有

$$(\operatorname{arccot} x)' = -\frac{1}{1 + x^2}.$$

例 4.2.4 求 $y = \arcsin x$ 的导数.

解 由 $x = \sin y$, 得

$$y' = (\arcsin x)' = \frac{1}{(\sin y)'} = \frac{1}{\cos y} = \frac{1}{\sqrt{1 - \sin^2 y}} = \frac{1}{\sqrt{1 - x^2}}.$$

类似地, 有
$$(\arccos x)' = -\frac{1}{\sqrt{1-x^2}}.$$

在利用反函数求导法时, 读者需注意两点: 一是要注意每次求导是关于什么变量进行的; 二是如何将求导数后关于 y 的函数转化为 x 的函数.

通过一系列例题, 我们已经求出了所有基本初等函数的导数. 现将这些结果总结如下, 以便以后查阅:

(1) $(C)' = 0;$ 　　　　　　　(2) $(x^\alpha)' = \alpha x^{\alpha-1};$

(3) $(\sin x)' = \cos x;$ 　　　　(4) $(\cos x)' = -\sin x;$

(5) $(\tan x)' = \dfrac{1}{\cos^2 x};$ 　　(6) $(\cot x)' = -\dfrac{1}{\sin^2 x};$

(7) $(\arcsin x)' = \dfrac{1}{\sqrt{1-x^2}};$ 　(8) $(\arccos x)' = -\dfrac{1}{\sqrt{1-x^2}};$

(9) $(\arctan x)' = \dfrac{1}{1+x^2};$ 　(10) $(\operatorname{arccot} x)' = -\dfrac{1}{1+x^2};$

(11) $(\mathrm{e}^x)' = \mathrm{e}^x;$ 　　　　　(12) $(a^x)' = a^x \ln a (a > 0);$

(13) $(\ln x)' = \dfrac{1}{x};$ 　　　　(14) $(\log_a x)' = \dfrac{1}{x \ln a}$ 若 $(a>0$ 且 $a \neq 1)$.

4.2.3 复合函数的求导法则

定理 4.2.3 设函数 $y = f(u)$ 在 $U(u_0, \delta_0)$ 内有定义, 函数 $u = g(x)$ 在 $U(x_0, \eta_0)$ 内有定义, 且 $u_0 = g(x_0)$. 若 $f'(u_0)$ 与 $g'(x_0)$ 都存在, 则复合函数 $F(x) = f(g(x))$ 在点 x_0 可导, 且 $F'(x_0) = f'(g(x_0))g'(x_0)$.

证明 定义函数
$$A(u) = \begin{cases} \dfrac{f(u) - f(u_0)}{u - u_0}, & u \neq u_0, \\ f'(u_0), & u = u_0, \end{cases}$$

则 $A(u)$ 在 u_0 点连续, 即有
$$\lim_{u \to u_0} A(u) = A(u_0) = f'(u_0).$$

由恒等式 $f(u) - f(u_0) = A(u)(u - u_0)$, 我们有

$$\frac{F(x) - F(x_0)}{x - x_0} = \frac{f(g(x)) - f(g(x_0))}{x - x_0} = A(g(x))\frac{g(x) - g(x_0)}{x - x_0}.$$

在上式两边令 $x \to x_0$, 得

$$F'(x_0) = f'(g(x_0))g'(x_0).$$

注 若 $f(u)$ 的定义域包含 $u = g(x)$ 的值域, 两函数在各自的定义域上可导, 则复合函数 $F(x) = f(g(x))$ 在 $g(x)$ 的定义域上可导, 且

$$F'(x) = f'(g(x))g'(x).$$

上述等式常常简记为

$$y'_x = y'_u u'_x \quad \text{或者} \quad \frac{\mathrm{d}y}{\mathrm{d}x} = \frac{\mathrm{d}y}{\mathrm{d}u}\frac{\mathrm{d}u}{\mathrm{d}x}.$$

我们一般称它为**链锁法则**.

例 4.2.5 分别求 $y = \sin x^2$ 和 $y = \sin^2 x$ 的导数.

解 $y = \sin x^2$ 可看成 $y = \sin u$ 和 $u = x^2$ 的复合, 因此

$$(\sin x^2)' = 2x\cos x^2;$$

而 $y = \sin^2 x$ 可看成 $y = u^2$ 和 $u = \sin x$ 的复合, 因此

$$(\sin^2 x)' = 2\sin x(\sin x)' = 2\sin x \cos x = \sin 2x.$$

例 4.2.6 求 $y = \ln|x|$ $(x \neq 0)$ 的导数.

解 当 $x > 0$ 时, $y = \ln x$, 从而

$$y' = (\ln x)' = \frac{1}{x};$$

当 $x < 0$ 时,

$$y = \ln|x| = \ln(-x),$$

于是, 它可看成由 $y = \ln u$ 与 $u = -x$ 复合而成, 从而有

$$(\ln|x|)' = (\ln(-x))' = \frac{1}{-x}(-x)' = \frac{1}{x}.$$

例 4.2.7 求 $y = x^\alpha (x > 0, \alpha$ 为任意实数$)$ 的导数.

解 前面我们用定义已求出 $y' = \alpha x^{\alpha-1}$. 现应用复合函数求导法于 $y = e^{\alpha \ln x}$, 则有

$$\begin{aligned}y' &= (e^{\alpha \ln x})' \\ &= e^{\alpha \ln x}(\alpha \ln x)' = \frac{\alpha e^{\alpha \ln x}}{x} \\ &= \alpha \frac{x^\alpha}{x} = \alpha x^{\alpha-1}.\end{aligned}$$

例 4.2.8 证明: 当 $n \geqslant 2$ 时, 有 $\sum_{k=1}^{n} C_n^k k^2 = n(n+1)2^{n-2}$.

证明 在恒等式

$$(1+x)^n = \sum_{k=0}^{n} C_n^k x^k$$

两边对 x 求导数得

$$n(1+x)^{n-1} = \sum_{k=1}^{n} C_n^k k x^{k-1}.$$

在上述恒等式的两边乘以 x 并对 x 求导数得

$$n(1+x)^{n-1} + n(n-1)x(1+x)^{n-2} = \sum_{k=1}^{n} C_n^k k^2 x^{k-1}.$$

在上述等式中令 $x = 1$ 整理得

$$n(n+1)2^{n-2} = \sum_{k=1}^{n} C_n^k k^2.$$

4.2.4 隐函数的求导法

前面我们所遇到的函数都是由显式给出的. 但在解决实际问题时, 常常得到的只是变量 x 和 y 所满足的方程, 如:

$$x^2 + y^2 = 1, \qquad \tan x + \tan y = xy, \qquad \ln y + \sin y = x^2 y,$$

等等. 通常在一定条件下, 对指定数集 X 中的每一个数 x, 由变量 x 和 y 所满足的方程可以唯一地确定一个数 y 与之对应. 由这种对应法则所确定的函数 $y = y(x)$ 就称做由该方程所确定的**隐函数**. 例如, 方程 $x^2 + y^2 = 1$ 就隐含了两个定义在 $[-1, 1]$ 上的函数 $y = f_1(x) = \sqrt{1 - x^2}$ 和 $y = f_2(x) = -\sqrt{1 - x^2}$. 至于在什么条件下才能保证由所给出的二元方程唯一地确定一个连续可导的隐函数呢? 这要等到学习了多元函数的微分学才能给出解答. 在本节的后继部分, 我们总是假定给定的二元方程所确定函数是可导的, 然后来讨论该函数的求导问题.

例 4.2.9 证明开普勒 (Kepler) 方程

$$y - x - \varepsilon \sin y = 0 \qquad (0 < \varepsilon < 1)$$

可确定一个隐函数 $y = y(x)$, 并且求 $y'(x)$.

证明 令 $x = \varphi(y) = y - \varepsilon \sin y$, 则有

$$\lim_{y \to -\infty} \varphi(y) = -\infty, \qquad \lim_{y \to +\infty} \varphi(y) = +\infty;$$

而且对任意的 $y_1 < y_2$, 有

$$\begin{aligned}\varphi(y_2) - \varphi(y_1) =& y_2 - y_1 - \varepsilon(\sin y_2 - \sin y_1) \\ =& y_2 - y_1 - \varepsilon \left(2 \cos \frac{y_2 + y_1}{2} \sin \frac{y_2 - y_1}{2}\right) \\ \geqslant& (1 - \varepsilon)(y_2 - y_1) > 0.\end{aligned}$$

因此, $\varphi(y)$ 是一严格单调递增的连续函数, 从而 $\forall x_0 \in (-\infty, +\infty)$, 总存在唯一 y_0, 使得 $x_0 = y_0 - \varepsilon \sin y_0$. 这表明, 该方程确定了 $(-\infty, +\infty)$ 上的一个函数 $y = y(x)$. 以后我们还将知道, 开普勒方程确定的函数是可导的. 下面我们来求出此函数的导数.

既然 $y = y(x)$ 是由开普勒方程确定的函数, 则该函数满足恒等式

$$y(x) - x - \varepsilon \sin y(x) \equiv 0.$$

两边对 x 求导数后得恒等式

$$y'(x) - 1 - \varepsilon \cos y(x) y'(x) \equiv 0,$$

从而有

$$y'(x) = \frac{1}{1 - \varepsilon \cos y(x)}.$$

这一例子表明, 虽然我们并没有解出函数的显式表达式, 但我们可以由它所满足的方程求出它的导数. 当然, 导数的表达式中仍含有隐函数 $y(x)$. 同时, 这一例子也告诉我们求这类函数导数的方法, 即只要将 y 看成 x 的函数, 在方程的两边对 x 求导数, 就可得到 $y'(x)$ 满足的恒等式, 然后再从中将 $y'(x)$ 解出即可.

例 4.2.10 给定圆的方程 $x^2 + y^2 = 1$, 求其斜率为 $-\dfrac{1}{2}$ 的切线方程.

解 设所求的切线经过圆上一点 (x_0, y_0). 由隐函数求导法, 得 $2x + 2yy' = 0$, 从而有 $y'(x) = -\dfrac{x}{y}$. 所以在切点 (x_0, y_0) 处应有

$$y'(x_0) = -\frac{x_0}{y_0} = -\frac{1}{2},$$

即 $y_0 = 2x_0$. 再由 (x_0, y_0) 在圆上可知, $x_0 = \pm\dfrac{1}{\sqrt{5}}$, $y_0 = \pm\dfrac{2}{\sqrt{5}}$. 于是, 所求的切线有两条, 其分别过 $\left(\dfrac{1}{\sqrt{5}}, \dfrac{2}{\sqrt{5}}\right)$ 和 $\left(-\dfrac{1}{\sqrt{5}}, -\dfrac{2}{\sqrt{5}}\right)$ 的方程为

$$y = \frac{2}{\sqrt{5}} - \frac{1}{2}\left(x - \frac{1}{\sqrt{5}}\right) = \frac{\sqrt{5}}{2} - \frac{1}{2}x$$

和

$$y = -\frac{2}{\sqrt{5}} - \frac{1}{2}\left(x + \frac{1}{\sqrt{5}}\right) = -\frac{\sqrt{5}}{2} - \frac{1}{2}x.$$

对某些函数求导数时, 若从显函数出发来求比较复杂或不好求, 这时可转化为隐函数来求导数, 常用的方法是对函数的两边取对数.

例 4.2.11 设 $y = x^{e^x}$ $(x > 0)$, 求 y'.

解 对 $y = x^{e^x}$ 两边取对数, 得 $\ln y = e^x \ln x$, 再两边对 x 求导数, 得
$$\frac{y'}{y} = e^x \ln x + \frac{e^x}{x} = e^x \left(\frac{x \ln x + 1}{x} \right),$$
所以
$$y' = x^{e^x} e^x \left(\frac{x \ln x + 1}{x} \right).$$

例 4.2.12 求 $y = \left(1 + \dfrac{1}{x^2}\right)^{x^2}$ 的导数.

解 在 $y = \left(1 + \dfrac{1}{x^2}\right)^{x^2}$ 的两边取对数得
$$\ln y = x^2 \ln\left(1 + \frac{1}{x^2}\right) = x^2 [\ln(x^2 + 1) - \ln x^2].$$

两边对 x 求导数得
$$\begin{aligned}\frac{y'}{y} &= 2x\big(\ln(x^2+1) - \ln x^2\big) + x^2 \left(\frac{2x}{1+x^2} - \frac{2x}{x^2}\right) \\ &= 2x \left[\ln\left(1 + \frac{1}{x^2}\right) - \frac{1}{1+x^2}\right],\end{aligned}$$

所以
$$y' = 2x \left(1 + \frac{1}{x^2}\right)^{x^2} \left[\ln\left(1 + \frac{1}{x^2}\right) - \frac{1}{1+x^2}\right].$$

注 以上例子中的求导方法也称为**对数求导法**, 它适合对一些比较复杂的函数求导.

4.2.5 参数式函数的求导法

下面我们来讨论由参数方程
$$\begin{cases} x = x(t), \\ y = y(t), \end{cases} t \in (\alpha, \beta)$$
所确定的函数 $y = f(x)$ 的求导问题.

假定函数 $x(t)$ 和 $y(t)$ 都在 (α,β) 内可导, 且 $x'(t) \neq 0$. 在这样的条件下, 下一章我们将证明 $x(t)$ 在 (α,β) 严格单调. 令

$$a = \min(x(\alpha+0),\ x(\beta-0)),$$
$$b = \max(x(\alpha+0),\ x(\beta-0)),$$

则 $x = x(t)$ 的反函数 $t = t(x)$ 在 (a,b) 上有定义. 因此, 由该参数方程可以确定一个函数

$$y = f(x) = y(t(x)), \qquad x \in (a,b).$$

由复合函数及反函数的求导法则, 得

$$y'_x = y'(t)t'(x) = \frac{y'(t)}{x'(t)}.$$

这表明, 由参数方程所确定的函数的导数就等于 y 与 x 关于参数 t 的导数的商. 在以后的计算中, 我们只要记住此公式即可, 但理解公式的推导过程是十分有益的.

例 4.2.13 求椭圆 $\dfrac{x^2}{a^2} + \dfrac{y^2}{b^2} = 1\ (a,b>0)$ 上点 (x_0, y_0) 处的切线方程.

解法 1 利用隐函数求导法, 得

$$\frac{2x}{a^2} + \frac{2yy'}{b^2} = 0,$$

即

$$y'_x = -\frac{b^2 x}{a^2 y}.$$

由此可知, 当 $y_0 \neq 0$ 时, 在 (x_0, y_0) 处的切线方程为

$$y - y_0 = -\frac{b^2 x_0}{a^2 y_0}(x - x_0).$$

注意到 (x_0, y_0) 在椭圆上, 最后得切线方程为

$$\frac{x_0 x}{a^2} + \frac{y_0 y}{b^2} = 1.$$

为了求曲线在点 $(a,0)$ 处切线,在此点的附近我们可以将 x 看成 y 的函数,再利用隐函数求导法,得

$$x'_y|_{y=0} = -\frac{a^2 y}{b^2 x}\bigg|_{(a,0)} = 0,$$

从而在点 $(a,0)$ 处的切线方程为 $x = a$. 同理,可得在点 $(-a,0)$ 处的切线方程为 $x = -a$.

解法 2 椭圆的参数方程为

$$\begin{cases} x = a\cos t, \\ y = b\sin t, \end{cases} t \in [0, 2\pi).$$

由参数式函数的求导法,得

$$y'_x = \frac{(b\sin t)'}{(a\cos t)'} = -\frac{b\cos t}{a\sin t} \quad (t \neq 0, \pi),$$

从而在 $t_0 \neq 0, \pi$ 处的切线方程为

$$y - b\sin t_0 = \frac{-b\cos t_0}{a\sin t_0}(x - a\cos t_0).$$

令 $x_0 = a\cos t_0, y_0 = b\sin t_0$,整理即得

$$\frac{x_0 x}{a^2} + \frac{y_0 y}{b^2} = 1.$$

完全类似于解法 1,可求出在 $(\pm a, 0)$ 处的切线方程.

4.2.6 极坐标式函数的求导法

设曲线由极坐标形式

$$r = r(\theta), \quad \theta \in (\alpha, \beta)$$

给出,其中 r 是极距,θ 表示极角. 现对曲线上一点 $(\theta, r(\theta))$ 来求切线的斜率.

由极坐标方程即可得曲线的参数方程为
$$\begin{cases} x = r(\theta)\cos\theta, \\ y = r(\theta)\sin\theta. \end{cases}$$
这样, 假定 r 作为 θ 的函数其导数 $r'(\theta)$ 存在, 而且在所考虑的极角 θ 附近有
$$x'(\theta) = r'(\theta)\cos\theta - r(\theta)\sin\theta \neq 0,$$
则由参数式函数的求导法知, 极坐标表示下的曲线在点 $(\theta, r(\theta))$ 处的切线的斜率为
$$\frac{\mathrm{d}y}{\mathrm{d}x} = \frac{r'(\theta)\sin\theta + r(\theta)\cos\theta}{r'(\theta)\cos\theta - r(\theta)\sin\theta} = \frac{\tan\theta + \dfrac{r(\theta)}{r'(\theta)}}{1 - \tan\theta\dfrac{r(\theta)}{r'(\theta)}}.$$

上式给出了极坐标式函数的求导公式. 由导数几何意义知, $\dfrac{\mathrm{d}y}{\mathrm{d}x}$ 是切线与 x 轴正向的夹角 α 的正切, 即
$$\tan\alpha = \frac{\tan\theta + \dfrac{r(\theta)}{r'(\theta)}}{1 - \tan\theta\dfrac{r(\theta)}{r'(\theta)}}.$$
由此可解出
$$\frac{r(\theta)}{r'(\theta)} = \frac{\tan\alpha - \tan\theta}{1 + \tan\alpha\tan\theta} = \tan(\alpha - \theta).$$
它具有鲜明的几何意义. 在极坐标系中同时建立直角坐标系, 记向径沿逆时针方向转到切线位置的角度为 β(通常称做**向径与切线的夹角**), 则有
$$\tan\beta = \tan(\alpha - \theta) = \frac{r(\theta)}{r'(\theta)}.$$
这是因为这三个角之间有关系式: $\beta = k\pi + (\alpha - \theta)$, 这里 k 是非负整数, 且满足 $0 \leqslant k\pi + (\alpha - \theta) \leqslant \pi$. 例如, $k = 0$ 的情形如图 4.2.1 所示.

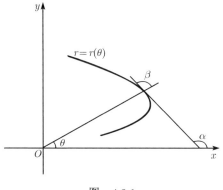

图 4.2.1

例 4.2.14 求证：双纽线 $r^2 = a^2 \cos 2\theta\, (0 < \theta < \pi/4)$ 的向径与切线的夹角等于极角的两倍加 $\pi/2$.

证明 设向径与切线的夹角为 β, 则

$$\tan\beta = \frac{r(\theta)}{r'(\theta)} = \frac{r^2(\theta)}{r(\theta)r'(\theta)} = -\frac{\cos 2\theta}{\sin 2\theta}$$
$$= -\cot 2\theta = \tan\left(2\theta + \frac{\pi}{2}\right).$$

注意到 $0 < \theta < \dfrac{\pi}{4}$, 便有 $\beta = 2\theta + \dfrac{\pi}{2}$.

最后指出, 显式表示、隐式表示、参数表示和极坐标表示是表达函数的四种重要形式, 各有不同的适用场合, 有很多函数只能用其中的某一种来表达. 即使有些函数能够用它们中的任何一种来表达, 但运算的难易程度也可能是大相径庭的, 因此必须全面地掌握相应的求导数公式, 根据实际情况选择使用.

§4.3 微 分

4.3.1 微分的定义

与函数在一点的可导性紧密联系着的一个概念是可微性, 本节就来讨论函数的可微性. 我们先来看一个具体的例子. 若用 S 表示半径

为 r 的圆的面积, 则 S 可以表示为 r 的函数: $S = \pi r^2$. 如果给半径 r 一个增量 Δr, 则面积 S 相应地有增量

$$\Delta S = \pi(r + \Delta r)^2 - \pi r^2 = 2\pi r \Delta r + \pi(\Delta r)^2.$$

它是半径为 r 与 $r + \Delta r$ 的两个同心圆之间的圆环的面积. 从上式可以看出, ΔS 由两部分组成: 第一部分 $2\pi r \Delta r$ 是 Δr 的线性函数, 而第二部分 $\pi(\Delta r)^2$ 是较 Δr 高阶的无穷小量, 即 $\pi(\Delta r)^2 = o(|\Delta r|)\,(\Delta r \to 0)$. 由此可知, 当给半径 r 一个微小的增量 Δr 时, 所引起的圆面积的增量 ΔS 就可以近似地用第一部分 $2\pi r \Delta r$ 来代替, 由此所产生的相对误差为

$$\left| \frac{\pi(\Delta r)^2}{2\pi r \Delta r} \right| = \frac{|\Delta r|}{2r}.$$

显然, Δr 越小, 所产生的相对误差也越小.

对于一般的情形, 我们引入如下的定义:

定义 4.3.1 设函数 $y = f(x)$ 在 $U(x_0, \delta_0)$ 内有定义. 如果存在常数 A, 使得

$$\Delta y = f(x_0 + \Delta x) - f(x_0) = A\Delta x + o(\Delta x) \quad (\Delta x \to 0),$$

则称 $f(x)$ 在点 x_0 处**可微**, 并称 $A\Delta x$ 为 $f(x)$ 在 x_0 处的**微分**, 记做

$$\mathrm{d}y = A\Delta x \quad \text{或者} \quad \mathrm{d}f(x_0) = A\Delta x.$$

从定义看到, 一个函数的微分具有两个特点:

(1) 它是自变量的增量 Δx 的线性函数.

(2) 它与函数的增量 Δy 之差是较 Δx 高阶的无穷小量 $(\Delta x \to 0)$. 根据这一特点, 我们就可以用 $\mathrm{d}y$ 来近似地表达 Δy, 所产生的相对误差是一个无穷小量 $(\Delta x \to 0)$, 而且 $|\Delta x|$ 越小, 近似程度就越好. 因此, 我们称 $\mathrm{d}y = A\Delta x$ 为 Δy 的**线性主部**. 此外, 由于 $\mathrm{d}y$ 是 Δx 的线性函数, 所以它特别容易计算.

微分与导数有着密切的关系, 表现为如下定理:

定理 4.3.1 函数 $f(x)$ 在点 x_0 处可微的充分必要条件是 $f(x)$ 在 x_0 处可导.

证明 **必要性** 设 $f(x)$ 在 x_0 处可微, 即
$$\Delta y = f(x_0 + \Delta x) - f(x_0) = A\Delta x + o(\Delta x) \quad (\Delta x \to 0)$$
成立, 则有
$$\frac{\Delta y}{\Delta x} = A + o(1) \quad (\Delta x \to 0),$$
从而
$$f'(x_0) = \lim_{\Delta x \to 0} \frac{\Delta y}{\Delta x} = A.$$
这表明, $f(x)$ 在 x_0 处可导, 且 $f'(x_0) = A$.

充分性 设 $f(x)$ 在 x_0 处可导, 即
$$\lim_{\Delta x \to 0} \frac{f(x_0 + \Delta x) - f(x_0)}{\Delta x} = f'(x_0)$$
成立, 于是有
$$\frac{f(x_0 + \Delta x) - f(x_0)}{\Delta x} = f'(x_0) + o(1) \quad (\Delta x \to 0),$$
即
$$\Delta y = f(x_0 + \Delta x) - f(x_0) = f'(x_0)\Delta x + o(\Delta x) \quad (\Delta x \to 0).$$
这表明, $f(x)$ 在点 x_0 处可微, 且 $\mathrm{d}f = f'(x_0)\Delta x$.

注 由于这一定理的缘故, 对于一元函数而言, 人们常把"可导"和"可微"等同起来使用, 求导方法又称为**微分法**. 此外, 从定理的证明过程知, 微分定义式中的系数 A 唯一地确定, 而且必有 $A = f'(x_0)$ 成立.

现考虑一个具体函数 $y = x$ 的微分. 由定义, 得 $\mathrm{d}y = \mathrm{d}x = 1\Delta x$, 即 $\mathrm{d}x = \Delta x$. 因此, 我们就可在微分记号中将 Δx 改为 $\mathrm{d}x$, 即若 $y = f(x)$ 在 x_0 处可微, 则 $\mathrm{d}y = f'(x_0)\mathrm{d}x$. 因此, 导数的记号
$$\left.\frac{\mathrm{d}y}{\mathrm{d}x}\right|_{x=x_0} = f'(x_0)$$

就可以看成 dy 与 dx 的比值了, 即导数乃是微分之商, 故又称**微商**.

下面我们来看微分的几何意义. 设函数 $y = f(x)$ 的图像如图 4.3.1 所示, 令 $N = (x_0 + \Delta x, f(x_0))$, $P = (x_0 + \Delta x, f(x_0 + \Delta x))$, $K = (x_0 + \Delta x, f(x_0) + f'(x_0)\Delta x))$, 并且过 $M = (x_0, f(x_0))$ 作曲线的切线, 则有

$dx = \Delta x = MN$ 为自变量的增量;

$\Delta y = PN$ 为函数的增量;

$dy = f'(x_0)dx = KN$ 为切线的增量;

$\Delta y - dy = o(\Delta x) = PK$ 为函数的增量与切线的增量之差.

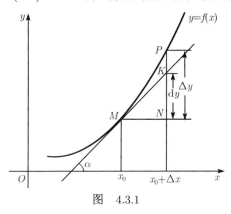

图 4.3.1

这表明, 微分就是在点 x_0 的附近以切线的增量拟合曲线的增量. 因此, 所谓微分的基本原理就是: 一个可微函数, 在每一点的充分小局部, 均可近似视为增量按比例变化的线性函数.

若函数 $y = f(x)$ 在区间 (a,b) 内每一点 x 处可微 (即 $dy = f'(x)dx$), 则称函数 $f(x)$ 在 (a,b) 内可微.

利用微分可作误差估计和近似计算, 下面举两个简单的例子.

例 4.3.1 求 $\sqrt[4]{80}$ 的近似值.

解 取 $f(x) = \sqrt[4]{x}$, 令 $x_0 = 81$, $\Delta x = -1$, 则有

$$f'(x) = \frac{1}{4\sqrt[4]{x^3}}, \quad f(x_0) = 3, \quad f'(x_0) = \frac{1}{108}.$$

于是
$$\sqrt[4]{80} \approx 3 + \frac{1}{108} \times (-1) \approx 2.9907.$$
其实, 其精确值为 $\sqrt[4]{80} = 2.990697\cdots$.

例 4.3.2 为了使计算的正方形的面积的相对误差不超过 1%, 度量边长所允许的最大相对误差为多少?

解 设正方形的边长为 a, 面积为 S, 则有
$$S = a^2, \qquad |\Delta S| \approx |dS| = |2a\Delta a|,$$
$$\left|\frac{\Delta S}{S}\right| \approx \left|\frac{2a\Delta a}{a^2}\right| = 2\left|\frac{\Delta a}{a}\right|.$$
于是
$$\left|\frac{\Delta a}{a}\right| \approx \frac{1}{2}\left|\frac{\Delta S}{S}\right| = 0.5\%.$$
这表明度量边长所允许的最大相对误差为 0.5%.

4.3.2 一阶微分的形式不变性

设函数 $y = f(u)$, $u = g(x)$. 根据复合函数的求导法则, 可得复合函数 $y = f(g(x))$ 的微分公式为
$$dy = \big(f(g(x))\big)' dx = f'(g(x))g'(x)dx.$$
由于 $du = g'(x)dx$, 代入上式就得到了它的等价表示形式
$$dy = f'(u)du.$$
这里 $u = g(x)$ 是 x 的函数. 但我们发现, 它与 u 为自变量的函数 $f(u)$ 的微分形式
$$dy = f'(u)du$$
一模一样. 换句话说, 对 $f(u)$ 进行微分时, 不管 u 是因变量还是自变量, 所得结果具有相同的形式, 这也就是所谓的**一阶微分的形式不变性**. 当然它们的意义是不一样的, u 是自变量时, $du = \Delta u$, 而当 u 是函数时, 一般来说 du 与 Δu 是不相同的.

这是一阶微分的一个非常重要的性质, 有了这个"形式不变性"作保证, 我们拿到一个函数 $y = f(u)$ 之后, 就可以按 u 是自变量去求它的微分 $f'(u)\mathrm{d}u$, 而无须顾忌 u 是自变量, 还是因变量. 这使得微分运算在很多场合比求导数运算优越得多.

例如, 设 $y = f(x)$ 在 x_0 可微, 且存在反函数 $x = f^{-1}(y)$, 再假定 $f'(x_0) \neq 0$. 我们先对 $y = f(x)$ 两边微分, 得 $\mathrm{d}y = f'(x_0)\mathrm{d}x$. 然后将 x 看成因变量, y 看成自变量, 从前面的等式便可导出

$$\frac{\mathrm{d}x}{\mathrm{d}y} = \frac{1}{f'(x_0)},$$

这正是反函数的求导数公式.

再如, 求参数方程

$$\begin{cases} x = x(t), \\ y = y(t) \end{cases}$$

所确定的函数 $y = f(x)$ 的导数. 我们可以先对参数方程分别微分得

$$\begin{cases} \mathrm{d}x = x'(t)\mathrm{d}t, \\ \mathrm{d}y = y'(t)\mathrm{d}t. \end{cases}$$

然后利用这两个等式, 便可得到

$$\frac{\mathrm{d}y}{\mathrm{d}x} = \frac{y'(t)\mathrm{d}t}{x'(t)\mathrm{d}t} = \frac{y'(t)}{x'(t)},$$

这正是参数式函数的求导公式.

利用前面得到的基本初等函数的导数公式, 立即可得它们的微分公式为:

(1) $\mathrm{d}(C) = 0\mathrm{d}x$;

(2) $\mathrm{d}(x^\alpha) = \alpha x^{\alpha-1}\mathrm{d}x$;

(3) $\mathrm{d}(a^x) = a^x \ln a\, \mathrm{d}x\ (a > 0)$;

(4) $\mathrm{d}(\ln|x|) = \dfrac{\mathrm{d}x}{x}$;

(5) $\mathrm{d}(\sin x) = \cos x \mathrm{d}x$;

(6) $\mathrm{d}(\cos x) = -\sin x \mathrm{d}x$;

(7) $\mathrm{d}(\tan x) = \dfrac{\mathrm{d}x}{\cos^2 x}$;

(8) $\mathrm{d}(\arcsin x) = \dfrac{\mathrm{d}x}{\sqrt{1-x^2}}$;

(9) $\mathrm{d}(\arctan x) = \dfrac{\mathrm{d}x}{1+x^2}$.

同样, 由导数的四则运算法则, 可得微分运算的法则. 设 u, v 为 x 的可微函数, 则

(1) $\mathrm{d}(u \pm v) = \mathrm{d}u \pm \mathrm{d}v$;

(2) $\mathrm{d}(u \cdot v) = u\,\mathrm{d}v + v\,\mathrm{d}u$;

(3) $\mathrm{d}\left(\dfrac{u}{v}\right) = \dfrac{v\,\mathrm{d}u - u\,\mathrm{d}v}{v^2}$.

利用这些公式和运算法则, 我们就可以求任何初等函数的微分了.

例 4.3.3 设 $y = \arctan \mathrm{e}^x$, 求 $\mathrm{d}y$.

解 $\mathrm{d}y = \dfrac{1}{1+\mathrm{e}^{2x}} \mathrm{d}\mathrm{e}^x = \dfrac{\mathrm{e}^x}{1+\mathrm{e}^{2x}} \mathrm{d}x = \dfrac{\mathrm{d}x}{\mathrm{e}^x + \mathrm{e}^{-x}}$.

例 4.3.4 设 $y = \dfrac{x-a}{1-ax}$ ($|a| < 1$), 求证: 当 $|x| < 1$ 时, 有

$$\dfrac{\mathrm{d}y}{1-y^2} = \dfrac{\mathrm{d}x}{1-x^2}.$$

证明 由于

$$\mathrm{d}y = \dfrac{1-a^2}{(1-ax)^2}\mathrm{d}x,$$

$$1-y^2 = 1 - \left(\dfrac{x-a}{1-ax}\right)^2 = \dfrac{(1-a^2)(1-x^2)}{(1-ax)^2},$$

故有

$$\dfrac{\mathrm{d}y}{1-y^2} = \dfrac{\mathrm{d}x}{1-x^2}.$$

此例的结果在双曲几何中起着重要的作用.

例 4.3.5 求由方程 $\sin y^2 = \cos \sqrt{x}$ 所确定的隐函数 $y = y(x)$ 的导数.

解 对方程
$$\sin y^2 = \cos \sqrt{x}$$
两边微分, 得
$$2y \cos y^2 \mathrm{d}y = -\frac{\sin \sqrt{x}}{2\sqrt{x}} \mathrm{d}x,$$
由此即得
$$\frac{\mathrm{d}y}{\mathrm{d}x} = -\frac{\sin \sqrt{x}}{4y\sqrt{x} \cos y^2}.$$

注 读者可以对此例中的隐函数的显式表达式
$$y = \pm \sqrt{\arcsin(\cos \sqrt{x})}$$
直接求导数, 并且将运算过程加以比较.

§4.4 高阶导数与高阶微分

4.4.1 高阶导数

当知道物体沿直线运动的路程 $s = s(t)$ 需要求加速度时, 我们就会遇到求速度函数的导数, 即求 $s(t)$ 的二阶导数的问题.

若一个函数 $y = f(x)$ 的一阶导数 $f'(x)$ 仍是可导函数, 则我们可求 $(f'(x))'$, 记其为 $f''(x)$ 或 $\dfrac{\mathrm{d}^2 y}{\mathrm{d}x^2}$, 并称之为 f 的**二阶导数**. 类似地, 可定义**三阶导数**为 $f'''(x) = \big(f''(x)\big)'$. 一般地, 当 $n \geqslant 4$ 时, $f(x)$ 的 n **阶导数**定义为 $f(x)$ 的 $n-1$ 阶导数的导数, 并记为 $f^{(n)}(x), y^{(n)}$, 或 $\dfrac{\mathrm{d}^n y}{\mathrm{d}x^n}$.

对于一些较简单的函数, 我们可以导出它们的高阶导数的公式. 基本方法是, 先求出前几阶导数, 发现规律, 总结出一般的公式, 然后再加以证明.

例 4.4.1 设 $y = \mathrm{e}^{ax}$, 求 $y^{(n)}$.

解 由于

$$y' = ae^{ax}, \quad y'' = a^2 e^{ax}, \quad y''' = a^3 e^{ax},$$

因此, 由高阶导数的定义, 容易用数学归纳法证明

$$y^{(n)} = a^n e^{ax} \quad (n = 1, 2, \cdots).$$

例 4.4.2 设 $y = x^\alpha$, 求 $y^{(n)}$.

解 由于

$$y' = \alpha x^{\alpha-1}, \quad y'' = \alpha(\alpha-1) x^{\alpha-2},$$

因此容易由数学归纳法证明

$$y^{(n)} = \alpha(\alpha-1)\cdots(\alpha-n+1) x^{\alpha-n} \quad (n \geqslant 1).$$

注 当 α 为正整数时, 若 $\alpha = n$, 则 $y^{(n)} = n!$; 若 $\alpha < n$, 则 $y^{(n)} = 0$. 由此立即导出: 如果 $P_m(x)$ 是 m 次多项式, 且 $n > m$, 则

$$P_m^{(n)}(x) = 0.$$

例 4.4.3 设 $y = \ln(1+x)$, 求 $y^{(n)}$.

解 由

$$y' = \frac{1}{1+x}, \quad y'' = \frac{-1}{(1+x)^2}, \quad y''' = \frac{2!}{(1+x)^3}, \quad y^{(4)} = \frac{-3!}{(1+x)^4},$$

可以看出

$$y^{(n)} = (-1)^{n-1} \frac{(n-1)!}{(1+x)^n} \quad (n \geqslant 1),$$

其中规定 $0! = 1$.

事实上, 设

$$y^{(k)} = (-1)^{k-1} \frac{(k-1)!}{(1+x)^k},$$

则
$$y^{(k+1)} = (-1)^{(k-1)}(k-1)!\frac{-k(1+x)^{k-1}}{(1+x)^{2k}} = \frac{(-1)^k k!}{(1+x)^{k+1}}.$$
这样, 由数学归纳法原理知, 对一切的正整数 n 所得公式都成立.

例 4.4.4 设 $y = \sin x$, 求 $y^{(n)}$.

解 直接计算, 得
$$y' = \cos x = \sin\left(x + \frac{\pi}{2}\right), \quad y'' = -\sin x = \sin(x+\pi).$$
现在假定
$$y^{(n-1)} = \sin\left(x + \frac{(n-1)\pi}{2}\right),$$
则有
$$y^{(n)} = \left[\sin\left(x + \frac{(n-1)\pi}{2}\right)\right]'$$
$$= \cos\left(x + \frac{(n-1)\pi}{2}\right) = \sin\left(x + \frac{n\pi}{2}\right).$$
同理可得
$$(\cos x)^{(n)} = \cos\left(x + \frac{n\pi}{2}\right).$$

注 上例中的两个公式也可以借助欧拉公式形式地导出. 在欧拉公式
$$e^{ix} = \cos x + i\sin x$$
的两边形式地求导, 可得
$$\left(e^{ix}\right)^{(n)} = (\cos x)^{(n)} + i(\sin x)^{(n)},$$
而
$$\left(e^{ix}\right)^{(n)} = i^n e^{ix} = e^{i\frac{n\pi}{2}} e^{ix} = e^{i(x+\frac{n\pi}{2})}$$
$$= \cos\left(x + \frac{n\pi}{2}\right) + i\sin\left(x + \frac{n\pi}{2}\right),$$
所以

$$(\cos x)^{(n)} = \cos\left(x + \frac{n\pi}{2}\right), \quad (\sin x)^{(n)} = \sin\left(x + \frac{n\pi}{2}\right).$$

例 4.4.5 设 $y = \arctan x$, 求 $y^{(n)}$.

解 由于 $x = \tan y$, 直接计算, 可得

$$y' = \frac{1}{1+x^2} = \frac{1}{1+\tan^2 y} = \cos^2 y,$$
$$y'' = -2\cos y \sin y \cdot y' = \cos^2 y \sin 2\left(y + \frac{\pi}{2}\right),$$
$$y''' = 2\cos^3 y(-\sin y)\sin 2\left(y + \frac{\pi}{2}\right) + 2\cos^4 y \cos 2\left(y + \frac{\pi}{2}\right)$$
$$= 2\cos^3 y \cos\left(2\left(y + \frac{\pi}{2}\right) + y\right)$$
$$= 2\cos^3 y \sin 3\left(y + \frac{\pi}{2}\right).$$

一般地, 由数学归纳法可证

$$y^{(n)} = (n-1)!\cos^n y \sin n\left(y + \frac{\pi}{2}\right).$$

此外, 由这一公式容易导出

$$y^{(2n-1)}|_{x=0} = (-1)^{n-1}(2n-2)!, \qquad y^{(2n)}|_{x=0} = 0.$$

4.4.2 莱布尼茨公式

对于两个函数 u, v 的和、差的高阶导数, 我们有

$$(u \pm v)^{(n)} = u^{(n)} \pm v^{(n)};$$

对常数 c 和函数 u 的积, 有

$$(cu)^{(n)} = cu^{(n)};$$

而对于两个函数 u, v 的积, 我们有以下莱布尼茨公式:

定理 4.4.1 (莱布尼茨公式) 若函数 u 和 v 有任意阶导数, 则

$$(u \cdot v)^{(n)} = \sum_{k=0}^{n} C_n^k u^{(n-k)} v^{(k)},$$

其中 $C_n^k = \dfrac{n!}{k!(n-k)!}$, $u^{(0)} = u$, $v^{(0)} = v$.

证明 用数学归纳法证之. 当 $n = 1$ 时, 公式显然成立. 假设公式对正整数 n 成立, 我们来证公式对正整数 $n+1$ 也成立. 事实上, 应用归纳法假定, 我们有

$$\begin{aligned}(u \cdot v)^{(n+1)} &= \left[(u \cdot v)^{(n)}\right]' \\ &= \sum_{k=0}^{n} C_n^k [u^{(n-k)} v^{(k)}]' \\ &= \sum_{k=0}^{n} C_n^k [u^{(n-k+1)} v^{(k)} + u^{(n-k)} v^{(k+1)}] \\ &= \sum_{k=0}^{n} C_n^k u^{(n-k+1)} v^{(k)} + \sum_{k=1}^{n+1} C_n^{k-1} u^{(n-k+1)} v^{(k)} \\ &= C_n^0 u^{(n+1)} v^{(0)} + \sum_{k=1}^{n} (C_n^{k-1} + C_n^k) u^{(n-k+1)} v^{(k)} + C_n^n u^{(0)} v^{(n+1)} \\ &= \sum_{k=0}^{n+1} C_{n+1}^k u^{(n+1-k)} v^{(k)},\end{aligned}$$

这与牛顿二项式展开公式证明的格式是一致的, 其中最后一步用到了恒等式

$$C_n^k + C_n^{k-1} = C_{n+1}^k.$$

例 4.4.6 设 $y = \arcsin x$, 求 $y^{(n)}(0)$.

解 由 $y' = \dfrac{1}{\sqrt{1-x^2}}$, 可得

$$\sqrt{1-x^2} \cdot y' = 1,$$

再两边平方得

$$(1-x^2) \cdot y'^2 = 1. \tag{4.4.1}$$

若对上式用莱布尼茨公式, 则 y'^2 的高阶导数仍不好算. 所以对上式再求导数一次, 得

$$(1-x^2) \cdot 2y'y'' - 2xy'^2 = 0.$$

由 (4.4.1) 式看出, 当 $|x| < 1$ 时, $y' \neq 0$, 化简得

$$(1-x^2)y'' - xy' = 0.$$

对上式两边求 $(n-2)$ 阶导数, 并应用莱布尼茨公式, 得

$$(1-x^2)y^{(n)} + (n-2)(-2x)y^{(n-1)} + \frac{(n-2)(n-3)}{2} \cdot (-2)y^{(n-2)}$$
$$- xy^{(n-1)} - (n-2)y^{(n-2)} = 0.$$

将 $x = 0$ 代入上式, 就有

$$y^{(n)}(0) - (n-2)(n-3)y^{(n-2)}(0) - (n-2)y^{(n-2)}(0) = 0,$$

由此即得递推公式

$$y^{(n)}(0) = (n-2)^2 y^{(n-2)}(0).$$

又因 $y^{(0)}(0) = 0$, $y^{(1)}(0) = 1$, 所以我们有 $y^{(2n)}(0) = 0$, 且

$$\begin{aligned} y^{(2n+1)}(0) &= (2n-1)^2 y^{(2n-1)}(0) \\ &= (2n-1)^2(2n-3)^2 y^{(2n-3)}(0) \\ &= \cdots\cdots \\ &= (2n-1)^2(2n-3)^2 \cdots 3^2 \cdot 1^2 \cdot y^{(1)}(0) \\ &= [(2n-1)!!]^2. \end{aligned}$$

例 4.4.7 设 $y = \tan x$, 求 $y^{(n)}(0)$, $n = 1, 2, \cdots, 8$.

解 因奇函数的导数为偶函数, 偶函数的导数为奇函数 (参考习题四第 4 题), 以及奇函数在原点的值为零, 所以有

$$y(0) = y^{(2)}(0) = y^{(4)}(0) = y^{(6)}(0) = y^{(8)}(0) = 0.$$

为了求奇数阶导数在原点的值, 我们设法建立递推公式. 等式
$$y \cdot \cos x = \sin x$$
两边求 $(2n+1)$ 阶导数, 并利用莱布尼茨公式, 得
$$\sum_{k=0}^{2n+1} C_{2n+1}^k y^{(2n+1-k)} \cos\left(x + \frac{k\pi}{2}\right) = \sin\left(x + \frac{2n+1}{2}\pi\right),$$
将 $x = 0$ 代入上式, 即得递推公式
$$\sum_{k=0}^{2n+1} C_{2n+1}^k y^{(2n+1-k)}(0) \cos \frac{k\pi}{2} = (-1)^n,$$
即
$$y^{(2n+1)}(0) - C_{2n+1}^2 y^{(2n-1)}(0) + C_{2n+1}^4 y^{(2n-3)}(0) + \cdots$$
$$+ (-1)^{n-1} C_{2n+1}^{2n-2} y^{(3)}(0) + (-1)^n C_{2n+1}^{2n} y'(0) = (-1)^n.$$

将 $n = 1$ 及 $y'(0) = 1$ 代入上式, 得
$$y^{(3)}(0) - \frac{3 \cdot 2}{2!} = -1,$$
解出 $y^{(3)}(0) = 2$.

在递推公式中令 $n = 2$, 得
$$y^{(5)}(0) - \frac{5 \cdot 4}{2!} \cdot 2 + \frac{5 \cdot 4 \cdot 3 \cdot 2}{4!} \cdot 1 = 1.$$
解出 $y^{(5)}(0) = 16$.

再在递推公式中令 $n = 3$, 得
$$y^{(7)}(0) - \frac{7 \cdot 6}{2!} \cdot 16 + \frac{7 \cdot 6 \cdot 5 \cdot 4}{4!} \cdot 2 - \frac{7!}{6!} \cdot 1 = -1.$$
解出 $y^{(7)}(0) = 272$.

附带有
$$\frac{y'(0)}{1!} = 1, \qquad \frac{y^{(3)}(0)}{3!} = \frac{1}{3},$$
$$\frac{y^{(5)}(0)}{5!} = \frac{2}{15}, \qquad \frac{y^{(7)}(0)}{7!} = \frac{17}{315}.$$

4.4.3 一般函数的高阶导数

对于一般没有什么特性的函数, 通常很难归纳出其 n 阶导数的公式, 只能逐次地求导. 特别对于复合函数、反函数、隐函数和参数式函数求高阶导数更是如此.

例 4.4.8 设函数 $y = y(x)$ 是由方程 $\dfrac{x^2}{a^2} + \dfrac{y^2}{b^2} = 1\,(y > 0)$ 给出, 试求 y''.

解法 1 先从方程解出

$$y = \frac{b}{a}\sqrt{a^2 - x^2},$$

然后直接计算, 可得

$$y' = -\frac{b}{a}(a^2 - x^2)^{-\frac{1}{2}} x = -\frac{bx}{a\sqrt{a^2 - x^2}},$$

$$y'' = -\frac{b}{a}(a^2 - x^2)^{-\frac{3}{2}} x^2 - \frac{b}{a}(a^2 - x^2)^{-\frac{1}{2}}$$

$$= -\frac{b^4}{a^2 y^3}.$$

解法 2 先将方程表示为参数式

$$\begin{cases} x = a\cos t, \\ y = b\sin t, \end{cases}$$

再直接计算, 有

$$y'_x = -\frac{b\cos t}{a\sin t} = -\frac{b}{a}\cot t,$$

$$y''_{xx} = -\frac{\mathrm{d}(y'_x)}{\mathrm{d}x} = -\frac{b}{a}\frac{(\cot t)'}{x'_t}$$

$$= \frac{b}{a\sin^2 t} \cdot \frac{-1}{a\sin t} = \frac{-b}{a^2 \sin^3 t}$$

$$= -\frac{b^4}{a^2 y^3}.$$

解法 3　直接对方程两边关于 x 求导数, 得
$$\frac{2x}{a^2} + \frac{2yy'}{b^2} = 0. \tag{4.4.2}$$
由此解得
$$y' = -\frac{b^2 x}{a^2 y}.$$
再对方程 (4.4.2) 两边关于 x 求导数, 得
$$\frac{1}{a^2} + \frac{y'^2 + yy''}{b^2} = 0.$$
由此解出 y'' 并且将 y' 的表达式代入, 得
$$y'' = -\frac{b^4}{a^2 y^3}.$$

比较上面的三种解法, 不难发现, 似乎隐函数求导法要简单一些.

4.4.4　高阶微分

若函数 $f(x)$ 在区间 (a,b) 内可微, 则有 $\mathrm{d}f = f'(x)\mathrm{d}x$, 其中 $f'(x)$ 是 x 的函数, 而 $\mathrm{d}x$ 是与 x 无关的一个量. 这样, 把一阶微分 $\mathrm{d}f$ 看成 x 的函数, 再求一次微分 $\mathrm{d}(\mathrm{d}f)$, 就称之为 $f(x)$ 的**二阶微分**, 记为 $\mathrm{d}^2 f$, 即
$$\mathrm{d}^2 f = \mathrm{d}(\mathrm{d}f) = (f'(x)\mathrm{d}x)' \mathrm{d}x = f''(x)\mathrm{d}x\mathrm{d}x = f''(x)\mathrm{d}x^2,$$
其中 $\mathrm{d}x^2 = \mathrm{d}x\mathrm{d}x$ (读者应注意 $\mathrm{d}x^2 \neq \mathrm{d}(x^2) = 2x\mathrm{d}x$).

一般地, 我们定义 n **阶微分**为
$$\begin{aligned}\mathrm{d}^n f &= \mathrm{d}(\mathrm{d}^{n-1} f) = \left(f^{(n-1)}(x)\mathrm{d}x^{n-1}\right)' \mathrm{d}x \\ &= f^{(n)}(x)\mathrm{d}x^{n-1}\mathrm{d}x = f^{(n)}(x)\mathrm{d}x^n.\end{aligned}$$
由此即可知道, 为什么将 $f^{(n)}(x)$ 记为 $\dfrac{\mathrm{d}^n f}{\mathrm{d}x^n}$ 的缘故了.

由定义可知, 求高阶微分本质上就是求高阶导数, 因此我们不再详细讨论, 但值得指出的是高阶微分是不具有形式不变性的.

事实上, 设 $y = f(u)$, 当 u 为自变量时, 我们有 $\mathrm{d}^2 y = f''(u)\mathrm{d}u^2$; 但当 $u = g(x)$ 是 x 的函数时, 则

$$\mathrm{d}f = f'(u)g'(x)\mathrm{d}x,$$
$$\mathrm{d}^2 f = f''(u)(g'(x))^2 \mathrm{d}x^2 + f'(u)g''(x)\mathrm{d}x^2 = f''(u)\mathrm{d}u^2 + f'(u)\mathrm{d}^2 u,$$

这比 u 是自变量时多了一项 $f'(u)\mathrm{d}^2 u$! 因此, 当 $\mathrm{d}^2 u \neq 0$, 即 $g''(x) \neq 0$ 时, 二阶微分就不具有形式不变性了.

习 题 四

1. 讨论函数 $f(x)$ 和 $g(x)$ 在 $x = 0$ 处的可导性, 其中

$$f(x) = \begin{cases} -x, & x \in \mathbb{R} \setminus \mathbb{Q}, \\ x, & x \in \mathbb{Q}; \end{cases}$$

$$g(x) = \begin{cases} -x^2, & x \in \mathbb{R} \setminus \mathbb{Q}, \\ x^2, & x \in \mathbb{Q}. \end{cases}$$

2. 设函数 $f(x)$ 在 (a, b) 上有定义, 且在点 $x_0 \in (a, b)$ 处可导, 并假定序列 $\{x_n\}$ 和 $\{y_n\}$ 满足

$$a < x_n < x_0 < y_n < b, \quad n = 1, 2, \cdots,$$

且有

$$\lim_{n \to \infty} x_n = x_0 = \lim_{n \to \infty} y_n.$$

证明:

$$\lim_{n \to \infty} \frac{f(y_n) - f(x_n)}{y_n - x_n} = f'(x_0).$$

3. 设函数 $f(x)$ 在 $(-1, 1)$ 上可导, 且满足 $|f(x)| \leqslant |\sin x|$, 求证 $|f'(0)| \leqslant 1$.

4. 求证:

(1) 可导的偶函数, 其导数为奇函数;

(2) 可导的奇函数, 其导数为偶函数;

(3) 可导的周期函数, 其导数为相同周期的周期函数.

5. 讨论下列函数在指定点 x_0 处的可导性:

(1) $y = |(x-1)(x-2)^2(x-3)^3|$, $x_0 = 1, 2, 3$;

(2) $y = \begin{cases} \dfrac{1}{4}(x-1)(x+1)^2, & |x| \leqslant 1, \\ |x| - 1, & |x| > 1, \end{cases}$ $x_0 = -1, 0, 1.$

6. 设函数 $f(x)$ 在 $[-1, 1]$ 上有定义, $f'(0)$ 存在, 求

$$\lim_{n \to \infty} \left[f\left(\frac{1}{n^2}\right) + f\left(\frac{2}{n^2}\right) + \cdots + f\left(\frac{n}{n^2}\right) - nf(0) \right].$$

7. 求下列序列的极限:

(1) $\lim\limits_{n \to \infty} \left[\sin \dfrac{1}{n^2} + \sin \dfrac{2}{n^2} + \cdots + \sin \dfrac{n}{n^2} \right].$

(2) $\lim\limits_{n \to \infty} \left(1 + \dfrac{1}{n^2}\right)\left(1 + \dfrac{2}{n^2}\right) \cdots \left(1 + \dfrac{n}{n^2}\right).$

8. 设 $P_n(x)$ 为最高次系数为 1 的 $n(n \geqslant 1)$ 次多项式, M 为 $P_n(x) = 0$ 的最大实根, 求证 $P_n'(M) \geqslant 0$.

9. 设函数 φ 在点 a 连续, $f(x) = |x - a|\varphi(x)$. 求 f 在点 a 的左右导数, 问在什么条件下 $f(x)$ 在点 a 可导?

10. 给定曲线 $y = x^2 + 5x + 4$.

(1) 确定 b, 使直线 $y = 3x + b$ 为该曲线的切线;

(2) 确定 m, 使直线 $y = mx$ 为该曲线的切线.

11. 给定曲线 $y = x^3$ 和直线 $y = px - q$, 其中 p, q 为实数, 且 $p > 0$.

(1) p 给定后, 试确定 q, 使 $y = px - q$ 是 $y = x^3$ 的切线;

(2) 利用图形求出方程 $x^3 - px + q = 0$ 有三个不同实根的条件.

12. (1) 确定 m, 使 $y = mx$ 为曲线 $y = \ln x$ 的切线;

(2) 利用图形求出方程 $\ln x - mx = 0$ 有两个实根的条件.

13. 问抛物线 $y = x^2 - 2x - 1$ 在哪一点的切线垂直于直线 $x + 2y - 1 = 0$?

14. 求下列函数的导数:

(1) $y = \sqrt{x} + \dfrac{1}{x} - 2x^3$;

(2) $y = x^2 2^x$;

(3) $y = \dfrac{2x - x^2}{1 + x + x^2}$;

(4) $y = \dfrac{x\sin x + \cos x}{x\sin x - \cos x}$;

(5) $y = \dfrac{1}{\sqrt[3]{x}} + \sqrt[3]{x}$;

(6) $y = \dfrac{1}{1 + \sqrt{x}} - \dfrac{1}{1 - \sqrt{x}}$;

(7) $y = x^3 \ln x - \dfrac{1}{n} x^n$;

(8) $y = \left(x + \dfrac{1}{x}\right) \ln x$;

(9) $y = \sec x$;

(10) $y = \dfrac{\cos x}{x^4} \ln \dfrac{1}{x}$.

15. 确定常数 a, b, 使函数 $f(x) = \begin{cases} ax + b, & x > 1 \\ x^2, & x \leqslant 1 \end{cases}$ 有连续的导函数.

16. 求下列函数的导数:

(1) $y = x(a^2 + x^2)\sqrt{a^2 - x^2}$;

(2) $y = \sqrt[3]{\dfrac{1 + x^3}{1 - x^3}}$;

(3) $y = \ln(\ln x)$;

(4) $y = \dfrac{1}{2a} \ln \left|\dfrac{a + x}{a - x}\right|$;

(5) $y = \ln(x + \sqrt{a + x^2})$;

(6) $y = \ln \tan \dfrac{x}{2}$;

(7) $y = \cos^3 x - \cos 3x$;

(8) $y = \sin^n x \cos nx$;

(9) $y = \cos(\cos \sqrt{x})$;

(10) $y = \dfrac{\sin^2 x}{\sin x^2}$;

(11) $y = (e^x + e^{-x})^2$;

(12) $y = \ln \sqrt{\dfrac{1 + \cos x}{1 - \cos x}}$.

17. 设在 $x = 1$ 处有 $\dfrac{\mathrm{d}}{\mathrm{d}x} f(x^2) = \dfrac{\mathrm{d}}{\mathrm{d}x} f^2(x)$, 求证 $f'(1) = 0$ 或 $f(1) = 1$.

18. 给定可导函数 $f(x) > 0$, 证明函数 $y = f(x)\sin ax$ $(a > 0)$ 永远夹在两条振幅曲线 $y = \pm f(x)$ 之间, 并与之相切.

19. 求下列函数的导数:

(1) $y = x^x \ (x > 0)$; (2) $y = x^{\tan x} \ (x > 0)$;
(3) $y = x^{\ln x} \ (x > 0)$; (4) $y = (1+x)^{\frac{1}{x}} \ (x > 0)$;
(5) $y = x^{x^x} \ (x > 0)$; (6) $y = e^{-\frac{\sin x}{x^2}} \ (x \neq 0)$.

20. 求下列函数的导数:
(1) $y = \arcsin\sqrt{1-x^2}$; (2) $y = \arccos(\sin x)$;
(3) $y = x\arctan x - \dfrac{1}{2}\ln(1+x^2)$;
(4) $y = \arctan\dfrac{\sqrt{1-x^2}-1}{x} + \arctan\dfrac{2x}{1-x^2}$;
(5) $y = \arctan(\tan^2 x)$; (6) $y = \left(\dfrac{a}{b}\right)^x \left(\dfrac{b}{x}\right)^a \left(\dfrac{x}{a}\right)^b \ (a, b > 0)$;
(7) $y = \ln\left(\arccos\dfrac{1}{\sqrt{x}}\right)$; (8) $y = \ln(e^x + \sqrt{1+e^{2x}})$;
(9) $y = \dfrac{x}{2}\sqrt{a^2-x^2} + \dfrac{a^2}{2}\arctan\dfrac{x}{a} \ (a > 0)$;
(10) $y = \dfrac{1}{4\sqrt{2}}\ln\dfrac{x^2+\sqrt{2}x+1}{x^2-\sqrt{2}x+1} - \dfrac{1}{2\sqrt{2}}\arctan\dfrac{\sqrt{2}x}{x^2-1}$.

21. 求证:
$$\lim_{x \to a}\dfrac{f(x)-b}{x-a} = A$$
的充分必要条件是
$$\lim_{x \to a}\dfrac{e^{f(x)}-e^b}{x-a} = e^b A.$$

22. 设曲线的参数表示: $x = a\cos^3 t, \quad y = a\sin^3 t \quad (a > 0)$.
(1) 求 $y'(x)$;
(2) 证明曲线的切线被坐标轴所截的长度为一常数.

23. 求椭圆 $\dfrac{x^2}{a^2} + \dfrac{y^2}{b^2} = 1$ 在第一象限中的切线, 使它平行于过 $(0, b)$ 和 $(a, 0)$ 的直线.

24. 证明曲线
$$\begin{cases} x = a(\cos t + t\sin t), \\ y = a(\sin t - t\cos t) \end{cases} \quad (a > 0)$$

上任一点的法线到原点的距离等于 a.

25. 证明圆 $r = 2a\sin\theta$ $(a > 0)$ 的向径与切线间的夹角等于极角.

26. 设函数 $x(t), y(t)$ 可微,又设 $r = \sqrt{x^2+y^2}, \theta = \arctan\dfrac{y}{x}$. 试求 $\mathrm{d}r, \mathrm{d}\theta$.

27. 求下列二元方程表示的函数的导数 $\dfrac{\mathrm{d}y}{\mathrm{d}x}$:

(1) $x^3 + y^3 - xy = 0$;
(2) $\arctan\dfrac{y}{x} = \ln\sqrt{x^2+y^2}$;
(3) $\sin x + \cos^2 y = 1/2$;
(4) $(x^2+y^2)^2 = x^2 - y^2$.

28. 定义双曲函数
$$\sinh x = \frac{\mathrm{e}^x - \mathrm{e}^{-x}}{2}, \quad \cosh x = \frac{\mathrm{e}^x + \mathrm{e}^{-x}}{2};$$
$$\tanh x = \frac{\sinh x}{\cosh x}, \quad \coth x = \frac{1}{\tanh x} \ (x \neq 0).$$
再记 $\mathrm{arcsinh}x, \mathrm{arccosh}x, \mathrm{arctanh}x$ 和 $\mathrm{arccoth}x$ 分别为 $\sinh x, \cosh x, \tanh x$ 和 $\coth x$ 的反函数.

(1) 求证:
$$(\sinh x)' = \cosh x, \quad (\cosh x)' = \sinh x,$$
$$(\tanh x)' = \frac{1}{\cosh^2 x}, \quad (\coth x)' = -\frac{1}{\sinh^2 x};$$

(2) 用反函数的求导法则计算:
$$(\mathrm{arcsinh}x)', \quad (\mathrm{arccosh}x)', \quad (\mathrm{arctanh}x)',$$
$$(\mathrm{arccoth}x)', \quad (\mathrm{arcsinh}(\tanh x))'.$$

29. 设曲线 $\dfrac{x^2}{a^2} + \dfrac{y^2}{b^2} = 1$ 与 $xy = \lambda$ 相切,其中 $a > 0, b > 0$ 给定. 求 λ 的值并确定切线方程.

30. 证明曲线 $y = a^x$ $(a > 0, a \neq 1)$ 的任一切线上从切点到与 x 轴的交点之间的线段在 x 轴上的投影为一常数.

31. 求下列函数的微分:

(1) $y = x^2 - \cos 2x$;
(2) $y = \mathrm{e}^{ax}\sin bx$;
(3) $y = \ln\left|\tan\left(\dfrac{\pi}{4} + \dfrac{x}{2}\right)\right|$;
(4) $y = x^{\sin x^2}$;
(5) $y = \arctan \mathrm{e}^x$;
(6) $y = \arcsin\sqrt{1-x^2}$.

32. 设 u, v 是 x 的可微函数, 对下列的函数求 dy:

(1) $y = \arctan \dfrac{u}{v}$;

(2) $y = \ln \sqrt{u^2 + v^2}$;

(3) $y = \ln |\sin(u + v)|$;

(4) $y = \dfrac{1}{\sqrt{u^2 + v^2}}$.

33. 利用微分求近似值:

(1) $\sqrt[3]{1.02}$;

(2) $\arcsin 0.49$;

(3) $e^{0.01}$;

(4) $\ln 1.06$;

(5) $\sqrt[5]{245}$;

(6) $\sqrt{120}$.

34. 单摆的周期公式是

$$T = 2\pi \sqrt{\dfrac{l}{g}},$$

其中 l 为摆长 (单位: cm), $g = 980 \text{cm/s}^2$ 为重力加速度. 设钟摆的周期为 1s, 在冬季摆长缩短了 0.01cm, 这时每天大约快多少?

35. 讨论函数 $f(x) = |x|^3$ 在点 $x = 0$ 处的各阶导数.

36. 求下列函数的 n 阶导数:

(1) $y = \ln a^x \ (a > 0, a \neq 1)$;

(2) $y = \dfrac{1}{x^2 - 3x + 2}$;

(3) $y = \dfrac{1 + x}{\sqrt[3]{1 - x}}$;

(4) $y = \sin^3 x$;

(5) $y = e^x \sin x$;

(6) $y = \dfrac{x^n}{1 - x}$;

(7) $y = \dfrac{x^n}{x^2 - 1}$;

(8) $y = \dfrac{\ln x}{x}$.

37. 设 $y = (x + \sqrt{1 + x^2})^m$, 求证:

$$(1 + x^2)y'' + xy' = m^2 y.$$

38. 证明切比雪夫 (Chebyshev) 多项式 $T_n(x) = \dfrac{1}{2^{n-1}} \cos(n \arccos x)$ 满足方程

$$(1 - x^2)T_n''(x) - x T_n'(x) + n^2 T_n(x) = 0.$$

39. 求由下列方程所确定的隐函数 $y(x)$ 的二阶导数 y'':

(1) $\sqrt[3]{x^2} + \sqrt[3]{y^2} = \sqrt[3]{a^2} \ (a > 0)$;

(2) $x^3 + y^3 - 3axy = 0 \ (a > 0)$.

40. 设函数 $y = f(x)$ 由参数方程

$$\begin{cases} x = 2t + |t|, \\ y = 16t^4 + 9t^3 \sin|t|, \end{cases} -\infty < t < +\infty$$

确定，计算 $y = f(x)$ 在点 $x = 0$ 处的各阶导数.

41. 求证：

(1) 若 $y = x^{n-1} \ln x$，则 $y^{(n)} = \dfrac{(n-1)!}{x}$；

(2) 若 $y = \dfrac{ax+b}{cx+d}$，则 $y^{(n)} = (-1)^n \dfrac{n!c^{n-1}}{(cx+d)^{n+1}}(bc-ad)$；

(3) 若 $y = x^{n-1} e^{\frac{1}{x}}$，则 $y^{(n)} = \dfrac{(-1)^n}{x^{n+1}} e^{\frac{1}{x}}$.

42. 设 n 为正整数，

$$f(x) = \begin{cases} x^n \sin(\ln|x|), & x \neq 0, \\ 0, & x = 0, \end{cases}$$

求证 $f(x)$ 在点 $x = 0$ 处有直到 $n-1$ 阶导数，但无 n 阶导数.

43. 求证：

(1) $\displaystyle\sum_{k=0}^{n} k C_n^k x^k (1-x)^{n-k} = nx$；

(2) $\displaystyle\sum_{k=0}^{n} k(k-1) C_n^k x^k (1-x)^{n-k} = n(n-1)x^2$；

(3) $\displaystyle\sum_{k=0}^{n} (k-nx)^2 C_n^k x^k (1-x)^{n-k} = nx(1-x)$.

44. 设函数 $f(x)$ 在点 $x = 0$ 处连续，而且

$$\lim_{x \to 0} \frac{f(2x) - f(x)}{x} = m.$$

求证 $f'(0) = m$.

45. 设函数 $y = f(x)$ 是严格单调的三阶可导函数，而且 $f'(x) \neq 0$，求 $(f^{-1})^{(3)}(y)$.

第五章 导数的应用

上一章中,我们着重介绍了导数的概念及计算导数的各种方法. 这一章, 我们将主要利用导数来研究函数的性质.

§5.1 微分中值定理

微分中值定理是反映函数和导数之间联系的重要定理, 是利用导数研究函数的桥梁, 因此它是一个强有力的工具. 灵活地运用它可使许许多多问题的解决变得轻而易举. 在建立微分中值定理时需要用到如下的费马 (Fermat) 定理, 因此我们先来介绍这一定理.

5.1.1 费马定理

极值问题是数学中的重要研究对象, 在本章中我们将利用导数来讨论此类问题. 为此我们引入

定义 5.1.1 若函数 $f(x)$ 在 x_0 的某个去心邻域 $U_0(x_0,\delta)$ 内恒有
$$f(x) \leqslant f(x_0) \ (f(x) \geqslant f(x_0)),$$
则称 x_0 为 $f(x)$ 的**极大 (小) 值点**, $f(x_0)$ 称为它的**极大 (小) 值**; 若在上述定义中, 不等号严格成立, 则称 $f(x_0)$ 为**严格极大 (小) 值**. 极大值点和极小值点统称为**极值点**, 极大值和极小值统称为**极值**.

从图像上来看, 一个函数 $y=f(x)$ 若在 x_0 处取极值, 并且该函数的图像在点 $(x_0, f(x_0))$ 处存在切线, 则该切线一定是水平的. 事实上, 我们有

定理 5.1.1(费马定理) 设函数 $f(x)$ 在 $U(x_0,\delta)$ 中有定义. 若 x_0 是 $f(x)$ 的极值点, 且 $f'(x_0)$ 存在, 则 $f'(x_0)=0$.

证明 无妨设 $f(x_0)$ 为极大值, 则当 $\Delta x > 0$ 且 $x_0 + \Delta x \in U(x_0, \delta)$ 时, 有
$$\frac{f(x_0 + \Delta x) - f(x_0)}{\Delta x} \leqslant 0.$$
令 $\Delta x \to 0 + 0$, 得 $f'(x_0) \leqslant 0$.

当 $\Delta x < 0$ 且 $x_0 + \Delta x \in U(x_0, \delta)$ 时, 有
$$\frac{f(x_0 + \Delta x) - f(x_0)}{\Delta x} \geqslant 0.$$
令 $\Delta x \to 0 - 0$, 得 $f'(x_0) \geqslant 0$.

综上所证, 推得 $f'(x_0) = 0$.

注 使得 $f'(x) = 0$ 的点 x_0 也称为 $f(x)$ 的**驻点**. 费马定理告诉我们, 若极值点可导, 则它必是驻点. 例子 $y = x^3$ 在 $x = 0$ 处的性质告诉我们, 驻点未必是极值点.

5.1.2 罗尔微分中值定理

定理 5.1.2(罗尔 (Rolle) 微分中值定理) 设函数 $f(x)$ 在 $[a,b]$ 上连续, 在 (a,b) 内可导, 且 $f(a) = f(b)$, 则在 (a,b) 内至少存在一点 ξ, 使得
$$f'(\xi) = 0.$$

证明 因为 $f(x)$ 在 $[a,b]$ 连续, 所以 $f(x)$ 在 $[a,b]$ 上有最大值 M 与最小值 m. 如果 $M = m$, 则 $f(x)$ 在 $[a,b]$ 为一常值函数, 从而 $f'(x) \equiv 0$, $\forall x \in [a,b]$. 此时, 我们可取 (a,b) 中任意一点作为 ξ. 如果 $M > m$, 则 M 与 m 至少有一个不等于 $f(a) = f(b)$, 不妨设 $M > f(a)$. 这时, 必存在 $\xi \in (a,b)$, 使得 $f(\xi) = M$, 即 ξ 为 $f(x)$ 的一个极值点. 再由 $f'(\xi)$ 存在, 并且应用费马定理, 得 $f'(\xi) = 0$.

罗尔微分中值定理的几何意义是, 在一段每点都有切线的曲线上, 若两端点的高度相同, 则在此曲线上至少存在一条水平切线 (参见图 5.1.1).

此外, 罗尔微分中值定理只是告诉我们在区间 (a,b) 内存在一点 ξ 使得 $f'(\xi) = 0$, 但并没有告诉我们怎样去求这一 ξ. 事实上, 一般来讲,

要将这一 ξ 求出来是十分困难. 其次, 在很多时候我们会发现, 满足这样要求的 ξ 可能有很多, 甚至有可能是无穷多个.

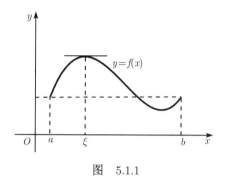

图 5.1.1

例 5.1.1 设函数 $f(x)$ 在 (a,b) 上可微, 证明 $f(x)$ 在 (a,b) 内的两个零点之间必有 $f(x) + f'(x)$ 的零点.

证明 令 $F(x) = e^x f(x)$, 由罗尔微分中值定理知, 在 $f(x)$ 的两个零点之间必有
$$F'(x) = e^x(f(x) + f'(x))$$
的零点, 也即有 $f(x) + f'(x)$ 的零点.

例 5.1.2 设 $P_n(x)$ 为一个 n 次多项式, 证明 $e^x - P_n(x) = 0$ 至多有 $n+1$ 个不同的根.

证明 令 $f(x) = e^x - P_n(x)$. 假若 $f(x)$ 有 $n+2$ 个不同的零点, 则由罗尔微分中值定理知, $f'(x) = e^x - (P_n(x))'$ 至少有 $n+1$ 个不同的零点; 然后再应用罗尔微分中值定理, 又有 $f''(x) = e^x - (P_n(x))''$ 至少有 n 个不同的零点. 如此下去, 即知 $f^{(n+1)} = e^x - (P_n(x))^{(n+1)}$ 至少有一个零点. 由于 $P_n(x)$ 是一个 n 次多项式, 所以这就蕴涵着 e^x 必有一个零点, 这显然是不可能的. 这一矛盾说明 $e^x - P_n(x) = 0$ 至多有 $n+1$ 个不同的根.

例 5.1.3 设函数 $f(x)$ 在 $[0,1]$ 上连续, 在 $(0,1)$ 内可导, 且 $f(0) = f(1) = 0$. 再假设 $f(t_0) = \alpha$, 其中 $t_0 \in (0,1)$. 证明: 存在 $\xi \in (0,1)$, 使得 $f'(\xi) = \alpha$.

证明 若 $\alpha = 0$, 利用罗尔微分中值定理即得.

现设 $\alpha \neq 0$. 构造辅助函数

$$F(x) = f(x) - \alpha x,$$

则 $F(x)$ 在 $[0,1]$ 上连续, 在 $(0,1)$ 内可导, 并且有

$$F(0) = 0, \quad F(1) = -\alpha, \quad F(t_0) = (1-t_0)\alpha.$$

由于 $F(1)F(t_0) < 0$, 因此在 $(t_0, 1)$ 中必存在 η, 使得 $F(\eta) = 0$.

因此我们在 $[0, \eta]$ 上对 $F(x)$ 应用罗尔微分中值定理, 可知在 $(0, \eta) \subset (0, 1)$ 中存在 ξ, 使得 $F'(\xi) = 0$, 即 $f'(\xi) = \alpha$.

5.1.3 拉格朗日微分中值定理

罗尔微分中值定理要求所考虑的函数在所讨论区间的两端点有相同的函数值, 这给它的应用范围带来很大的限制. 因此, 一个自然的问题就是: 如果将罗尔微分中值定理中的条件 " $f(a) = f(b)$ " 去掉, 将有什么结论呢? 其实, 如果将坐标轴去掉, 纯粹从几何上来看, 罗尔微分中值定理是说, 在一段每点都有切线的曲线上至少有一点的切线平行于两端点的连线. 而这正是一个可微函数的图像所具有的几何特征. 因此, 如果将罗尔微分中值定理中的条件 " $f(a) = f(b)$ " 去掉, 则有如下的定理:

定理 5.1.3(拉格朗日 (Lagrange) 微分中值定理) 若函数 $f(x)$ 在 $[a,b]$ 上连续, 在 (a,b) 内可导, 则在 (a,b) 内至少存在一点 ξ, 使得

$$f'(\xi) = \frac{f(b) - f(a)}{b - a}. \tag{5.1.1}$$

证明 考查 $f(x)$ 减去过 $(a, f(a))$ 和 $(b, f(b))$ 这两点的直线所确定的线性函数而得到的函数:

$$F(x) = f(x) - \left[f(a) + \frac{f(b) - f(a)}{b - a}(x - a) \right].$$

容易验证, 这样定义的函数 $F(x)$ 满足罗尔微分中值定理的所有条件. 因此, 存在 $\xi \in (a, b)$, 使得

$$F'(\xi) = f'(\xi) - \frac{f(b)-f(a)}{b-a} = 0,$$

即

$$f'(\xi) = \frac{f(b)-f(a)}{b-a}.$$

注 (1) 在上述定理中, 若我们只假定 $f(x)$ 在以 a 和 b 为端点的闭区间满足所有的条件, 不难看出, 对 $a > b$ 的情形, 拉格朗日微分中值定理仍具有同样的形式.

(2) 公式 (5.1.1) 有时也称为拉格朗日中值公式. 在实际应用时, 常将拉格朗日中值公式写成如下形式

$$f(a+h) - f(a) = f'(\xi)h,$$

这里 $h = b - a$ 可以是正数, 也可以是负数, 而 ξ 则位于 a 与 $a+h$ 之间. 有时, 为了避免 "ξ 位于 a 与 $a+h$ 之间" 可能出现的两种情形, 常将上式改写成

$$f(a+h) = f(a) + f'(a+\theta h)h,$$

其中 $\theta = \dfrac{\xi - a}{h}$. 无论 h 是正数还是负数, 总有 $0 < \theta < 1$, 这是因为 ξ 位于 a 与 $a+h$ 之间的缘故.

此外, 拉格朗日微分中值定理的几何意义如图 5.1.2 所示, 即在一段每点都有切线的曲线上至少有一点的切线平行于两个端点的连线.

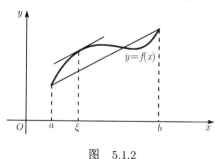

图 5.1.2

由拉格朗日微分中值定理立即可推出如下两个十分有用的结论:

推论1 设函数 $f(x) \in C[a,b]$, 且在 (a,b) 内可导. 若 $f'(x) = 0$, 则 $f(x) \equiv C$, 其中 C 是一常数.

证明 对 $\forall x \in [a,b]$, 在 $[a,x]$ 上应用拉格朗日微分中值定理知, 存在 $\xi \in (a,x)$, 使得
$$0 = f'(\xi) = \frac{f(x) - f(a)}{x - a},$$
由此即得
$$f(x) \equiv f(a) \equiv C.$$

推论1的结论似乎是显然的, 但如果不利用微分中值定理, 似乎很难证明它.

推论2 设函数 $f(x), g(x) \in C[a,b]$, 且在 (a,b) 内可导. 若 $f'(x) = g'(x)$, 则 $f(x) = g(x) + C$, 其中 C 是一常数.

证明 对 $f(x) - g(x)$ 应用推论1即得.

例 5.1.4 证明当 $x > -1$ 且 $x \neq 0$ 时, 有 $\dfrac{x}{1+x} < \ln(1+x) < x$.

证明 对 $\ln(1+x)$, 在 0 和 x 之间应用拉格朗日微分中值定理, 得
$$\frac{\ln(1+x)}{x} = \frac{\ln(1+x) - \ln 1}{x - 0} = (\ln(1+x))'|_{x=\xi} = \frac{1}{1+\xi},$$
其中 ξ 在 0 和 x 之间. 再注意到, 当 $x > 0$ 时, 有
$$\frac{1}{1+x} < \frac{1}{1+\xi} < 1,$$
而当 $-1 < x < 0$ 时, 有
$$1 < \frac{1}{1+\xi} < \frac{1}{1+x},$$
便知所证不等式成立.

例 5.1.5 证明 $f(x) = x^\alpha \, (0 < \alpha < 1)$ 在 $[0, +\infty)$ 上一致连续.

证明 由于 $f(x)$ 在 $[0, +\infty)$ 上连续, 因此它在 $[0, 2]$ 上一致连续. 于是, $\forall \varepsilon > 0, \exists \delta_1 > 0$, 使得当 $x_1, x_2 \in [0, 2]$ 且 $|x_1 - x_2| < \delta_1$ 时, 有
$$|f(x_1) - f(x_2)| < \varepsilon.$$

另一方面,因为 $f'(x) = \alpha x^{\alpha-1}$ 在 $[1,+\infty)$ 上严格单调递减,所以在 $[1,+\infty)$ 上恒有 $|f'(x)| \leqslant \alpha < 1$. 于是,对 $\forall x_1, x_2 \in [1,+\infty)$,应用拉格朗日微分中值定理,得

$$|f(x_1) - f(x_2)| = |f'(\xi)(x_1 - x_2)| \leqslant |x_1 - x_2|.$$

这样,对给定的 ε,取 $\delta_2 = \varepsilon$,则当 $x_1, x_2 \in [1,+\infty)$ 且 $|x_1 - x_2| < \delta_2$ 时,有

$$|f(x_1) - f(x_2)| < \varepsilon.$$

现取 $\delta = \min\{\delta_1, \delta_2, 1\}$,则 $\forall x_1, x_2 \in [0,+\infty)$,当 $|x_1 - x_2| < \delta$ 时,一定有 $x_1, x_2 \in [0,2]$ 或 $x_1, x_2 \in [1,+\infty)$,从而必有 $|f(x_1) - f(x_2)| < \varepsilon$. 这表明 $f(x)$ 在 $[0,+\infty)$ 上一致连续.

注 从上例的证明中可以看出:若一个函数在某区间上的导数有界,则它必在该区间上一致连续. 此外,上例也说明了,一致连续的函数即使导数存在,其导数也未必在所论区间上有界.

思考题 当 $\alpha > 1$ 时,函数 $f(x) = x^\alpha$ 是否在 $[0,+\infty)$ 上一致连续?

例 5.1.6 证明:对任意的 $x \in \mathbb{R}$,有

$$\arctan x = \arcsin\left(\frac{x}{\sqrt{1+x^2}}\right).$$

证明 令

$$f(x) = \arctan x - \arcsin\left(\frac{x}{\sqrt{1+x^2}}\right),$$

则有

$$f'(x) = \frac{1}{1+x^2} - \frac{1}{\sqrt{1-\dfrac{x^2}{1+x^2}}} \cdot \frac{\sqrt{1+x^2} - \dfrac{x^2}{\sqrt{1+x^2}}}{1+x^2} = 0, \quad \forall x \in \mathbb{R}.$$

于是由推论 1 知 $f(x) \equiv C$,而 $f(0) = 0$,故所证等式成立.

5.1.4 柯西微分中值定理

为了将拉格朗日微分中值定理作进一步的推广,我们现在换个观点来看这个定理. 在该定理的条件下,我们有 $f'(\xi_1) = \dfrac{f(b)-f(a)}{b-a}$,其分子是函数 $f(x)$ 在区间端点之值的差,而其分母可以看成函数 $y=x$ 在端点之值的差. 从这个观点来看,一个自然的问题是:能否将 $y=x$ 换成一个任意的函数呢?下面的柯西微分中值定理回答了这个问题.

定理 5.1.4 (柯西微分中值定理) 若函数 $f(x)$ 和 $g(x)$ 在 $[a,b]$ 上连续,在 (a,b) 内可导,而且 $g'(x) \neq 0$,则在 (a,b) 内至少存在一点 ξ,使得

$$\frac{f(b)-f(a)}{g(b)-g(a)} = \frac{f'(\xi)}{g'(\xi)}. \tag{5.1.2}$$

注 分别应用拉格朗日微分中值定理于 $f(x)$ 和 $g(x)$,我们可得

$$\frac{f(b)-f(a)}{g(b)-g(a)} = \frac{f'(\xi_1)}{g'(\xi_2)}.$$

注意,这里的 ξ_1 与 ξ_2 可能是不一样的!因此,我们不能简单地应用拉格朗日微分中值定理来证明本定理.

证明 对函数 $g(x)$ 应用拉格朗日微分中值定理 (或罗尔微分中值定理),可知 $g'(x) \neq 0$ 蕴涵着 $g(a) \neq g(b)$. 仿照拉格朗日中值定理的证明方法,令

$$G(x) = f(x) - \left[f(a) + \frac{f(b)-f(a)}{g(b)-g(a)}\big(g(x)-g(a)\big)\right],$$

则 $G(x)$ 满足罗尔定理的所有条件. 于是,由罗尔定理知,存在 $\xi \in (a,b)$,使得 $G'(\xi) = 0$. 整理即得公式 (5.1.2).

柯西微分中值定理的几何意义是,若 uv 坐标平面的曲线由参数方程

$$\begin{cases} u = g(x), \\ v = f(x), \end{cases} x \in [a,b]$$

给出, 其中 $f(x)$ 和 $g(x)$ 满足定理的条件, 则存在 $\xi \in (a,b)$, 使得过点 $(g(\xi), f(\xi))$ 的切线平行于两端点的连线.

此外, 类似于拉格朗日微分中值定理, 柯西微分中值定理也常写成如下形式:
$$\frac{f(b)-f(a)}{g(b)-g(a)} = \frac{f'(a+\theta(b-a))}{g'(a+\theta(b-a))},$$
其中 $0 < \theta < 1$, 且不要求 $b > a$.

例 5.1.7 设函数 $f(x)$ 在区间 $(0,1]$ 上连续, 在区间 $(0,1)$ 内可导, 而且 $\lim\limits_{x \to 0+0} \sqrt{x} f'(x) = \ell$. 证明 $f(x)$ 在区间 $(0,1]$ 上一致连续.

证明 由 $\lim\limits_{x \to 0+0} \sqrt{x} f'(x) = \ell$ 可知, 存在 $M > 0$ 和 $0 < c < 1$, 使得
$$|\sqrt{x} f'(x)| \leqslant M, \qquad \forall x \in (0, c].$$
现任取 $x_1, x_2 \in (0, c]$, $x_1 \neq x_2$, 应用柯西微分中值定理, 可得
$$\frac{f(x_1)-f(x_2)}{\sqrt{x_1}-\sqrt{x_2}} = \frac{f'(x)}{(\sqrt{x})'}\Big|_{x=\xi} = 2\sqrt{\xi} f'(\xi),$$
其中 ξ 位于 x_1 和 x_2 之间. 于是, 有
$$|f(x_1)-f(x_2)| \leqslant 2M|\sqrt{x_1}-\sqrt{x_2}|.$$
当然, 上式对 $x_1 = x_2$ 亦成立. 再注意到
$$|\sqrt{x_1}-\sqrt{x_2}|^2 \leqslant |\sqrt{x_1}-\sqrt{x_2}||\sqrt{x_1}+\sqrt{x_2}|$$
$$= |x_1-x_2|,$$
对 $\forall \varepsilon > 0$, 只需取 $\delta = \dfrac{\varepsilon^2}{(2M)^2}$, 则当 $x_1, x_2 \in (0, c]$ 且 $|x_1-x_2| < \delta$ 时, 便有
$$|f(x_1)-f(x_2)| \leqslant 2M|\sqrt{x_1}-\sqrt{x_2}|$$
$$\leqslant 2M|x_1-x_2|^{\frac{1}{2}} < \varepsilon.$$
这表明 $f(x)$ 在 $(0, c]$ 上一致连续. 又 $f(x)$ 在区间 $(0,1]$ 上连续蕴涵着 $f(x)$ 在区间 $[c,1]$ 上一致连续, 从而便有 $f(x)$ 在区间 $(0,1]$ 上一致连续.

从本节内容可以看出,罗尔微分中值定理是一个基本的结果,拉格朗日微分中值定理是罗尔微分中值定理的直接推广,而柯西微分中值定理则是拉格朗日微分中值定理的一个重要推广.它们各自适合不同的场合,是我们利用导数研究函数的强有力工具.

§5.2 洛必达法则

在建立求导法则和求导公式的过程中,极限的理论和一些具体的极限起着决定性的作用.而有了导数理论和求导公式之后,又可利用它解决极限理论中某些不定式的极限问题.

大家已经知道,如果我们已知
$$\lim_{x\to a} f(x) = A, \quad \lim_{x\to a} g(x) = B,$$
这里 A, B, a 可以是有限数或无穷大,那么除去某些例外情形,我们可以利用下面的极限运算法则去求它们的和、差、积、商及幂-指数函数式的极限:

(1) $\lim\limits_{x\to a} f(x) \pm g(x) = A \pm B$;
(2) $\lim\limits_{x\to a} f(x) \cdot g(x) = AB$;
(3) $\lim\limits_{x\to a} \dfrac{f(x)}{g(x)} = \dfrac{A}{B} (B \neq 0)$;
(4) $\lim\limits_{x\to a} f(x)^{g(x)} = A^B$.

对于以上各式,所说的例外情况分别为:

(a) 在 (1) 中出现两个同号无穷大相减;
(b) 在 (2) 中 A 与 B 之一为 0,另一为无穷大;
(c) 在 (3) 中 A 与 B 同时为 0,或者同为无穷大;
(d) 在 (4) 中 $A = 1, B = \infty$,或者 $A = B = 0$,或者 $A = \infty, B = 0$.

这些例外情形所涉及的极限类型统称为**不定式**,分别记为:
$$\infty - \infty, \quad 0 \cdot \infty, \quad \frac{0}{0}, \quad \frac{\infty}{\infty}, \quad 1^\infty, \quad 0^0, \quad \infty^0.$$

所有这些不定式本质上只有一种: $\dfrac{0}{0}$. 其他的不定式经过简单的变

换可以化为这种不定式, 如 $0 \cdot \infty = 0 \cdot \dfrac{1}{0}$ 就成为 $\dfrac{0}{0}$ 型, 或者 $0 \cdot \infty = \dfrac{1}{\infty} \cdot \infty$ 变成 $\dfrac{\infty}{\infty}$ 型, 而 $\dfrac{\infty}{\infty} = \dfrac{1}{0} \Big/ \dfrac{1}{0} = \dfrac{0}{0}$, 等等. 下面我们利用柯西微分中值定理来给出这种不定式的定值方法 —— **洛必达**(L'Hospital)**法则**. 以后我们还会发现, 虽然 $\dfrac{\infty}{\infty}$ 型可以化为 $\dfrac{0}{0}$ 型, 但要利用洛必达法则, 我们还必须对 $\dfrac{\infty}{\infty}$ 的情况进行研究.

5.2.1 $\dfrac{0}{0}$ 型不定式

定理 5.2.1 设函数 $f(x)$ 和 $g(x)$ 在 a 点的某一去心邻域 $U_0(a, \delta)$ 上可导, 而且满足:

(1) $\lim\limits_{x \to a} f(x) = \lim\limits_{x \to a} g(x) = 0$;
(2) $g'(x) \neq 0, \forall x \in U_0(a, \delta)$;
(3) $\lim\limits_{x \to a} \dfrac{f'(x)}{g'(x)} = \ell$ (ℓ 为有限数或 $\pm\infty, \infty$),

则有
$$\lim_{x \to a} \frac{f(x)}{g(x)} = \lim_{x \to a} \frac{f'(x)}{g'(x)} = \ell.$$

证明 先考虑 ℓ 为有限数的情形, 并且我们先证 $\lim\limits_{x \to a-0} \dfrac{f(x)}{g(x)} = \ell$. 由条件 (1) 知, 若补充定义 $f(a) = g(a) = 0$, 则 $f(x), g(x)$ 在 a 点连续. 于是, 对 $\forall x \in (a - \delta, a)$, 在区间 $[x, a]$ 上应用柯西微分中值定理, 有
$$\frac{f(x)}{g(x)} = \frac{f(x) - f(a)}{g(x) - g(a)} = \frac{f'(\xi)}{g'(\xi)}, \qquad x < \xi < a.$$
又由条件 (3), 可得
$$\lim_{x \to a-0} \frac{f'(\xi)}{g'(\xi)} = \lim_{x \to a-0} \frac{f'(x)}{g'(x)} = \ell.$$
所以
$$\lim_{x \to a-0} \frac{f(x)}{g(x)} = \ell.$$
同理可证 $\lim\limits_{x \to a+0} \dfrac{f(x)}{g(x)} = \ell$. 综合起来就有 $\lim\limits_{x \to a} \dfrac{f(x)}{g(x)} = \ell$.
当 $\ell = +\infty, -\infty$ 或 ∞ 时, 证明类似, 请读者作为练习自己给出.

注 从定理的证明可以看出,把 $x \to a$ 改为 $x \to a-0$ 或 $x \to a+0$, 上述定理的结论仍然成立.

当 $x \to \infty$ 时, 我们有

定理 5.2.2 设函数 $f(x)$, $g(x)$ 在 $U = \{x : |x| > a > 0\}$ 上可导, 而且满足:

(1) $\lim\limits_{x \to \infty} f(x) = \lim\limits_{x \to \infty} g(x) = 0$;
(2) $g'(x) \neq 0, \forall x \in U$;
(3) $\lim\limits_{x \to \infty} \dfrac{f'(x)}{g'(x)} = \ell$ (ℓ 为有限数或 $\pm\infty, \infty$),

则有
$$\lim_{x \to \infty} \frac{f(x)}{g(x)} = \ell.$$

证明 我们先证 $x \to +\infty$ 的情形. 作自变量变换 $x = \dfrac{1}{t}$, 则 $x \to +\infty$ 相应于 $t \to 0+0$. 于是有

$$\lim_{t \to 0+0} \frac{f'\left(\dfrac{1}{t}\right)}{g'\left(\dfrac{1}{t}\right)} = \lim_{x \to +\infty} \frac{f'(x)}{g'(x)},$$

并且由条件 (1), 有

$$\lim_{t \to 0+0} f\left(\frac{1}{t}\right) = 0, \qquad \lim_{t \to 0+0} g\left(\frac{1}{t}\right) = 0.$$

应用定理 5.2.1 于开区间 $\left(0, \dfrac{1}{a}\right)$ 上新变量 t 的函数 $f\left(\dfrac{1}{t}\right)$ 和 $g\left(\dfrac{1}{t}\right)$, 并注意到它们关于 t 的导数为

$$f'\left(\frac{1}{t}\right)\left(-\frac{1}{t^2}\right), \qquad g'\left(\frac{1}{t}\right)\left(-\frac{1}{t^2}\right),$$

可得

$$\lim_{t \to 0+0} \frac{f\left(\dfrac{1}{t}\right)}{g\left(\dfrac{1}{t}\right)} = \lim_{t \to 0+0} \frac{f'\left(\dfrac{1}{t}\right)\left(-\dfrac{1}{t^2}\right)}{g'\left(\dfrac{1}{t}\right)\left(-\dfrac{1}{t^2}\right)}$$

$$= \lim_{t \to 0+0} \frac{f'\left(\frac{1}{t}\right)}{g'\left(\frac{1}{t}\right)} = \lim_{x \to +\infty} \frac{f'(x)}{g'(x)} = \ell.$$

因此, 我们有
$$\lim_{x \to +\infty} \frac{f(x)}{g(x)} = \ell.$$

同理可证 $x \to -\infty$ 的情形. 这样我们就证明了 $\lim\limits_{x \to \infty} \frac{f(x)}{g(x)} = \ell$ 成立.

注 从定理的证明可以看出, 把 $x \to \infty$ 改为 $x \to -\infty$ 或 $x \to +\infty$, 上述定理的结论仍然成立.

例 5.2.1 求极限 $\lim\limits_{x \to 0} \frac{\sinh x - x}{\sin x - x}$.

解 这是一个 $\frac{0}{0}$ 型不定式. 应用洛必达法则, 可得
$$\lim_{x \to 0} \frac{\sinh x - x}{\sin x - x} = \lim_{x \to 0} \frac{\cosh x - 1}{\cos x - 1} = \lim_{x \to 0} \frac{\sinh x}{-\sin x}$$
$$= \lim_{x \to 0} \frac{\cosh x}{-\cos x} = -1.$$

例 5.2.2 求极限 $\lim\limits_{x \to 0+0} \frac{\sqrt{x}}{1 - e^{2\sqrt{x}}}$.

解 这也是一个 $\frac{0}{0}$ 型不定式. 令 $t = \sqrt{x}$, 则有
$$\lim_{x \to 0+0} \frac{\sqrt{x}}{1 - e^{2\sqrt{x}}} = \lim_{t \to 0+0} \frac{t}{1 - e^{2t}} = \lim_{t \to 0+0} \frac{1}{-2e^{2t}} = -\frac{1}{2}.$$

例 5.2.3 求极限 $\lim\limits_{x \to +\infty} x\left(\frac{\pi}{2} - \arctan x\right)$.

解 这是一个 $0 \cdot \infty$ 型不定式. 先将其转化为 $\frac{0}{0}$ 型不定式, 然后应用洛必达法则, 可得

$$\lim_{x \to +\infty} x\left(\frac{\pi}{2} - \arctan x\right) = \lim_{x \to +\infty} \frac{\frac{\pi}{2} - \arctan x}{\frac{1}{x}} = \lim_{x \to +\infty} \frac{-\frac{1}{1+x^2}}{-\frac{1}{x^2}} = 1.$$

5.2.2 $\dfrac{\infty}{\infty}$ 型不定式

从理论上来讲，$\dfrac{\infty}{\infty}$ 型不定式可化为 $\dfrac{0}{0}$ 型. 但是有时候这样做会使问题更为复杂，致使问题的解决失败. 例如，求 $\lim\limits_{x\to+\infty}\dfrac{\ln x}{x^\alpha}$ ($\alpha>0$). 如果将它化成

$$\dfrac{\ln x}{x^\alpha}=\dfrac{\dfrac{1}{x^\alpha}}{\dfrac{1}{\ln x}},$$

则分子、分母分别求导后所得表达式比原来的函数还要复杂. 因此，我们有必要专门研究求 $\dfrac{\infty}{\infty}$ 型不定式极限的方法.

定理 5.2.3 设函数 $f(x), g(x)$ 在 a 点的某一去心邻域 $U_0(a,\delta_0)$ ($\delta_0>0$) 上可导，且满足：

(1) $\lim\limits_{x\to a}g(x)=\infty$;

(2) $g'(x)\neq 0, \forall x\in U_0(a,\delta_0)$;

(3) $\lim\limits_{x\to a}\dfrac{f'(x)}{g'(x)}=\ell$ (ℓ 有限数或 $\pm\infty,\infty$),

则有

$$\lim_{x\to a}\dfrac{f(x)}{g(x)}=\ell.$$

证明 只对 $\ell\in\mathbb{R}$ 和 $x\to a-0$ 的情形证明，其他的情形请读者自己给出证明.

$\forall \varepsilon>0$, 由条件 (2) 和 (3) 知，$\exists\delta_1>0, 0<\delta_1<\delta_0$, 当 $a-\delta_1<\zeta<a$ 时，有

$$\left|\dfrac{f'(\zeta)}{g'(\zeta)}-\ell\right|<\dfrac{\varepsilon}{3}.$$

对已经取定的 δ_1 及 $x\in(a-\delta_1,a)$, 在 $[a-\delta_1,x]$ 上应用柯西微分中值定理，存在 $\xi\in[a-\delta_1,x]$, 使

$$\dfrac{f(x)-f(x_1)}{g(x)-g(x_1)}-\ell=\dfrac{f'(\xi)}{g'(\xi)}-\ell,$$

这里 $x_1=a-\delta_1, \xi\in(a-\delta_1,a)$. 上式可化为

$$f(x) - f(x_1) - \ell[g(x) - g(x_1)] = \left[\frac{f'(\xi)}{g'(\xi)} - \ell\right][g(x) - g(x_1)],$$

整理得

$$f(x) - \ell g(x) = [f(x_1) - \ell g(x_1)] + \left[\frac{f'(\xi)}{g'(\xi)} - \ell\right][g(x) - g(x_1)].$$

在上式两边同除以 $g(x)$, 可得

$$\frac{f(x)}{g(x)} - \ell = \left[\frac{f'(\xi)}{g'(\xi)} - \ell\right]\left[1 - \frac{g(x_1)}{g(x)}\right] + \frac{f(x_1) - \ell g(x_1)}{g(x)}.$$

又由于 $\lim\limits_{x \to a-0} g(x) = \infty$, 故对固定的 x_1, 有

$$\lim_{x \to a-0} \frac{f(x_1) - \ell g(x_1)}{g(x)} = 0, \qquad \lim_{x \to a-0} \frac{g(x_1)}{g(x)} = 0.$$

所以 $\exists \delta_2 (0 < \delta_2 < \delta_1)$, 使得当 $a - \delta_2 < x < a$ 时, 有

$$\left|\frac{f(x_1) - \ell g(x_1)}{g(x)}\right| < \frac{\varepsilon}{2}, \qquad \left|\frac{g(x_1)}{g(x)}\right| < \frac{1}{2}.$$

令 $\delta = \min\{\delta_1, \delta_2\}$, 则当 $a - \delta < x < a$ 时, 有

$$\left|\frac{f(x)}{g(x)} - \ell\right| \leqslant \left|\frac{f'(\xi)}{g'(\xi)} - \ell\right|\left|1 - \frac{g(x_1)}{g(x)}\right| + \left|\frac{f(x_1) - \ell g(x_1)}{g(x)}\right|$$
$$\leqslant \frac{3}{2} \cdot \frac{\varepsilon}{3} + \frac{\varepsilon}{2} = \varepsilon.$$

因此 $\lim\limits_{x \to a-0} \dfrac{f(x)}{g(x)} = \ell$.

注 把 $x \to a$ 改为 $x \to a - 0$ 或 $x \to a + 0$, 上述定理的结论仍然成立.

定理 5.2.4 设函数 $f(x), g(x)$ 在 $U = \{x : |x| > h > 0\}$ 上可导, 而且满足:

(1) $\lim\limits_{x \to \infty} g(x) = \infty$;

(2) $g'(x) \neq 0, \forall x \in U$;

(3) $\lim\limits_{x\to\infty}\dfrac{f'(x)}{g'(x)} = \ell$ (ℓ 有限数或 $\pm\infty, \infty$),

则有
$$\lim_{x\to\infty}\frac{f(x)}{g(x)} = \lim_{x\to\infty}\frac{f'(x)}{g'(x)} = \ell.$$

本定理的证明类似于定理 5.2.2 的证明, 请读者作为练习自己补证.

注 把 $x\to\infty$ 改为 $x\to-\infty$ 或 $x\to+\infty$, 上述定理的结论仍然成立.

例 5.2.4 求极限 $\lim\limits_{x\to+\infty}\dfrac{\ln x}{x^\varepsilon}$, 其中 $\varepsilon > 0$.

解 这是一个 $\dfrac{\infty}{\infty}$ 型不定式, 应用定理 5.2.4, 有

$$\lim_{x\to+\infty}\frac{\ln x}{x^\varepsilon} = \lim_{x\to+\infty}\frac{\dfrac{1}{x}}{\varepsilon x^{\varepsilon-1}} = \lim_{x\to+\infty}\frac{1}{\varepsilon x^\varepsilon} = 0.$$

例 5.2.5 求极限 $\lim\limits_{x\to+\infty}\dfrac{x^\alpha}{\mathrm{e}^x}$, 其中 $\alpha > 0$.

解 这也是一个 $\dfrac{\infty}{\infty}$ 型不定式, 应用定理 5.2.4, 有

$$\lim_{x\to+\infty}\frac{x^\alpha}{\mathrm{e}^x} = \lim_{x\to+\infty}\frac{\alpha x^{\alpha-1}}{\mathrm{e}^x}$$
$$= \cdots\cdots$$
$$= \lim_{x\to+\infty}\frac{\alpha(\alpha-1)\cdots(\alpha-[\alpha])x^{\alpha-[\alpha]-1}}{\mathrm{e}^x} = 0.$$

设 I 是一个区间, n 是一个非负整数, 在今后我们用记号 $C^n I$ 表示 I 上所有具有 n 阶连续导数的函数的集合; 用记号 $C^\infty I$ 表示 I 上具有任意阶导数的函数的集合. 特别地, $C^0 I$ 表示 I 上所有连续函数的集合.

例 5.2.6 设函数
$$f(x) = \begin{cases} \mathrm{e}^{-\frac{1}{x^2}}, & x \neq 0, \\ 0, & x = 0. \end{cases}$$

证明 $f(x) \in C^\infty(-\infty, +\infty)$.

证明 当 $x \neq 0$ 时,
$$f'(x) = \frac{2}{x^3} \mathrm{e}^{-\frac{1}{x^2}};$$
当 $x = 0$ 时,
$$f'(0) = \lim_{x \to 0} \frac{f(x) - f(0)}{x} = \lim_{x \to 0} \frac{\mathrm{e}^{-\frac{1}{x^2}}}{x} = \lim_{t \to \infty} \frac{\mathrm{e}^{-t^2}}{\frac{1}{t}} \quad \left(x = \frac{1}{t}\right)$$
$$= \lim_{t \to \infty} \frac{t}{\mathrm{e}^{t^2}} = \lim_{t \to \infty} \frac{1}{2t\mathrm{e}^{t^2}} = 0,$$
且
$$\lim_{x \to 0} f'(x) = \lim_{x \to 0} \frac{2\mathrm{e}^{-\frac{1}{x^2}}}{x^3} = \lim_{t \to \infty} \frac{2t^3}{\mathrm{e}^{t^2}} = 0,$$
所以 $f(x) \in C^1(-\infty, +\infty)$.

继续求导, 我们发现 $f^{(n)}(x)$ 具有如下形式:
$$f^{(n)}(x) = \begin{cases} P_{3n}\left(\dfrac{1}{x}\right) \mathrm{e}^{-\frac{1}{x^2}}, & x \neq 0, \\ 0, & x = 0, \end{cases}$$
其中 $P_{3n}(u)$ 为变元 u 的 $3n$ 次多项式.

下面我们来证明上述断言为真. 事实上, 当 $n = 1$ 时, 我们已证它是对的. 现在假定其对正整数 n 成立, 我们来看 $n+1$ 的情形. 当 $x \neq 0$ 时, 我们有
$$f^{(n+1)}(x) = \left[\frac{2}{x^3} P_{3n}\left(\frac{1}{x}\right) - \frac{1}{x^2} P'_{3n}\left(\frac{1}{x}\right)\right] \mathrm{e}^{-\frac{1}{x^2}} = P_{3(n+1)}\left(\frac{1}{x}\right) \mathrm{e}^{-\frac{1}{x^2}},$$
而
$$f^{(n+1)}(0) = \lim_{x \to 0} \frac{P_{3n}\left(\frac{1}{x}\right) \mathrm{e}^{-\frac{1}{x^2}}}{x} = \lim_{t \to \infty} \frac{tP_{3n}(t)}{\mathrm{e}^{t^2}} = 0 \quad \left(x = \frac{1}{t}\right).$$
这样, 我们就证明了上述断言. 由此推知 $f(x)$ 任意次可微, 即 $f(x) \in C^\infty(-\infty, +\infty)$.

注 上例中的函数是一个重要的函数, 在今后的学习中还会多次遇到它. 这个函数可以用来说明很多问题.

5.2.3 其他类型不定式

通过变量替换, 我们总可把其他形式的不定式转化为 $\frac{0}{0}$ 型和 $\frac{\infty}{\infty}$ 型, 具体采用什么样替换, 这要对具体问题做具体分析, 灵活对待.

例 5.2.7 求极限 $\lim\limits_{x \to 0+0} x^\alpha \ln x \ (\alpha > 0)$.

解 这是一个 $0 \cdot \infty$ 型不定式. 我们有

$$\lim_{x \to 0+0} x^\alpha \ln x = \lim_{x \to 0+0} \frac{\ln x}{\frac{1}{x^\alpha}} = \lim_{x \to 0+0} \frac{\frac{1}{x}}{-\frac{\alpha}{x^{\alpha+1}}} = \lim_{x \to 0+0} -\frac{1}{\alpha} x^\alpha = 0.$$

例 5.2.8 求极限 $\lim\limits_{x \to a} \left(\frac{a_1^x + a_2^x + \cdots + a_n^x}{n} \right)^{\frac{1}{x}}$ (其中 $a_k > 0$, $k = 1, 2, \cdots, n$), 这里 $a = 0$ 或 $\pm\infty$.

解 令

$$y = \left(\frac{a_1^x + a_2^x + \cdots + a_n^x}{n} \right)^{\frac{1}{x}},$$

则

$$\ln y = \frac{1}{x} \ln \left(\frac{a_1^x + a_2^x + \cdots + a_n^x}{n} \right).$$

下面我们分三种情况来求 $\lim\limits_{x \to a} \ln y$.

(1) $x \to 0$ 的情形. 此时, 应用洛必达法则, 有

$$\begin{aligned}\lim_{x \to 0} \ln y &= \lim_{x \to 0} \frac{a_1^x \ln a_1 + a_2^x \ln a_2 + \cdots + a_n^x \ln a_n}{a_1^x + a_2^x + \cdots + a_n^x} \\ &= \frac{1}{n} \ln(a_1 a_2 \cdots a_n) \\ &= \ln \sqrt[n]{a_1 a_2 \cdots a_n}.\end{aligned}$$

所以 $\lim\limits_{x \to 0} y = \sqrt[n]{a_1 a_2 \cdots a_n}$, 即所求极限为这 n 个数的几何平均.

(2) $x \to +\infty$ 的情形. 此时, 记 $M = \max\{a_1, a_2, \cdots, a_n\}$, 应用洛必达法则, 有

$$\lim_{x \to +\infty} \ln y = \lim_{x \to +\infty} \frac{a_1^x \ln a_1 + a_2^x \ln a_2 + \cdots + a_n^x \ln a_n}{a_1^x + a_2^x + \cdots + a_n^x}$$

$$= \lim_{x \to +\infty} \frac{\left(\frac{a_1}{M}\right)^x \ln a_1 + \left(\frac{a_2}{M}\right)^x \ln a_2 + \cdots + \left(\frac{a_n}{M}\right)^x \ln a_n}{\left(\frac{a_1}{M}\right)^x + \left(\frac{a_2}{M}\right)^x + \cdots + \left(\frac{a_n}{M}\right)^x}$$
$$= \ln M.$$

所以
$$\lim_{x \to +\infty} y = M = \max\{a_1, a_2 \cdots, a_n\}.$$

(3) $x \to -\infty$ 的情形. 此时, 令 $m = \min\{a_1, a_2, \cdots, a_n\}$, 应用洛必达法则, 有

$$\lim_{x \to -\infty} \ln y = \lim_{x \to -\infty} \frac{a_1^x \ln a_1 + a_2^x \ln a_2 + \cdots + a_n^x \ln a_n}{a_1^x + a_2^x + \cdots + a_n^x}$$
$$= \lim_{x \to -\infty} \frac{\left(\frac{a_1}{m}\right)^x \ln a_1 + \left(\frac{a_2}{m}\right)^x \ln a_2 + \cdots + \left(\frac{a_n}{m}\right)^x \ln a_n}{\left(\frac{a_1}{m}\right)^x + \left(\frac{a_2}{m}\right)^x + \cdots + \left(\frac{a_n}{m}\right)^x}$$
$$= \ln m.$$

所以
$$\lim_{x \to -\infty} y = m = \min\{a_1, a_2, \cdots, a_n\}.$$

例 5.2.9 设 $x_0 \in (0, 1)$, 定义 $x_n = \sin x_{n-1}, n = 1, 2, \cdots$. 证明
$$\lim_{n \to \infty} \sqrt{n} x_n = \sqrt{3}.$$

证明 首先我们来证明
$$\lim_{x \to 0} \left(\frac{1}{\sin^2 x} - \frac{1}{x^2}\right) = \frac{1}{3}.$$

事实上, 我们先将其转化为 $\dfrac{0}{0}$ 型不定式; 然后将分母用等价无穷小量替换; 最后应用洛必达法则, 可得

$$\lim_{x \to 0} \left(\frac{1}{\sin^2 x} - \frac{1}{x^2}\right) = \lim_{x \to 0} \frac{x^2 - \sin^2 x}{x^2 \sin^2 x} = \lim_{x \to 0} \frac{x^2 - \sin^2 x}{x^4}$$
$$= \lim_{x \to 0} \frac{2x - \sin 2x}{4x^3} = \lim_{x \to 0} \frac{1 - \cos 2x}{6x^2}$$

$$= \lim_{x\to 0} \frac{\sin 2x}{6x} = \lim_{x\to 0} \frac{\cos 2x}{3} = \frac{1}{3}.$$

其次, 注意到
$$0 < x_{n+1} = \sin x_n < x_n, \quad n = 1, 2, \cdots,$$

利用单调收敛原理, 可知该序列收敛, 而且可得 $x_n \to 0\, (n \to \infty)$. 这样, 应用前面所求出的极限, 可得

$$\lim_{n\to\infty} \left(\frac{1}{x_{n+1}^2} - \frac{1}{x_n^2}\right) = \lim_{n\to\infty} \left(\frac{1}{\sin^2 x_n} - \frac{1}{x_n^2}\right) = \frac{1}{3}.$$

于是, 利用第二章 §2.1 中例 2.1.13 的结果有

$$\lim_{n\to\infty} \frac{1}{nx_n^2} = \lim_{n\to\infty} \left(\frac{1}{nx_n^2} - \frac{1}{nx_1^2}\right) = \lim_{n\to\infty} \frac{1}{n} \sum_{k=1}^{n-1} \left(\frac{1}{x_{k+1}^2} - \frac{1}{x_k^2}\right) = \frac{1}{3},$$

从而
$$\lim_{n\to\infty} \sqrt{n} x_n = \sqrt{3}.$$

最后我们须指出的是:

(1) 并非所有的 $\frac{0}{0}$ 或 $\frac{\infty}{\infty}$ 型不定式都可用洛必达法则求其极限. 例如, 容易证明

$$\lim_{x\to\infty} \frac{x + \sin x}{x} = 1,$$

但是
$$\lim_{x\to\infty} \frac{(x+\sin x)'}{(x)'} = \lim_{x\to\infty} (1 + \cos x)$$

不存在. 因此, 我们就不能用洛必达法则确定这个 $\frac{\infty}{\infty}$ 型不定式的极限.

(2) 应用洛必达法则时, 每步必须验证 $\lim\limits_{x\to\infty} \dfrac{f'(x)}{g'(x)}$ 是否存在的条件, 否则会得出错误的结论. 例如, 显然有

$$\lim_{x\to\infty} \frac{x - \sin x}{x + \sin x} = 1,$$

但若盲目地使用洛必达法则, 就会得到

$$\lim_{x\to\infty} \frac{x - \sin x}{x + \sin x} = \lim_{x\to\infty} \frac{1 - \cos x}{1 + \cos x} = \lim_{x\to\infty} \frac{\sin x}{-\sin x} = -1$$

的错误结论.

§5.3 泰勒公式

用简单函数来逼近复杂函数, 这是一个重要的研究课题. 一般来说, 我们最熟悉而又十分简单的函数就是多项式函数. 在本节中, 我们将考虑两类多项式的逼近问题: 一类是在一点附近的逼近问题; 另一类则是在一个区间上的逼近问题.

设 $f(x)$ 是区间 I 上的一个函数. 若我们用 $P_n(x)$ 去近似它, 则

$$R_n(x) = f(x) - P_n(x)$$

就反映了近似的误差. 一个好的逼近就应该能够根据函数的性质求出所需多项式以及相应的控制误差, 并且还要使得误差尽可能地小.

5.3.1 带佩亚诺余项的泰勒公式

设函数 $f(x)$ 在 $U(x_0, \delta)$ 内有定义. 若 $f(x)$ 在点 x_0 处连续, 则

$$f(x) - f(x_0) \to 0 \quad (x \to x_0),$$

即

$$f(x) = f(x_0) + o(1) \quad (x \to x_0);$$

若 $f(x)$ 在点 x_0 处可导, 则

$$f(x) = f(x_0) + f'(x_0)(x - x_0) + o(x - x_0) \quad (x \to x_0).$$

由此可知, 若用线性函数 $f(x_0) + f'(x_0)(x - x_0)$ 来近似 $f(x)$, 则在 x_0 附近, 比用 $f(x_0)$ 来近似它误差要小得多. 若 $f(x)$ 在 x_0 处具有高阶的导数, 则我们有

定理 5.3.1 设函数 $f(x)$ 在 x_0 处具有 $n\,(n \geqslant 1)$ 阶导数, 则有

$$f(x) = f(x_0) + f'(x_0)(x - x_0) + \frac{f''(x_0)}{2!}(x - x_0)^2 + \cdots$$
$$+ \frac{f^{(n)}(x_0)}{n!}(x - x_0)^n + o\big((x - x_0)^n\big) \quad (x \to x_0).$$

证明 要证上式成立, 只要证

$$\lim_{x \to x_0} \frac{1}{(x-x_0)^n} \left\{ f(x) - \left[f(x_0) + f'(x_0)(x-x_0) + \frac{f''(x_0)}{2!}(x-x_0)^2 \right.\right.$$
$$\left.\left. + \cdots + \frac{f^{(n)}(x_0)}{n!}(x-x_0)^n \right] \right\} = 0$$

即可. 对上式左边应用洛必达法则 $(n-1)$ 次, 可知它等于

$$\lim_{x \to x_0} \frac{1}{n!} \left[\frac{f^{(n-1)}(x) - f^{(n-1)}(x_0)}{x - x_0} - f^{(n)}(x_0) \right] = 0.$$

最后的等式成立, 是因为 $f^{(n)}(x_0)$ 存在. 定理证毕.

注 当 $f(x)$ 在 x_0 处具有 $n\,(n \geqslant 1)$ 阶导数时, 我们把多项式

$$P_n(x) = f(x_0) + f'(x_0)(x-x_0) + \frac{f''(x_0)}{2!}(x-x_0)^2$$
$$+ \cdots + \frac{f^{(n)}(x_0)}{n!}(x-x_0)^n$$

称为 $f(x)$ 在 x_0 处的**泰勒**(Taylor)**多项式**, 而将

$$f(x) = f(x_0) + f'(x_0)(x-x_0) + \frac{f''(x_0)}{2!}(x-x_0)^2$$
$$+ \cdots + \frac{f^{(n)}(x_0)}{n!}(x-x_0)^n + R_n(x)$$

称为 $f(x)$ 在 x_0 处的**泰勒公式**, 其中 $R_n(x) = f(x) - P_n(x)$ 称为**泰勒公式的余项**. 特别地, 当 $x_0 = 0$ 时, 我们称此时的泰勒公式为**麦克劳林 (Maclaurin) 公式**.

定理 5.3.1 告诉我们, 当 $f(x)$ 在 x_0 处存在 n 阶导数时, 泰勒公式的余项为

$$R_n(x) = o\big((x-x_0)^n\big) \quad (x \to x_0).$$

这种余项称为**佩亚诺**(Peano)**余项**.

值得指出的是, 若 $f(x)$ 在点 x_0 存在 n 阶导数, 且在点 x_0 附近成立

$$f(x) = a_0 + a_1(x-x_0) + \cdots + a_n(x-x_0)^n + o\big((x-x_0)^n\big) \ (x \to x_0),$$
(5.3.1)

则必有
$$a_k = \frac{f^{(k)}(x_0)}{k!} \quad (k = 0, 1, 2, \cdots, n).$$

事实上, 在 (5.3.1) 式中令 $x \to x_0$, 即得
$$a_0 = f(x_0).$$

现将 (5.3.1) 式改写为
$$f(x) - f(x_0) = a_1(x-x_0) + \cdots + a_n(x-x_0)^n + o\big((x-x_0)^n\big).$$

当 $x \neq x_0$ 时, 两边除以 $(x-x_0)$, 并令 $x \to x_0$, 即得
$$a_1 = f'(x_0).$$

再将上式中 $f'(x_0)(x-x_0)$ 移到等式左边, 两边除以 $(x-x_0)^2$, 并令 $x \to x_0$, 即可推出
$$a_2 = \frac{f''(x_0)}{2!}.$$

依此类推即可证明我们的结论.

以上论述说明了 $f(x)$ 在 x_0 处的多项式逼近的某种唯一性, 它将给我们寻找 $f(x)$ 的泰勒公式提供许多方便.

例 5.3.1 求 $f(x) = e^x$ 的带佩亚诺余项的麦克劳林公式.

解 由 $f^{(k)}(x) = e^x$, 且 $e^0 = 1$, 得
$$a_k = \frac{f^{(k)}(0)}{k!} = \frac{1}{k!}, \quad k = 0, 1, \cdots, n,$$
所以
$$e^x = 1 + \frac{x}{1!} + \frac{x^2}{2!} + \cdots + \frac{x^n}{n!} + o(x^n) \quad (x \to 0).$$

例 5.3.2 求 $f(x) = \sin x$ 的带佩亚诺余项的麦克劳林公式.

解 由 $f^{(k)}(x) = \sin\left(x + \frac{k\pi}{2}\right)$, 得
$$f^{(2k)}(0) = 0, \qquad f^{(2k+1)}(0) = (-1)^k, \qquad k = 0, 1, \cdots, n,$$

所以

$$\sin x = x - \frac{x^3}{3!} + \frac{x^5}{5!} + \cdots + (-1)^{n-1}\frac{x^{2n-1}}{(2n-1)!} + o(x^{2n}) \quad (x \to 0).$$

例 5.3.3 求 $f(x) = \cos x$ 的带佩亚诺余项的麦克劳林公式.

解 由 $f^{(k)}(x) = \cos\left(x + \frac{k\pi}{2}\right)$, 得

$$f^{(2k)}(0) = (-1)^k, \qquad f^{(2k+1)}(0) = 0, \qquad k = 0, 1, \cdots, n,$$

所以

$$\cos x = 1 - \frac{x^2}{2!} + \frac{x^4}{4!} + \cdots + (-1)^n \frac{x^{2n}}{(2n)!} + o(x^{2n+1}) \quad (x \to 0).$$

例 5.3.4 求 $f(x) = \ln(1+x)$ 的带佩亚诺余项的麦克劳林公式.

解 由 $f^{(k)}(x) = (-1)^{k-1}\frac{(k-1)!}{(1+x)^k}$, 得

$$f(0) = 0, \qquad f^{(k)}(0) = (-1)^{k-1}(k-1)!, \qquad k = 1, 2, \cdots, n,$$

所以

$$\ln(1+x) = x - \frac{x^2}{2} + \frac{x^3}{3} + \cdots + (-1)^{n-1}\frac{x^n}{n} + o(x^n) \quad (x \to 0).$$

例 5.3.5 求 $f(x) = (1+x)^\alpha$ $(\alpha \in \mathbb{R})$ 的带佩亚诺余项的麦克劳林公式.

解 由 $f^{(k)}(x) = \alpha(\alpha-1)\cdots(\alpha-k+1)(1+x)^{\alpha-k}$, 得

$$a_0 = 1, \qquad a_k = \frac{\alpha(\alpha-1)\cdots(\alpha-k+1)}{k!}, \qquad k = 1, 2, \cdots, n,$$

所以

$$(1+x)^\alpha = 1 + \alpha x + \frac{\alpha(\alpha-1)}{2!}x^2 + \cdots$$
$$+ \frac{\alpha(\alpha-1)\cdots(\alpha-n+1)}{n!}x^n + o(x^n) \quad (x \to 0).$$

例 5.3.1— 例 5.3.5 中函数的麦克劳林公式在今后的各章节及后续课程中经常要用到, 读者应牢牢地记住它们.

例 5.3.6 求 $f(x) = \sin^2(1+x^2)$ 的带佩亚诺余项的麦克劳林公式.

解 如果直接求导, 则很难找到 n 阶导数的一般形式. 我们下面根据泰勒公式的唯一性, 利用上面已知函数的泰勒公式来求解此题.

由于
$$\sin^2(1+x^2) = \frac{1}{2} - \frac{1}{2}\cos(2+2x^2)$$
$$= \frac{1}{2} - \frac{1}{2}\big(\cos 2 \cos(2x^2) - \sin 2 \sin(2x^2)\big),$$

而
$$\cos(2x^2) = 1 - \frac{(2x^2)^2}{2!} + \frac{(2x^2)^4}{4!} + \cdots + (-1)^n \frac{(2x^2)^{2n}}{(2n)!} + o(x^{4n+2}),$$
$$\sin(2x^2) = 2x^2 - \frac{(2x^2)^3}{3!} + \cdots + (-1)^{n-1} \frac{(2x^2)^{2n-1}}{(2n-1)!} + o(x^{4n}),$$

因此
$$\sin^2(1+x^2) = \frac{1}{2} - \frac{1}{2}\cos 2 + (\sin 2)x^2 + (\cos 2)x^4 - \frac{2^2 \sin 2}{3!}x^6$$
$$- \frac{2^3 \cos 2}{4!}x^8 + \cdots + (-1)^{n-1}\frac{2^{2n-2}\sin 2}{(2n-1)!}x^{4n-2}$$
$$+ (-1)^{n+1}\frac{2^{2n-1}\cos 2}{(2n)!}x^{4n} + o(x^{4n}) \quad (x \to 0).$$

由于 $f'(x)$ 的 n 阶导数是 $f(x)$ 的 $n+1$ 阶导数, 因此若
$$f'(x) = a_1 + a_2 x + a_3 x^2 + \cdots + a_n x^{n-1} + o(x^{n-1}) \quad (x \to 0),$$

则 $f(x)$ 具有如下的泰勒公式
$$f(x) = f(0) + a_1 x + \frac{a_2}{2}x^2 + \frac{a_3}{3}x^3 + \cdots + \frac{a_n}{n}x^n + o(x^n) \quad (x \to 0).$$

下面我们利用这一结果, 导出 $\arctan x$ 和 $\arcsin x$ 的麦克劳林公式.

例 5.3.7 求 $\arctan x$ 的带佩亚诺余项的麦克劳林公式.

解 由于

$$(\arctan x)' = \frac{1}{1+x^2} = 1 - x^2 + x^4 + \cdots + (-1)^n x^{2n} + o(x^{2n+1}) \ (x \to 0),$$

因此

$$\arctan x = x - \frac{1}{3}x^3 + \frac{1}{5}x^5 + \cdots + \frac{(-1)^n}{2n+1}x^{2n+1} + o(x^{2n+2}) \ (x \to 0).$$

例 5.3.8 求 $\arcsin x$ 的带佩亚诺余项的麦克劳林公式.

解 由于

$$(\arcsin x)' = (1-x^2)^{-\frac{1}{2}}$$
$$= 1 + \frac{1}{2!!}x^2 + \frac{3!!}{4!!}x^4 + \cdots + \frac{(2n-1)!!}{(2n)!!}x^{2n} + o(x^{2n+1}) \ (x \to 0),$$

因此

$$\arcsin x = x + \frac{1}{3}\frac{1}{2!!}x^3 + \frac{1}{5}\frac{3!!}{4!!}x^5 + \cdots$$
$$+ \frac{1}{2n+1}\frac{(2n-1)!!}{(2n)!!}x^{2n+1} + o(x^{2n+2}) \quad (x \to 0).$$

下面我们再举几个例子来说明如何求一个函数的泰勒公式.

例 5.3.9 求 $e^{\cos x}$ 的带佩亚诺余项的麦克劳林公式 (展到 x^4).

解 如果直接求高阶导数, 计算则比较复杂. 我们利用 e^u 在 $u = 0$ 及 $\cos x$ 在 $x = 0$ 的泰勒公式来求之.

$$e^{\cos x} = e \cdot e^{\cos x - 1}$$
$$= e\left[1 + \cos x - 1 + \frac{(\cos x - 1)^2}{2!} + o((\cos x - 1)^2)\right]$$
$$= e\left[1 + \left(-\frac{x^2}{2!} + \frac{x^4}{4!} + o(x^4)\right) + \frac{1}{2!}\left(-\frac{x^2}{2!} + o(x^2)\right)^2 + o(x^4)\right]$$
$$= e - \frac{e}{2}x^2 + \frac{e}{6}x^4 + o(x^4) \quad (x \to 0).$$

例 5.3.10 求 $e^x \ln(1+x)$ 的带佩亚诺余项的麦克劳林公式 (展到 x^4).

解 我们利用 e^x 和 $\ln(1+x)$ 的麦克劳林公式得

$$e^x \ln(1+x) = \left(1 + x + \frac{x^2}{2!} + \frac{x^3}{3!} + o(x^3)\right)\left(x - \frac{x^2}{2} + \frac{x^3}{3} - \frac{x^4}{4} + o(x^4)\right)$$

$$= x + \frac{x^2}{2} + \frac{x^3}{3} + o(x^4) \quad (x \to 0).$$

下面我们来给出泰勒公式的一些简单应用.

例 5.3.11 求极限 $\lim\limits_{x \to +\infty} \left(\sqrt[3]{x^3 + 3x} - \sqrt{x^2 - 2x}\right)$.

解 这是一个 $\infty - \infty$ 型不定式, 当然可用洛必达法则来求此极限. 下面我们用泰勒展开来求极限.

$$\lim_{x \to +\infty} \left(\sqrt[3]{x^3 + 3x} - \sqrt{x^2 - 2x}\right)$$

$$= \lim_{x \to +\infty} x\left\{\left[1 + \frac{3}{x^2}\right]^{\frac{1}{3}} - \left[1 - \frac{2}{x}\right]^{\frac{1}{2}}\right\}$$

$$= \lim_{x \to +\infty} x\left\{\left[1 + \frac{1}{3}\frac{3}{x^2} + o\left(\frac{1}{x^2}\right)\right] - \left[1 - \frac{1}{2}\frac{2}{x} + o\left(\frac{1}{x}\right)\right]\right\}$$

$$= \lim_{x \to +\infty} x\left[\frac{1}{x} + \frac{1}{x^2} + o\left(\frac{1}{x}\right)\right]$$

$$= \lim_{x \to +\infty} \left(1 + \frac{1}{x} + o(1)\right)$$

$$= 1.$$

例 5.3.12 求极限 $\lim\limits_{n \to \infty} n^2\left(1 - n\sin\frac{1}{n}\right)$.

解 将原式恒等变形, 利用泰勒公式得

$$\lim_{n \to \infty} n^2\left(1 - n\sin\frac{1}{n}\right) = \lim_{n \to \infty} n^3\left(\frac{1}{n} - \sin\frac{1}{n}\right)$$

$$= \lim_{n \to \infty} n^3\left\{\frac{1}{n} - \left[\frac{1}{n} - \frac{1}{3!}\frac{1}{n^3} + o\left(\frac{1}{n^4}\right)\right]\right\}$$

$$= \lim_{n \to \infty} \left[\frac{1}{6} + o\left(\frac{1}{n}\right)\right] = \frac{1}{6}.$$

5.3.2 带拉格朗日余项的泰勒公式

上面我们讨论了函数在一点附近用多项式逼近的问题, 相应的误差只给出定性描述, 不能具体估计误差的大小, 所以它只适用于求无穷

小量的阶或求极限等问题. 若要具体计算函数值并且达到预先指定的误差, 就需要给出误差的定量描述. 带拉格朗日余项的泰勒公式就是为了解决这一问题而产生的.

定理 5.3.2 设 $f(x) \in C^n[a,b]$, 而且在 (a,b) 内存在 $n+1$ 阶导数, 则对任意 $x, x_0 \in [a,b]$, 有

$$\begin{aligned} f(x) = & f(x_0) + \frac{f'(x_0)}{1!}(x-x_0) + \frac{f''(x_0)}{2!}(x-x_0)^2 \\ & + \cdots + \frac{f^{(n)}(x_0)}{n!}(x-x_0)^n + \frac{f^{(n+1)}(\xi)}{(n+1)!}(x-x_0)^{(n+1)}, \quad (5.3.2) \end{aligned}$$

其中 ξ 介于 x 与 x_0 之间.

证明 作两个辅助函数:

$$\begin{aligned} F(t) = & f(x) - \Big[f(t) + \frac{f'(t)}{1!}(x-t) + \frac{f''(t)}{2!}(x-t)^2 \\ & + \cdots + \frac{f^{(n)}(t)}{n!}(x-t)^n \Big] \end{aligned}$$

和

$$G(t) = (x-t)^{n+1}.$$

容易验证它们在 $[x_0, x]$(或 $[x, x_0]$) 上连续, 在 (x_0, x)(或 (x, x_0)) 内可导, 且 $F(x) = G(x) = 0$. 我们应用柯西微分中值定理, 并且注意到

$$F'(t) = -\frac{f^{(n+1)}(t)}{n!}(x-t)^n, \qquad G'(t) = -(n+1)(x-t)^n,$$

便有

$$\frac{F(x_0)}{G(x_0)} = \frac{F(x_0) - F(x)}{G(x_0) - G(x)} = \frac{F'(\xi)}{G'(\xi)} = \frac{f^{(n+1)}(\xi)}{(n+1)!},$$

这里 ξ 介于 x 与 x_0 之间. 由此即得

$$\begin{aligned} f(x) = & f(x_0) + \frac{f'(x_0)}{1!}(x-x_0) + \frac{f''(x_0)}{2!}(x-x_0)^2 \\ & + \cdots + \frac{f^{(n)}(x_0)}{n!}(x-x_0)^n + \frac{f^{(n+1)}(\xi)}{(n+1)!}(x-x_0)^{n+1}. \end{aligned}$$

定理得证.

注 (5.3.2) 式中的余项 $\dfrac{f^{(n+1)}(\xi)}{(n+1)!}(x-x_0)^{n+1}$ 称为**拉格朗日余项**. 另外, 我们可将上述定理中的 ξ 表为

$$\xi = x_0 + \theta(x-x_0), \quad 其中\ 0 < \theta < 1.$$

下面我们列出几个常见函数的带拉格朗日余项的泰勒公式:

$$e^x = 1 + x + \frac{x^2}{2!} + \cdots + \frac{x^n}{n!} + \frac{e^{\theta x}}{(n+1)!}x^{n+1}$$

$$(-\infty < x < +\infty,\ 0 < \theta < 1);$$

$$\sin x = x - \frac{x^3}{3!} + \cdots + (-1)^{n-1}\frac{x^{2n-1}}{(2n-1)!} + (-1)^n \frac{\cos\theta x}{(2n+1)!}x^{2n+1}$$

$$(-\infty < x < +\infty,\ 0 < \theta < 1);$$

$$\cos x = 1 - \frac{x^2}{2!} + \frac{x^4}{4!} + \cdots + (-1)^n \frac{x^{2n}}{(2n)!} + (-1)^{n+1}\frac{\cos\theta x}{(2n+2)!}x^{2n+2}$$

$$(-\infty < x < +\infty,\ 0 < \theta < 1);$$

$$\ln(1+x) = x - \frac{x^2}{2} + \cdots + (-1)^{n-1}\frac{x^n}{n} + (-1)^n \frac{x^{n+1}}{(n+1)(1+\theta x)^{n+1}}$$

$$(|x| < 1,\ 0 < \theta < 1);$$

$$(1+x)^\alpha = 1 + \alpha x + \frac{\alpha(\alpha-1)}{2!}x^2 + \cdots + \frac{\alpha(\alpha-1)\cdots(\alpha-n+1)}{n!}x^n$$

$$+ \frac{\alpha(\alpha-1)\cdots(\alpha-n)}{(n+1)!}(1+\theta x)^{\alpha-n-1}x^{n+1}$$

$$(|x| < 1,\ 0 < \theta < 1).$$

利用拉格朗日余项, 我们可以估计在整个区间上 $f(x)$ 用泰勒公式逼近时的误差. 这在实际应用中是十分重要的.

例 5.3.13 求 e 的近似值, 使得其误差不超过 10^{-5}.

解 在 e^x 的带拉格朗日余项的泰勒公式

$$e^x = 1 + x + \frac{x^2}{2!} + \cdots + \frac{x^n}{n!} + \frac{e^{\theta x}}{(n+1)!}x^{n+1}$$

中令 $x = 1$, 得
$$e = 1 + 1 + \frac{1}{2!} + \cdots + \frac{1}{n!} + \frac{e^\theta}{(n+1)!}, \quad 0 < \theta < 1.$$
这样, 欲使
$$\frac{e^\theta}{(n+1)!} < \frac{3}{(n+1)!} < 10^{-5},$$
只需取 $n = 8$ 即可. 于是, 有
$$e \approx 1 + 1 + \frac{1}{2!} + \cdots + \frac{1}{8!} \approx 2.71828.$$

例 5.3.14 试证 e 是无理数.

证明 用反证法. 假设 e 是有理数, 它表示成分数时的分母为 N. 现取正整数 $n > \max\{N, 3\}$. 根据 e^x 的带拉格朗日余项的泰勒公式, 得
$$e - \left(1 + 1 + \frac{1}{2!} + \cdots + \frac{1}{n!}\right) = \frac{e^\theta}{(n+1)!},$$
这里 $0 < \theta < 1$, 从而 $1 < e^\theta < 3$. 上式两边乘以 $n!$, 得
$$n!\left[e - \left(1 + 1 + \frac{1}{2!} + \cdots + \frac{1}{n!}\right)\right] = \frac{e^\theta}{n+1}.$$
上式左边是整数, 而右边满足
$$0 < \frac{e^\theta}{n+1} < 1.$$
这一矛盾说明 e 是无理数.

例 5.3.15 求极限 $\lim\limits_{n \to \infty} n \sin(2\pi e n!)$.

解 根据 e^x 的带拉格朗日余项的泰勒公式, 得
$$n!e = n!\left(1 + 1 + \frac{1}{2!} + \cdots + \frac{1}{n!} + \frac{1}{(n+1)!} + \frac{e^\theta}{(n+2)!}\right)$$
$$= k + \frac{1}{n+1} + \frac{e^\theta}{(n+2)(n+1)},$$
其中 $0 < \theta < 1$, 而

$$k = n!\Big(1 + 1 + \frac{1}{2!} + \cdots + \frac{1}{n!}\Big)$$

是正整数. 于是, 我们有

$$\begin{aligned}
\lim_{n\to\infty} n\sin(2\pi en!) &= \lim_{n\to\infty} n\sin\Big(2k\pi + \frac{2\pi}{n+1} + \frac{2\pi e^\theta}{(n+2)(n+1)}\Big) \\
&= \lim_{n\to\infty} n\sin\Big(\frac{2\pi}{n+1} + \frac{2\pi e^\theta}{(n+2)(n+1)}\Big) \\
&= \lim_{n\to\infty} n\Big[\frac{2\pi}{n+1} + o\Big(\frac{1}{n}\Big)\Big] \\
&= 2\pi.
\end{aligned}$$

5.3.3 拉格朗日插值多项式

在实际应用中大量的函数都是用表格给出的, 为了进行理论研究和工程设计, 需要寻找与已知函数值相符而形式简单的函数去近似它; 有许多函数虽有表达式, 但其形式不适宜计算机使用, 需要寻找形式便于计算的函数去逼近它. 解决这类问题的最基本方法之一就是多项式插值法. 多项式插值法的一般提法如下:

设 $y = f(x)$ 是在区间 $[a,b]$ 上定义的某个函数, 已知它在该区间上 $n+1$ 个不同点 $x_0, x_1, x_2, \cdots, x_n$ 处的函数值为

$$y_i = f(x_i) \quad (i = 0, 1, 2, \cdots, n),$$

寻找一个多项式 $P(x)$, 使得

$$P(x_i) = y_i \quad (i = 0, 1, 2, \cdots, n). \tag{5.3.3}$$

对于给定的插值数据 $\{(x_i, y_i)\}_{i=0}^n$, 满足条件 (5.3.3) 的多项式 $P(x)$ 称为 $f(x)$ 的**插值多项式**. 寻找插值的多项式 $P(x)$ 问题, 用几何的观点来看, 就是寻找一条代数曲线 (一元多项式的图像称为代数曲线), 使它通过平面上的 $n+1$ 个点 $\{(x_i, y_i)\}_{i=0}^n$.

下面我们采用构造性方法把所求的插值多项式 $P(x)$ 求出来. 先来看看最简单的 $n = 1$ 的情形, 即两点一次插值. 此时, 我们所要求

的 $P(x)$ 就是通过 (x_0, y_0) 和 (x_1, y_1) 两点的直线. 显然, 这条直线可表示为
$$L_1(x) = y_0 \cdot \frac{x - x_1}{x_0 - x_1} + y_1 \cdot \frac{x - x_0}{x_1 - x_0},$$
即 $L_1(x)$ 可表为两个一次多项式
$$\ell_0(x) = \frac{x - x_1}{x_0 - x_1} \quad \text{和} \quad \ell_1(x) = \frac{x - x_0}{x_1 - x_0}$$
的线性组合, 组合系数为 y_0, y_1. 仔细观察可以发现, 这两个一次多项式具有非常明显的特征:
$$\ell_0(x_0) = 1, \quad \ell_0(x_1) = 0, \quad \ell_1(x_0) = 0, \quad \ell_1(x_1) = 1.$$

从以上的讨论我们得到的一个重要启发是: 如果我们能够构造出具有如下性质的特殊的插值多项式 $\ell_i(x)$ $(i = 0, 1, 2, \cdots, n)$:
$$\ell_i(x_j) = \delta_{ij} = \begin{cases} 1, & i = j, \\ 0, & i \neq j, \end{cases}$$
则多项式
$$P(x) = \sum_{i=0}^{n} y_i \cdot \ell_i(x)$$
就是满足插值条件 (5.3.3) 的插值多项式. 注意到, $x_0, \cdots, x_n$ 中除 x_i 外, 均为多项式 $\ell_i(x)$ 的零点, 即知
$$\ell_i(x) = c(x - x_0) \cdots (x - x_{i-1})(x - x_{i+1}) \cdots (x - x_n),$$
其中 c 是常数. 再根据 $\ell_i(x_i) = 1$, 可得
$$c = \frac{1}{(x_i - x_0) \cdots (x_i - x_{i-1})(x_i - x_{i+1}) \cdots (x_i - x_n)}.$$
这样便有, 对 $i = 0, 1, \cdots, n$, $\ell_i(x)$ 的表达式为
$$l_i(x) = \frac{(x - x_0) \cdots (x - x_{i-1})(x - x_{i+1}) \cdots (x - x_n)}{(x_i - x_0) \cdots (x_i - x_{i-1})(x_i - x_{i+1}) \cdots (x_i - x_n)}.$$

我们把上面所确定的插值多项式记为
$$L_n(x) = \sum_{i=0}^{n} y_i \frac{\omega(x)}{(x-x_i)\omega'(x_i)},$$
其中
$$\omega(x) = (x-x_0)(x-x_1)\cdots(x-x_n), \tag{5.3.4}$$
并且称之为 n **阶拉格朗日插值多项式**, 而称 $\{\ell_i(x)\}_{i=0}^{n}$ 为**拉格朗日插值基函数**. 另外, 我们称 $x_0, x_1, \cdots, x_n$ 为**插值节点**.

容易看出, 拉格朗日插值多项式具有结构清晰、紧凑的特点, 因而适合于作理论分析和实际应用.

例 5.3.16 已知函数 $f(x)$ 在三点的函数值为

x	1.0	1.5	2.0
$f(x)$	0.0000	0.4055	0.6931

求它的二阶插值多项式 $P_2(x)$, 并用 $P_2(x)$ 估算 $f(1.2)$.

解 记 $x_0 = 1.0$, $x_1 = 1.5$, $x_2 = 2.0$, 则有
$$\begin{aligned} L_2(x) = & 0.0000 \times \frac{(x-1.5)(x-2)}{(1-1.5)(1-2)} + 0.4055 \times \frac{(x-1)(x-2)}{(1.5-1)(1.5-2)} \\ & + 0.6931 \times \frac{(x-1)(x-1.5)}{(2-1)(2-1.5)} \\ = & -1.6220(x-1)(x-2) + 1.3862(x-1)(x-1.5). \end{aligned}$$
取 $x = 1.2$, 得
$$\begin{aligned} f(1.2) \approx L_2(1.2) = & -1.6220(1.2-1)(1.2-2) \\ & + 1.3862(1.2-1)(1.2-1.5) \\ = & 0.176348. \end{aligned}$$
由于原始数据只有 4 位小数, 我们可以取 $f(1.2) = 0.1763$.

用插值多项式 $L_n(x)$ 作为被插函数 $f(x)$ 的逼近, 除了在插值节点处以外, $L_n(x)$ 与被插函数 $f(x)$ 是有差别的, 下面的定理给出了插值余项 (误差) 的一个表达式.

定理 5.3.3　设被插函数 $f(x) \in C^{(n+1)}[a,b]$, 且插值节点互不相同, 则对任意的 $x \in [a,b]$, 都存在 $\xi \in [a,b]$, 使得

$$R_n(x) = f(x) - L_n(x) = \frac{f^{(n+1)}(\xi)}{(n+1)!}\omega(x),$$

其中 $\omega(x)$ 如 (5.3.4) 所定义.

证明　由于

$$f(x_j) = L_n(x_j), \qquad j = 0, 1, 2, \cdots, n,$$

所以 $x_0, x_1, \cdots, x_n$ 为误差函数 $R_n(x)$ 的零点. 于是, $R_n(x)$ 可以表示为

$$R_n(x) = K(x)\omega(x).$$

这样, 只需给出 $K(x)$ 的表达式即可. 为此, 引入变量为 t 的函数

$$F(t) = f(t) - L_n(t) - K(x)\omega(t).$$

现任意取 $x \in [a,b]$, 且 $x \neq x_j$ ($j = 0, 1, 2, \cdots, n$), 则有

$$F(x) = 0, \quad F(x_j) = 0, \quad j = 0, 1, 2, \cdots, n,$$

即 $F(t)$ 至少有 $n+2$ 零点. 反复应用罗尔微分中值定理, 可得 $F^{(n+1)}(t)$ 至少有一个零点 ξ, 即

$$0 = F^{(n+1)}(\xi) = f^{(n+1)}(\xi) - K(x)(n+1)!.$$

因此

$$K(x) = \frac{f^{(n+1)}(\xi)}{(n+1)!}.$$

§5.4　利用导数研究函数

这一节我们将利用导数来研究函数的单调性、极值、凹凸性和拐点等. 最后再利用函数的这些特性, 给出描绘函数图像的方法.

5.4.1　函数的单调性

这一小节, 作为拉格朗日中值微分定理的应用, 我们来讨论如何利

用导数的符号来判断函数的单调性. 事实上, 从几何上来看, 函数的升降, 与切线的方向密切相关. 曲线单调上升时, 切线与 x 轴正向的夹角为锐角; 曲线单调下降时, 切线与 x 轴正向的夹角为钝角. 这样, 我们便有

定理 5.4.1　设函数 $f(x)$ 在区间 I 内可导, 则
(1) $f(x)$ 在 I 内单调上升的充分必要条件是 $f'(x) \geqslant 0, \forall x \in I$;
(2) $f(x)$ 在 I 内单调下降的充分必要条件是 $f'(x) \leqslant 0, \forall x \in I$.

证明　我们只证 (1). (2) 的证明是类似的.

当 $f(x)$ 在 I 内单调上升时, 对任意的 $x \in I$, 取充分小的 $\Delta x > 0$ 使得 $x + \Delta x \in I$. 由于 $f(x + \Delta x) - f(x) \geqslant 0$, 从而有
$$\frac{f(x + \Delta x) - f(x)}{\Delta x} \geqslant 0.$$
由于 $f(x)$ 在 I 内可导, 因此有
$$f'(x) = f'(x + 0) = \lim_{x \to 0+0} \frac{f(x + \Delta x) - f(x)}{\Delta x} \geqslant 0.$$
这就证明了必要性.

现证充分性. 任取 $x_1, x_2 \in I$, 并且 $x_1 < x_2$, 在 $[x_1, x_2]$ 上应用拉格朗日微分中值定理, 知 $\exists \xi \in (x_1, x_2)$, 使得
$$f(x_2) - f(x_1) = f'(\xi)(x_2 - x_1) \geqslant 0.$$
因此 $f(x_1) \leqslant f(x_2)$, 即 $f(x)$ 在 I 内单调上升.

注　大家已经知道, 一个可微函数在一个区间上为常数的充分必要条件是该函数的导数在该区间上恒等于零. 因此我们立即可得: 一个可导函数 $f(x)$ 在 I 内严格单调上升 (下降) 的充分必要条件是在区间 I 上 $f'(x) \geqslant 0 \, (f'(x) \leqslant 0)$, 而且在该区间的任何子区间上 $f'(x)$ 都不恒等于 0.

例 5.4.1　设函数
$$f(x) = \begin{cases} \mathrm{e}^{\sin \frac{1}{x} - \frac{1}{x}}, & x > 0, \\ 0, & x = 0. \end{cases}$$

对于任意的 $x > 0$, 有

$$f'(x) = e^{\sin \frac{1}{x} - \frac{1}{x}} \left(1 - \cos \frac{1}{x}\right) \frac{1}{x^2} \geqslant 0,$$

等号成立当且仅当 $x = \dfrac{1}{2k\pi} (k = 1, 2, \cdots)$. 此外, 由于

$$\lim_{x \to 0+0} f(x) = 0 = f(0),$$

所以 $f(x)$ 在 $[0, +\infty)$ 上连续. 这样, 应用定理 5.4.1 的注即知, $f(x)$ 在 $[0, +\infty)$ 上严格单调上升.

例 5.4.2 证明不等式 $\tan x > x + \dfrac{1}{3} x^3 \left(0 < x < \dfrac{\pi}{2}\right)$.

证明 令

$$f(x) = \tan x - x - \frac{1}{3} x^3,$$

则有

$$f'(x) = \frac{1}{\cos^2 x} - 1 - x^2 = \tan^2 x - x^2 > 0, \quad \forall x \in \left(0, \frac{\pi}{2}\right),$$

这是因为在该区间上 $\tan x > x$ 之故. 因此, $f(x)$ 在 $[0, \pi/2)$ 上严格单调上升. 又 $f(0) = 0$, 故有

$$0 = f(0) < f(x) = \tan x - x - \frac{1}{3} x^3, \quad \forall x \in \left(0, \frac{\pi}{2}\right),$$

从而不等式得证.

5.4.2 函数的极值

在本章的第一节我们已经介绍了极值的定义和费马定理. 我们已经知道, 一个在区间 I 内可导的函数 $f(x)$, 若它在 I 内的一点 x_0 上取极值, 则必有 $f'(x_0) = 0$ (即 x_0 是 $f(x)$ 的一个驻点), 但反之不真. 这样, 假如我们已经知道 x_0 是 $f(x)$ 的一个驻点, 那么在什么条件下它是 $f(x)$ 的一个极值点呢? 下面我们利用导数的符号来回答这一问题.

首先, 利用导数的符号与函数单调性之间的关系, 我们容易证明:

定理 5.4.2 设函数 $f(x)$ 在 $U_0(x_0, \delta)$ 内可导且在点 x_0 处连续.

(1) 若当 $x_0 - \delta < x < x_0$ 时, $f'(x) > 0$, 而当 $x_0 < x < x_0 + \delta$ 时, $f'(x) < 0$, 则 $f(x)$ 在点 x_0 取得严格极大值;

(2) 若当 $x_0 - \delta < x < x_0$ 时, $f'(x) < 0$, 而当 $x_0 < x < x_0 + \delta$ 时, $f'(x) > 0$, 则 $f(x)$ 在点 x_0 取得严格极小值;

(3) 若当 $x_0 - \delta < x < x_0$ 及 $x_0 < x < x_0 + \delta$ 时, 都有 $f'(x) > 0$, 或者 $f'(x) < 0$, 则 x_0 不是 $f(x)$ 的极值点.

请读者作为练习给出定理的证明.

定理 5.4.2 就是说, 当 x 从点 x_0 的左侧经过 x_0 而变到其右侧时, 若 $f'(x)$ 改变符号, 则 $f(x)$ 在点 x_0 取得极值: 由正变负, 取极大值; 由负变正, 取极小值. 若 $f'(x)$ 不改变符号, 则 $f(x)$ 在点 x_0 不取极值. 对于上述定理中的条件与结论, 读者应该根据函数图像的几何特征及导数的几何意义来加以理解与记忆, 而不是简单地记住该定理. 如图 5.4.1 所示, x_0 是 $f(x)$ 的极大值点, x_1 是 $f(x)$ 的极小值点, x_2 不是 $f(x)$ 的极值点.

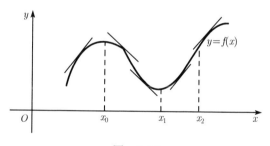

图 5.4.1

例 5.4.3 求函数 $f(x) = (x+2)^2(x-1)^3$ 在 $(-\infty, +\infty)$ 上的极值.

解 直接计算, 得
$$f'(x) = (x+2)(x-1)^2(5x+4).$$
由此可知, 该函数有 3 个驻点:

$$x_1 = -2, \qquad x_2 = -\frac{4}{5}, \qquad x_3 = 1.$$

这 3 个点将实数轴分成 4 个区间:

$$(-\infty, -2), \quad \left(-2, -\frac{4}{5}\right), \quad \left(-\frac{4}{5}, 1\right), \quad (1, +\infty).$$

容易看出, 导数 $f'(x)$ 在这 4 个区间上的符号分别为:

$$+, \quad -, \quad +, \quad +.$$

因此, 函数 $f(x)$ 在点 $x_1 = -2$ 取得极大值 0; 在点 $x_2 = -\frac{4}{5}$ 取得极小值

$$f\left(-\frac{4}{5}\right) = \left(\frac{6}{5}\right)^2 \left(-\frac{9}{5}\right)^3 \approx -8.4;$$

而在点 $x_3 = 1$ 不取极值.

我们也可以根据函数在一点的高阶导数的符号来判定极值点. 我们有

定理 5.4.3 设函数 $f(x)$ 在 $U(x_0, \delta)$ 内 n 阶可导, $f'(x_0) = f''(x_0) = \cdots = f^{(n-1)}(x_0) = 0$, 且 $f^{(n)}(x_0) \neq 0$, 则

(1) 当 n 为奇数时, $f(x)$ 在点 x_0 不取极值;

(2) 当 n 为偶数且 $f^{(n)}(x_0) > 0$ 时, $f(x)$ 在 x_0 取严格极小值;

(3) 当 n 为偶数且 $f^{(n)}(x_0) < 0$ 时, $f(x)$ 在 x_0 取严格极大值.

证明 由于函数 $f(x)$ 在 $U(x_0, \delta)$ 内 n 阶可导, 而且

$$f'(x_0) = f''(x_0) = \cdots = f^{(n-1)}(x_0) = 0,$$

利用带佩亚诺余项的泰勒公式, 可得

$$\begin{aligned} f(x) - f(x_0) &= \frac{f^{(n)}(x_0)}{n!}(x - x_0)^n + o((x - x_0)^n) \\ &= \left(\frac{f^{(n)}(x_0)}{n!} + o(1)\right)(x - x_0)^n \ (x \to x_0). \end{aligned} \quad (5.4.1)$$

而

$$\lim_{x \to x_0} \left(\frac{f^{(n)}(x_0)}{n!} + o(1)\right) = \frac{f^{(n)}(x_0)}{n!},$$

因此存在 $\delta_1 \in (0,\delta)$,使得当 $x \in U(x_0,\delta_1)$ 时,有 $\dfrac{f^{(n)}(x_0)}{n!} + o(1)$ 与 $f^{(n)}(x_0)$ 同号. 于是, 我们有:

(1) 当 n 为奇数时, 若 x 从点 x_0 的左侧经过 x_0 而变到其右侧, 等式 (5.4.1) 的右边将改变符号, 从而 $f(x) - f(x_0)$ 也改变符号. 这表明在 x_0 的任何邻域内总有两点 x_1 和 x_2, 使得

$$\big(f(x_0) - f(x_1)\big)\big(f(x_0) - f(x_2)\big) < 0.$$

因此 $f(x)$ 在 x_0 不取极值.

(2) 当 n 为偶数且 $f^{(n)}(x_0) > 0$ 时, 对 $\forall x \in U_0(x_0,\delta_1)$, (5.4.1) 式的右边恒大于零, 从而有 $f(x) > f(x_0)$, 即 $f(x)$ 在 x_0 取严格极小值; 而当 n 为偶数且 $f^{(n)}(x_0) < 0$ 时, $\forall x \in U_0(x_0,\delta_1)$, (5.4.1) 式的右边恒小于零, 从而有 $f(x) < f(x_0)$, 即 $f(x)$ 在 x_0 取极严格大值. 定理证毕.

注 对于定理 5.4.3, 最常见的是 $n = 2$ 的情形, 即若 $f'(x_0) = 0$, 但 $f''(x_0) \neq 0$, 则

(1) 当 $f''(x_0) > 0$ 时, $f(x)$ 在 x_0 取严格极小值;

(2) 当 $f''(x_0) < 0$ 时, $f(x)$ 在 x_0 取严格极大值.

若对函数 $y = x^n$ ($n \in \mathbb{N}$) 来讨论其在点 $x = 0$ 处的极值情况, 则定理 5.4.3 的结论是显然的. 事实上, 定理 5.4.3 告诉我们, 利用泰勒公式, 任何满足该定理条件的函数 $f(x)$ 在点 $x = x_0$ 处取极值情况和函数 $f^{(n)}(x_0)(x-x_0)^n$ 完全一样. 换句话说, 读者可利用 $ax^n (a \neq 0)$ 在 $x = 0$ 的取值情况来记忆定理 5.4.3.

如果我们利用定理 5.4.3 来解例 5.4.3, 则由 $f''(-2) = -54 < 0$ 立刻可以得出 $f(x)$ 在 $x_1 = -2$ 取极大值; 由 $f''(1) = 0$ 及 $f'''(1) = 54 > 0$ 知 $f(x)$ 在 $x = 1$ 不取极值. 再注意到 $f''\left(-\dfrac{4}{5}\right) > 0$ 即可推出 $f(x)$ 在 $x_2 = -\dfrac{4}{5}$ 也取极小值.

例 5.4.4 (达布 (Darboux) 定理) 设函数 $f(x)$ 在 $[a,b]$ 上可导, 则对于任意介于 $f'_+(a)$ 与 $f'_-(b)$ 之间的数 η, 都存在 $\xi \in (a,b)$, 使得 $f'(\xi) = \eta$.

证明 先假设 $f'_+(a) > 0$, $f'_-(b) < 0$, $\eta = 0$. 根据导数的定义, 由 $f'_+(a) > 0$ 可导出, 存在 $\delta_1 > 0$, 使得 $\forall x \in [a, a+\delta_1]$, 有

$$f(x) > f(a);$$

再由 $f'_-(b) < 0$ 可导出, 存在 $\delta_2 > 0$, 使得 $\forall x \in [b-\delta_2, b]$, 有

$$f(x) > f(b).$$

此外, 由于 $f(x)$ 在 $[a,b]$ 上可导, 从而 $f(x)$ 在 $[a,b]$ 上连续. 现设

$$M = \max_{x \in [a,b]} \{f(x)\},$$

则存在 $\xi \in [a,b]$, 使得 $f(\xi) = M$. 由以上分析可知 $\xi \neq a, b$, 因此费马定理告诉我们 $f'(\xi) = 0$.

同理可证 $f'_+(a) < 0$, $f'_-(b) > 0$ 和 $\eta = 0$ 的情形.

对一般情形, 我们构造辅助函数 $F(x) = f(x) - \eta x$. 由 $F'_+(a) = f'_+(a) - \eta$ 和 $F'_-(b) = f'_-(b) - \eta$ 异号知, 存在 $\xi \in (a, b)$, 使得

$$0 = F'(\xi) = f'(\xi) - \eta.$$

注 值得注意的是, 一个函数即使在一个区间上可导, 其导函数也不一定是连续的 (参见下例). 而上述例子告诉我们, 即使导函数不连续, 仍然具有类似于连续函数的介值定理成立.

例 5.4.5 设函数

$$f(x) = \begin{cases} x^2 \sin \dfrac{1}{x}, & x \neq 0, \\ 0, & x = 0, \end{cases}$$

则

$$f'(x) = \begin{cases} 2x \sin \dfrac{1}{x} - \cos \dfrac{1}{x}, & x \neq 0, \\ 0, & x = 0. \end{cases}$$

显然, $f'(x)$ 在 $x = 0$ 处不连续.

思考题 设函数 $f(x)$ 在区间 I 上可导, 且 $f'(x) \neq 0$, $\forall x \in I$. 试证明 $f(x)$ 是 I 上的严格单调函数.

此外，我们需要特别指出的是：

(1) 函数的极值只是函数的局部特性，一个函数的某些极小值完全可以远远大于它的某些极大值；

(2) 函数的极值点必须位于函数所定义区间的内部，区间的端点不涉及函数的极值问题.

在实际应用中我们常常遇到的是求一个函数在指定范围内的最大值或者最小值问题. 大家已经知道，若函数 $f(x)$ 在闭区间 $[a,b]$ 上连续，则 $f(x)$ 在 $[a,b]$ 上取得它的最大值和最小值. 现在我们可以通过比较函数 $f(x)$ 在 $[a,b]$ 上所有的驻点、不可导点和端点的函数值的大小来确定它的最大值和最小值.

例 5.4.6 求函数 $f(x) = \sin^3 x + \cos^3 x$ 在 $\left[-\dfrac{\pi}{4}, \dfrac{3\pi}{4}\right]$ 上的最大值和最小值.

解 直接计算，得
$$f'(x) = 3\sin x \cos x (\sin x - \cos x).$$
于是，在所考虑区间内有函数的 3 个驻点：
$$x_1 = 0, \qquad x_2 = \frac{\pi}{4}, \qquad x_3 = \frac{\pi}{2}.$$
易知
$$f\left(\frac{\pi}{2}\right) = f(0) = 1, \quad f\left(\frac{\pi}{4}\right) = \frac{\sqrt{2}}{2}, \quad f\left(-\frac{\pi}{4}\right) = f\left(\frac{3\pi}{4}\right) = 0.$$
因此，该函数的最大值和最小值分别为 1 和 0.

例 5.4.7 作一个无盖圆柱形茶缸，使得它的底的厚度是侧面厚度的三倍. 试问：容积一定时如何确定它的底面半径和高才能使得用料最省？

解 设茶缸的侧面的厚度为 δ，则它的底的厚度为 3δ. 记茶缸的容积为 $V =$ 常数，底面半径为 r，则高为 $h = \dfrac{V}{\pi r^2}$. 于是，若茶缸的用料量用 $\rho S(r)$ 表示，其中 ρ 为所用材料的密度，则有
$$S(r) = \delta\left(3\pi r^2 + 2\pi rh\right) = \delta\left(3\pi r^2 + \frac{2V}{r}\right).$$

这样, 所考虑的问题就等价于求函数 $S(r)$ 的的极小值.

对 $S(r)$ 求导, 得
$$S'(r) = \delta\left(6\pi r - \frac{2V}{r^2}\right).$$
因此 $S'(r)$ 在 $[0, +\infty)$ 内有唯一的零点 $r_0 = \sqrt[3]{\dfrac{V}{3\pi}}$. 又
$$S''(r) = \delta\left(6\pi + \frac{4V}{r^3}\right) > 0, \quad \forall r \in (0, +\infty),$$
所以 r_0 是 $S(r)$ 的唯一极小值点. 这时, 对应的高为
$$h_0 = \frac{V}{\pi r_0^2} = \frac{3\pi r_0^3}{\pi r_0^2} = 3r_0.$$
这也就是说, 当高为底面半径的 3 倍时用料最省.

5.4.3 函数的凹凸性

函数的凹凸性是函数一个重要的几何特征. 设函数 $f(x)$ 在区间 I 内有定义. 从几何上来看, 若 $y = f(x)$ 的图像上任意两点 $(x_1, f(x_1))$ 和 $(x_2, f(x_2))$ 之间的曲线段总位于连接这两点的线段之下 (上), 则称该函数是凸 (凹) 的 (参见图 5.4.2). 这个概念用解析的语言可以表述成定义 5.4.1.

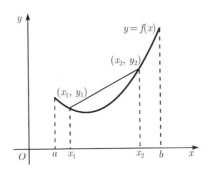

图 5.4.2 凸函数的几何解释

定义 5.4.1 设函数 $f(x)$ 在区间 I 内有定义. 若 $\forall x_1, x_2 \in I$, $\forall t \in (0, 1)$, 有

$$f(tx_1 + (1-t)x_2) \leqslant tf(x_1) + (1-t)f(x_2),$$

则称 $f(x)$ 为 I 上的**凸函数**; 若当 $x_1 \neq x_2$ 时, 总有严格不等式成立, 则称 $f(x)$ 为 I 上的**严格凸函数**.

注 在上述定义中将 "$\leqslant (<)$" 改为 "$\geqslant (>)$", 就得到了**凹 (严格凹) 函数**的定义. 所以有一个凸函数的定理, 就有一个相对应的凹函数的定理. 下面我们只讨论凸函数.

设 $f(x)$ 在 $\mathbb{R}$ 中有定义, 容易看出 $f(x)$ 既是凸函数又是凹函数的充分必要条件是 $f(x)$ 是一个线性函数; 若 $f(x) = ax^2 + bx + c$ ($a, b, c \in \mathbb{R}$), 则当 $a > 0$ 时, $f(x)$ 是凸函数; 而当 $a < 0$ 时, $f(x)$ 是凹函数.

从定义不难证明: $f(x)(x \in I)$ 为凸函数的充分必要条件是对任意的 $x_1, x_2, x_3 \in I$, 只要 $x_1 < x_3 < x_2$, 便有

$$\frac{f(x_3) - f(x_1)}{x_3 - x_1} \leqslant \frac{f(x_2) - f(x_3)}{x_2 - x_3}. \tag{5.4.2}$$

事实上, 取 $t = \dfrac{x_2 - x_3}{x_2 - x_1}$, 则 $x_3 = tx_1 + (1-t)x_2$, 再利用凸函数定义即得 (5.4.2) 式. 反之, 若 (5.4.2) 成立, 可将其化简为

$$f(x_3) \leqslant \frac{x_2 - x_3}{x_2 - x_1} f(x_1) + \frac{x_3 - x_1}{x_2 - x_1} f(x_2).$$

令 $t = \dfrac{x_2 - x_3}{x_2 - x_1}$, 则 $t \in (0, 1), x_1 < x_3 = tx_1 + (1-t)x_2 \leqslant x_2$, 则有

$$f(tx_1) + (1-t)x_2) \leqslant tf(x_1) + (1-t)f(x_2),$$

所以 $f(x)$ 为凸函数.

当 $f(x)$ 为严格凸函数时, 不等式 (5.4.2) 成立严格不等式. 不等式 (5.4.2) 的几何解释是: 对一个凸函数而言, 过其图像上任意一点向两边作割线, 则左边割线的斜率总是小于或等于右边割线的斜率 (参见图 5.4.3).

下面我们主要研究可导函数的凸凹性. 我们有:

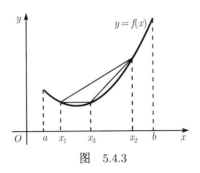

图 5.4.3

定理 5.4.4 设函数 $f(x) \in C[a,b]$ 且在 (a,b) 上可导, 则 $f(x)$ 为凸函数的充分必要条件是 $f'(x)$ 在 (a,b) 内单调上升; 而 $f(x)$ 为严格凸函数的充分必要条件是 $f'(x)$ 在 (a,b) 内严格单调上升.

证明 必要性 $\forall x_1, x_2 \in (a,b)$, $x_1 < x_2$, 要证 $f'(x_1) \leqslant f'(x_2)$. 令 $h > 0$, 使得 $x_1 - h, x_2 + h \in (a,b)$, 则由凸函数的等价条件 (5.4.2), 有

$$\frac{f(x_1) - f(x_1 - h)}{h} \leqslant \frac{f(x_2) - f(x_1)}{x_2 - x_1} \leqslant \frac{f(x_2 + h) - f(x_2)}{h}.$$

令 $h \to 0$, 得

$$f'(x_1) \leqslant \frac{f(x_2) - f(x_1)}{x_2 - x_1} \leqslant f'(x_2),$$

即 $f'(x)$ 在 (a,b) 内单调上升.

若 $f(x)$ 为严格凸函数, 在 (x_1, x_2) 中任取一点 x^*, 这时有

$$\frac{f(x_1) - f(x_1 - h)}{h} < \frac{f(x^*) - f(x_1)}{x^* - x_1}$$
$$< \frac{f(x_2) - f(x^*)}{x_2 - x^*} < \frac{f(x_2 + h) - f(x_2)}{h}.$$

令 $h \to 0$, 得

$$f'(x_1) \leqslant \frac{f(x^*) - f(x_1)}{x^* - x_1} < \frac{f(x_2) - f(x^*)}{x_2 - x^*} \leqslant f'(x_2),$$

即 $f'(x)$ 在 (a,b) 内严格单调上升.

充分性 要证 $f(x)$ 为凸函数, 由等价条件 (5.4.2) 知, 只需证对任意的 $x_1, x_2, x_3 \in [a,b]$, 当 $x_1 < x_2 < x_3$ 时, 有

$$\frac{f(x_2) - f(x_1)}{x_2 - x_1} \leqslant \frac{f(x_3) - f(x_2)}{x_3 - x_2}.$$

由拉格朗日微分中值定理, 可得

$$\frac{f(x_2) - f(x_1)}{x_2 - x_1} = f'(\xi_1), \qquad \frac{f(x_3) - f(x_2)}{x_3 - x_2} = f'(\xi_2),$$

其中 $x_1 < \xi_1 < x_2 < \xi_2 < x_3$. 由 $f'(x)$ 在 (a,b) 内单调上升知, $f'(\xi_1) \leqslant f'(\xi_2)$, 从而

$$\frac{f(x_2) - f(x_1)}{x_2 - x_1} \leqslant \frac{f(x_3) - f(x_2)}{x_3 - x_2},$$

即 $f(x)$ 为凸函数. 若 $f'(x)$ 严格单调上升, 则可导出上述不等式严格成立, 从而 $f(x)$ 为严格凸函数.

定理 5.4.5 设函数 $f(x) \in C[a,b]$ 且在 (a,b) 上二阶可导, 则 $f(x)$ 为凸函数的充分必要条件为 $f''(x) \geqslant 0$; 而 $f(x)$ 为严格凸函数的充分必要条件为:

(1) $f''(x) \geqslant 0$;

(2) $f''(x)$ 在 (a,b) 的任一子区间上都不恒等于 0.

证明留作练习.

例 5.4.8 设 $f(x)$ 是 $[a,b]$ 上的凸函数. 证明: 对任意的

$$x_1, x_2, \cdots, x_n \in [a,b], \quad \sum_{i=1}^{n} t_i = 1 \quad (t_i > 0),$$

有
$$f(t_1 x_1 + \cdots + t_n x_n) \leqslant t_1 f(x_1) + \cdots + t_n f(x_n),$$

而且当 $f(x)$ 为严格凸函数且 x_i 不全相等时, 上述不等式严格成立.

证明 用数学归纳法. 当 $n = 2$ 时, 就是凸函数的定义. 现假定该命题对 $n = k$ 成立, 下证 $n = k+1$ 也成立.

对任意的 $x_i \in [a,b], t_i > 0 (i = 1, 2, \cdots, k+1), \sum_{i=1}^{k+1} t_i = 1$, 令

$$\lambda_i = \frac{t_i}{1 - t_{k+1}}, \qquad i = 1, 2, \cdots, k,$$

则有 $\lambda_i > 0\,(i=1,2,\cdots,k)$, 而且 $\sum_{i=1}^{k}\lambda_i = 1$. 于是, 由凸函数的定义和归纳法假设, 可得

$$\begin{aligned}
&f(t_1 x_1 + \cdots + t_k x_k + t_{k+1} x_{k+1}) \\
&= f[(1-t_{k+1})(\lambda_1 x_1 + \cdots + \lambda_k x_k) + t_{k+1} x_{k+1}] \\
&\leqslant (1-t_{k+1}) f(\lambda_1 x_1 + \cdots + \lambda_k x_k) + t_{k+1} f(x_{k+1}) \\
&\leqslant (1-t_{k+1})(\lambda_1 f(x_1) + \cdots + \lambda_k f(x_k)) + t_{k+1} f(x_{k+1}) \\
&= t_1 f(x_1) + \cdots + t_k f(x_k) + t_{k+1} f(x_{k+1}).
\end{aligned}$$

当 $f(x)$ 为严格凸函数且 x_i 不全相等时, 分两种情况: 一种情况是 $x_1, x_2, \cdots, x_k$ 不全相等, 此时由归纳法假设, 可知严格不等式成立; 另一种情况是 $x_1, x_2, \cdots, x_k$ 相等, 但不等于 x_{k+1}, 此时由 $\lambda_1 x_1 + \cdots + \lambda_k x_k \neq x_{k+1}$, 可导出严格不等式也成立. 这样, 由归纳法原理知这一命题对一切正整数 n 成立.

例 5.4.9 设 $a_i > 0\,(i=1,2,\cdots,n)$ 不全相等, 证明: 当 $x \neq 0$ 时, 有

$$x \frac{a_1^x \ln a_1 + \cdots + a_n^x \ln a_n}{a_1^x + \cdots + a_n^x} - \ln \frac{a_1^x + \cdots + a_n^x}{n} > 0.$$

证明 简单的运算可知, 所要证的不等式等价于

$$\frac{1}{n} a_1^x \ln a_1^x + \cdots + \frac{1}{n} a_n^x \ln a_n^x > \frac{a_1^x + \cdots + a_n^x}{n} \ln \frac{a_1^x + \cdots + a_n^x}{n}.$$

现在在区间 $(0,+\infty)$ 上考虑函数 $f(u) = u \ln u$, 则有

$$f'(u) = \ln u + 1, \qquad f''(u) = \frac{1}{u} > 0 \,(u > 0).$$

所以 $f(u)$ 是 $(0,+\infty)$ 上的严格凸函数. 又 $a_i^x\,(i=1,2,\cdots,n)$ 不全相等, 应用上例的结论, 得

$$f\Big(\frac{a_1^x + \cdots + a_n^x}{n}\Big) < \frac{1}{n} f(a_1^x) + \cdots + \frac{1}{n} f(a_n^x).$$

这正是所要证明的不等式.

例 5.4.10 设 $a_i > 0\,(i = 1, 2, \cdots, n)$ 不全相等, 证明

$$f(x) = \begin{cases} \left(\dfrac{a_1^x + \cdots + a_n^x}{n}\right)^{\frac{1}{x}}, & x \neq 0, \\ \sqrt[n]{a_1 a_2 \cdots a_n}, & x = 0 \end{cases}$$

是 $(-\infty, +\infty)$ 上的严格单调递增函数.

证明 由例 5.2.8 可知, $f(x) \in C(-\infty, +\infty)$. 当 $x \neq 0$ 时, 对 $\ln f(x)$ 求导, 得

$$\frac{f'(x)}{f(x)} = \frac{1}{x^2}\left(x\frac{a_1^x \ln a_1 + \cdots + a_n^x \ln a_n}{a_1^x + \cdots + a_n^x} - \ln \frac{a_1^x + \cdots + a_n^x}{n}\right).$$

因为 $f(x) > 0$, 利用上例所证不等式可知, 当 $x \neq 0$ 时, $f'(x) > 0$. 因此, $f(x)$ 在实轴上是严格单调递增的.

注 对上例的 $f(x)$, 我们有:

$$f(-1) = \frac{n}{\dfrac{1}{a_1} + \dfrac{1}{a_2} \cdots + \dfrac{1}{a_n}},$$

称之为 $a_1, a_2, \cdots, a_n$ 的调和平均;

$$f(0) = \sqrt[n]{a_1 a_2 \cdots a_n},$$

称之为 $a_1, a_2, \cdots, a_n$ 的几何平均;

$$f(1) = \frac{a_1 + a_2 + \cdots + a_n}{n},$$

称之为 $a_1, a_2, \cdots, a_n$ 的算术平均. 另外, 例 5.2.8 表明

$$f(-\infty) = \lim_{x \to -\infty} f(x) = \min\{a_1, a_2, \cdots, a_n\},$$

$$f(+\infty) = \lim_{x \to +\infty} f(x) = \max\{a_1, a_2, \cdots, a_n\}.$$

这样, 由 $f(x)$ 的严格单调递增性, 我们有

$$f(-\infty) < f(-1) < f(0) < f(1) < f(+\infty),$$

即
$$\min\{a_1, a_2, \cdots, a_n\} < \frac{n}{\dfrac{1}{a_1} + \dfrac{1}{a_2} \cdots + \dfrac{1}{a_n}} < \sqrt[n]{a_1 a_2 \cdots a_n}$$
$$< \frac{a_1 + a_2 + \cdots + a_n}{n} < \max\{a_1, a_2, \cdots, a_n\}.$$

这就是著名的**调和–几何–算术平均不等式**.

例 5.4.11 设 $a_i > 0$, $b_i > 0\,(i = 1, 2, \cdots, n)$, 证明:
$$\sum_{i=1}^{n} a_i b_i \leqslant \Big(\sum_{i=1}^{n} a_i^p\Big)^{\frac{1}{p}} \Big(\sum_{i=1}^{n} b_i^q\Big)^{\frac{1}{q}},$$

其中 $0 < p, q < +\infty$, $\dfrac{1}{p} + \dfrac{1}{q} = 1$. 此不等式称为**赫尔德 (Hölder) 不等式**, 当 $p = q = 2$ 时, 又称为**施瓦茨 (Schwarz) 不等式**或柯西不等式, 它表明 n 维空间中的两个向量夹角余弦之绝对值不超过 1.

证明 令 $f(x) = x^{\frac{1}{q}}$, 则
$$f''(x) = \frac{1}{q}\Big(\frac{1}{q} - 1\Big) x^{\frac{1}{q} - 2} < 0, \qquad \forall x > 0.$$

因此, $f(x)$ 为 $(0, +\infty)$ 上的严格凹函数. 于是, 若
$$x_i > 0, \qquad t_i > 0, \qquad \sum_{i=1}^{n} t_i = 1,$$

则有
$$t_1 x_1^{\frac{1}{q}} + t_2 x_2^{\frac{1}{q}} + \cdots + t_n x_n^{\frac{1}{q}} \leqslant \big(t_1 x_1 + t_2 x_2 + \cdots + t_n x_n\big)^{\frac{1}{q}}.$$

现取
$$t_i = \frac{a_i^p}{\sum\limits_{i=1}^{n} a_i^p}, \qquad x_i = \frac{b_i^q}{a_i^p},$$

并且代入上述不等式, 得
$$\frac{a_1 b_1 + \cdots + a_n b_n}{\sum\limits_{i=1}^{n} a_i^p} \leqslant \frac{(b_1^q + \cdots + b_n^q)^{\frac{1}{q}}}{\Big(\sum\limits_{i=1}^{n} a_i^p\Big)^{\frac{1}{q}}},$$

整理即得

$$\sum_{i=1}^{n} a_i b_i \leqslant \Big(\sum_{i=1}^{n} a_i^p\Big)^{\frac{1}{p}} \Big(\sum_{i=1}^{n} b_i^q\Big)^{\frac{1}{q}}.$$

5.4.4 拐点

定义 5.4.2 设函数 $f(x)$ 在 $U(x_0,\delta)$ 上连续. 如果存在 $\delta_0 > 0$, 使得 $f(x)$ 在 $U_0^-(x_0,\delta_0)$ 是凹 (凸) 的, 而 $U_0^+(x_0,\delta_0)$ 是凸 (凹) 的, 则称 x_0 为 $f(x)$ 的一个**拐点**.

定理 5.4.6 如果 x_0 是 $f(x)$ 的拐点, 且 $f''(x_0)$ 存在, 则

$$f''(x_0) = 0.$$

证明 $f''(x_0)$ 存在表明 $f'(x)$ 在点 x_0 附近存在. $f(x)$ 在点 x_0 的左右凹凸性相反, 表明 $f'(x)$ 在点 x_0 的左右升降性相反, 即 x_0 是 $f'(x)$ 一个极值点. 由费马定理知, $f''(x_0) = 0$.

定理 5.4.7 如果函数 $f(x)$ 在 $U(x_0,\delta)$ 二阶可导, $f''(x_0) = 0$, $f'''(x_0)$ 存在而且不为零, 则 x_0 是 $f(x)$ 的拐点.

证明 $f''(x)$ 的带佩亚诺余项的泰勒公式为

$$f''(x) = f''(x_0) + f'''(x_0)(x - x_0) + o(x - x_0)$$
$$= \big(f'''(x_0) + o(1)\big)(x - x_0).$$

所以 $\exists \delta_1 < \delta$, 使得当 $x \in U(x_0,\delta_1)$ 时, $f'''(x_0) + o(1)$ 与 $f'''(x_0)$ 有相同符号, 从而 $f''(x)$ 在 x_0 左右符号相反, 即 $f(x)$ 在 x_0 左右凸凹性相反, 故 x_0 是拐点.

从拐点定义容易看出, 若函数 $f(x)$ 具有二阶导数, 则 $f(x)$ 的拐点即为 $f'(x)$ 的极值点. 因此将前面关于 $f(x)$ 的极值点的结果应用于 $f'(x)$, 即得到了关于拐点的相应结果.

5.4.5 渐近线

设函数 $y = f(x)$ 的图像有一向无穷远无限伸展的分支, 如果当一个点沿着这一分支趋向无穷远时, 该点与某一条直线 ℓ 的距离趋向于零, 则称直线 ℓ 为 $f(x)$ 的一条**渐近线**.

首先, 如果有 $\lim\limits_{x \to x_0} f(x) = \infty$, 则 $x = x_0$ 就是 $f(x)$ 的一条渐近线. 此时, 我们称它为 $f(x)$ 的一条**垂直渐近线**. 当然也可以考虑 $x \to x_0 + 0$ 和 $x \to x_0 - 0$ 的情形.

下面考虑非垂直的渐近线. 设 $Y = kx + b$ 为 $y = f(x)$ 的一条渐近线 (参见图 5.4.4). 由解析几何的知识知, 函数 $y = f(x)$ 的图像上一点 $M = (x, f(x))$ 到直线 $Y = kx + b$ 的距离为
$$\delta = |y - Y| \cos \alpha = \frac{|f(x) - kx - b|}{\sqrt{1 + k^2}}.$$

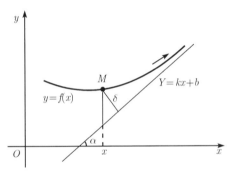

图 5.4.4

因此, 当这点沿着曲线 $y = f(x)$ 趋于无穷时, 它与直线 $Y = kx + b$ 的距离 δ 趋于零的充分必要条件是
$$\lim_{x \to +\infty} [f(x) - (kx + b)] = 0.$$

于是
$$\lim_{x \to +\infty} \frac{f(x)}{x} = \lim_{x \to +\infty} \left(\frac{f(x) - kx - b}{x} + \frac{kx + b}{x} \right) = k.$$

这样, 所求渐近线的斜率 k 和截距 b 为
$$k = \lim_{x \to +\infty} \frac{f(x)}{x}, \quad b = \lim_{x \to +\infty} (f(x) - kx).$$

应当注意, 非垂直渐近线包括了**斜渐近线**和**水平渐近线**. 当由上面的式子确定的 $k = 0$ 时, 则有

$$b = \lim_{x \to +\infty} f(x).$$

此时, $y = b$ 就是一条水平渐近线.

同理可以考虑 $x \to -\infty$ 和 $x \to \infty$ 的情形.

5.4.6 函数的作图

解决实际问题时, 遇到的总是具体函数, 作出函数的图像, 对我们分析问题和解决问题会有很大的帮助.

最基本的作图方法是描点画图法, 计算机就是利用这个方法来作图的. 一般来说, 我们先把 $[a, b]$ 分得充分细, 在每个分点 x_i 上计算 $f(x_i)$, 然后描出点 $(x_i, f(x_i))$, 并且用光滑的曲线将各点连起来, 便得到了 $y = f(x)$ 的图像. 本书中的图全部是这样做出来的.

手工作图不能这样, 因为计算量太大. 但利用导数作为工具, 先把函数各种性质尽可能地搞清楚, 就可很快作出函数的大致图像. 其具体步骤如下:

(1) 求出函数的定义域;
(2) 研究函数的有界性、奇偶性和周期性;
(3) 解方程 $f'(x) = 0$, 列表确定函数升降区间和极值点;
(4) 解方程 $f''(x) = 0$, 列表确定函数的凸凹区间和拐点;
(5) 求出函数的斜渐近线与垂直渐近线;
(6) 计算一些重要点上 (如点 $x = 0$) 的函数值;
(7) 根据以上数据及函数的变化趋势描出其草图.

例 5.4.12 作出函数 $y = e^{-x^2}$ 的草图.

解 显然, 函数 $y = e^{-x^2}$ 定义域为 $(-\infty, +\infty)$, 且为偶函数. 因此它的图像关于 y 轴对称. 当 $x = 0$ 时, $y = 1$, 并且总有 $y > 0$, 可见它的图像仅与 y 轴相交而与 x 轴不相交. 此外, 由于

$$\lim_{x \to \pm\infty} e^{-x^2} = 0,$$

所以 x 轴为它的一条水平渐近线. 求此函数的导数并且解方程 $y' = -2xe^{-x^2} = 0$, 知其有唯一的驻点 $x = 0$. 再求此函数的二阶导数并且

解方程 $y'' = 4\mathrm{e}^{-x^2}(x^2 - 1/2) = 0$，得 $x = \pm 1/\sqrt{2}$. 关于这一函数的升降性、极值、凹凸性及拐点的情况，如表 5.4.1 所示.

表 5.4.1

x	0	$\left(0, 1/\sqrt{2}\right)$	$1/\sqrt{2}$	$(1/\sqrt{2}, +\infty)$
y'	0	$-$	$-$	$-$
y''	$-$	$-$	0	$+$
y	极大	下降、凹	拐点	下降、凸

根据上面的分析，大致描出 $y = \mathrm{e}^{-x^2}$ 的图像如图 5.4.5 所示.

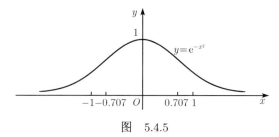

图 5.4.5

例 5.4.13 作出函数 $f(x) = \dfrac{(x-1)^3}{(x+1)^2}$ 的草图.

解 除 $x = -1$ 外，$f(x)$ 在实轴上都有意义. 显然有 $\lim\limits_{x \to -1} f(x) = -\infty$，因此 $x = -1$ 是该函数的一条垂直渐近线. 又

$$\lim_{x \to \infty} \frac{f(x)}{x} = 1, \quad \lim_{x \to \infty}(f(x) - x) = -5,$$

所以 $y = x - 5$ 是它的一条斜渐近线. 此外，直接计算有 $f(1) = 0$ 及

$$f'(x) = \frac{(x-1)^2(x+5)}{(x+1)^3}, \quad f'(1) = 0, \quad f'(-5) = 0,$$

$$f''(x) = \frac{24(x-1)}{(x+1)^4}, \quad f''(1) = 0.$$

根据上面的结果，可得这一函数的升降性、极值、凹凸性及拐点的情况，如表 5.4.2 所示.

表 5.4.2

x	$(-\infty,-5)$	-5	$(-5,-1)$	$(-1,1)$	1	$(1,+\infty)$
y'	$+$	0	$-$	$+$	0	$+$
y''	$-$	$-$	$-$	$-$	0	$+$
y	上升、凹	极大	下降、凹	上升、凹	拐点	上升、凸

根据上面的分析, 大致描出该函数的图像如图 5.4.6 所示.

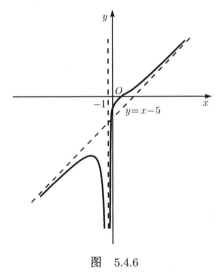

图 5.4.6

习 题 五

1. 证明广义罗尔微分中值定理: 设函数 $f(x)$ 在 (a,b) 上可导, $f(a+0) = f(b-0) = A$, 则存在 $\xi \in (a,b)$, 使得 $f'(\xi) = 0$, 其中 a 可为 $-\infty$, b 可为 $+\infty$, A 可为 $+\infty$ 或 $-\infty$.

2. 证明: 函数 $f(x) = [(x-a)^n(x-b)^n]^{(n)}$ 在 (a,b) 内有 n 个互不相同的零点.

3. 证明: 若函数 $f(x) = x^m(1-x)^n$, 其中 m, n 为正整数, 则存在 $\xi \in (0,1)$, 使得 $\dfrac{m}{n} = \dfrac{\xi}{1-\xi}$.

4. 求证：$4ax^3 + 3bx^2 + 2cx = a + b + c$ 在 $(0,1)$ 上至少有一个根.

5. 求证：切比雪夫–拉盖尔 (Chebyshev-Laguerre) 多项式

$$L_n(x) = e^x \frac{d^n}{dx^n}(x^n e^{-x})$$

有 n 个不同的零点.

6. 求证：切比雪夫–埃尔米特 (Chebyshev-Hermite) 多项式

$$H_n(x) = (-1)^n \frac{1}{n!} e^{\frac{x^2}{2}} \frac{d^n}{dx^n}(e^{-\frac{x^2}{2}})$$

有 n 个不同的零点.

7. 证明：

(1) 若函数 $f(x)$ 在 (a,b) 上的导数有界，则 $f(x)$ 在 (a,b) 上一致连续；

(2) 对任意的两个实数 x_1, x_2，有

$$|\sin x_1 - \sin x_2| \leqslant |x_1 - x_2|;$$

(3) 对任意的两个实数 x_1, x_2，有

$$|\arctan x_1 - \arctan x_2| \leqslant |x_1 - x_2|.$$

8. 设 $\lim\limits_{x \to +\infty} f'(x) = a$，求证：对任意的 $T > 0$，有

$$\lim_{x \to +\infty}(f(x+T) - f(x)) = Ta.$$

9. 证明下列不等式：

(1) $x - \dfrac{x^3}{6} < \sin x < x \quad (x > 0)$；

(2) $x - \dfrac{x^2}{2} < \ln(1+x) < x \quad (x > 0)$；

(3) $2\sqrt{x} > 3 - \dfrac{1}{x} \quad (x > 1)$；

(4) $e^x - 1 > x + \dfrac{x^2}{2} \quad (x > 0)$；

(5) $\ln(1+x) > \dfrac{\arctan x}{1+x} \quad (x > 0)$.

10. 设函数 $f(x)$ 和 $g(x)$ 在 $(-\infty,+\infty)$ 上可导, 且有
$$f'(x) > g'(x), \quad f(a) = g(a).$$
证明: 当 $x > a$ 时, 有 $f(x) > g(x)$; 而当 $x < a$ 时, 有 $f(x) < g(x)$.

11. 设函数 $f(x)$ 在区间 $[a,b]$ $(0 < a < b)$ 上连续, 在 (a,b) 内可导. 求证: 存在 $\xi_1, \xi_2, \xi_3 \in (a,b)$, 使得
$$f'(\xi_1) = (b+a)\frac{f'(\xi_2)}{2\xi_2} = (b^2+ab+a^2)\frac{f'(\xi_3)}{3\xi_3^2}.$$

12. 设函数 $f(x)$ 在 (a,b) 上可导, 且 $f'(x)$ 单调. 证明 $f'(x)$ 在 (a,b) 上连续.

13. 设函数 $f(x)$ 在点 a 二阶可导, 求证:
$$\lim_{h \to 0} \frac{f(a+h)+f(a-h)-2f(a)}{h^2} = f''(a).$$

14. 设函数 $f(x)$ 在 $[a,b]$ 上二阶可导, $f(a) = f(b) = 0$, 且存在 $c \in (a,b)$, 使得 $f(c) > 0$. 求证: 存在 $\xi \in (a,b)$, 使得 $f''(\xi) < 0$.

15. 证明: 设 $x \geqslant 0$, 则

(1) $\sqrt{x+1} - \sqrt{x} = \dfrac{1}{2\sqrt{x+\theta(x)}}$, 其中 $\dfrac{1}{4} \leqslant \theta(x) \leqslant \dfrac{1}{2}$;

(2) $\lim\limits_{x \to 0+0} \theta(x) = \dfrac{1}{4}, \quad \lim\limits_{x \to +\infty} \theta(x) = \dfrac{1}{2}.$

16. 设函数 $f(x)$ 在 $[a,b]$ 上三阶可导, 证明: 存在一点 $\xi \in (a,b)$, 使得
$$f(b) = f(a) + \frac{1}{2}(b-a)[f'(a)+f'(b)] - \frac{1}{12}(b-a)^3 f^{(3)}(\xi).$$

17. 设函数
$$f(x) = \begin{cases} x^2 \sin \dfrac{1}{x}, & x \neq 0, \\ 0, & x = 0, \end{cases}$$
在 $[0,x]$ 上应用中值定理, 得
$$x^2 \sin \frac{1}{x} = x\left(2\xi \sin \frac{1}{\xi} - \cos \frac{1}{\xi}\right), \quad 0 < \xi < x.$$

由此得
$$\cos\frac{1}{\xi} = 2\xi\sin\frac{1}{\xi} - x\sin\frac{1}{x}.$$
当 $x \to 0$ 时, 有 $\xi \to 0$, 所以由上式得到
$$\lim_{\xi \to 0}\cos\frac{1}{\xi} = 0.$$
但已知 $\lim\limits_{\xi \to 0}\cos\dfrac{1}{\xi}$ 不存在. 试说明矛盾何在.

18. 设函数 $f(x)$ 在 $(0, +\infty)$ 上可导, 且 $\lim\limits_{x \to +\infty} f'(x) = +\infty$. 求证 $f(x)$ 在 $(0, +\infty)$ 上不一致连续.

19. 证明函数 $f(x) = x\ln x$ 在 $(0, +\infty)$ 上不一致连续.

20. 设函数 $f(x), g(x), h(x)$ 都在 $[a,b]$ 上连续, 在 (a,b) 内可导, 并定义
$$F(x) = \begin{vmatrix} f(a) & g(a) & h(a) \\ f(b) & g(b) & h(b) \\ f(x) & g(x) & h(x) \end{vmatrix}.$$
证明: 存在 $\xi \in (a,b)$, 使得 $F'(\xi) = 0$. 问若 $h(x) \equiv 1$, 则上述结论与柯西中值公式有什么关系? 若令 $g(x) = x, h(x) \equiv 1$, 则会有什么结论?

21. 设函数 $f(x)$ 在 $[a,b]$ 上连续, 在 (a,b) 内可导. 求证: 存在 $\xi \in (a,b)$, 使得
$$2\xi(f(b) - f(a)) = (b^2 - a^2)f'(\xi).$$

22. 设函数 $f(x)$ 在 $[a,b]$ 上连续, 在 (a,b) 内可导. 求证: 存在 $\xi \in (a,b)$, 使得
$$f(b) - f(a) = \xi\ln\frac{b}{a}f'(\xi).$$

23. 设函数 $f(x)$ 在 $[a,b]$ 上连续, 在 (a,b) 内可导, 且 $f(a) = f(b) = 1$. 求证: 存在 $\xi, \eta \in (a,b)$, 使得
$$e^{\eta - \xi}[f(\eta) + f'(\eta)] = 1.$$

24. 证明下列恒等式:

(1) $2\arctan x + \arcsin \dfrac{2x}{1+x^2} = \pi\,\mathrm{sgn}x$ $(|x| \geqslant 1)$;

(2) $3\arccos x - \arccos(3x - 4x^3) = \pi$ $(|x| \leqslant 1/2)$.

25. 求下列极限:

(1) $\lim\limits_{x \to 1} \dfrac{\ln \cos(x-1)}{1 - \sin \dfrac{\pi x}{2}}$;

(2) $\lim\limits_{x \to +\infty} (\pi - 2\arctan x) \ln x$;

(3) $\lim\limits_{x \to 1} \left(\dfrac{1}{\ln x} - \dfrac{1}{x-1} \right)$;

(4) $\lim\limits_{x \to 1} \dfrac{x-1}{\ln x}$;

(5) $\lim\limits_{x \to 0+0} x^{\sin x}$;

(6) $\lim\limits_{x \to 0} \left(\dfrac{\ln(1+x)^{1+x}}{x^2} - \dfrac{1}{x} \right)$;

(7) $\lim\limits_{x \to 0} \left(\cot x - \dfrac{1}{x} \right)$;

(8) $\lim\limits_{x \to 0} \dfrac{(1+x)^{\frac{1}{x}} - \mathrm{e}}{x}$;

(9) $\lim\limits_{x \to +\infty} \left(\dfrac{\pi}{2} - \arctan x \right)^{\frac{1}{\ln x}}$;

(10) $\lim\limits_{x \to 0+0} \sin x \ln x$;

(11) $\lim\limits_{x \to 0} (1 - \cos x)^{1 - \cos x}$;

(12) $\lim\limits_{x \to 0} \dfrac{\tan x - \sin x}{\sin x - x \cos x}$;

(13) $\lim\limits_{x \to 1} x^{\frac{1}{1-x}}$;

(14) $\lim\limits_{x \to 0} \dfrac{x\mathrm{e}^x - \ln(1+x)}{x^2}$;

(15) $\lim\limits_{x \to 0} \dfrac{x^2 \sin \dfrac{1}{x}}{\sin x}$;

(16) $\lim\limits_{x \to 0+0} \left(\dfrac{1+x^a}{1+x^b} \right)^{\frac{1}{\ln x}}$;

(17) $\lim\limits_{x \to \frac{\pi}{4}-0} (\tan x)^{\tan 2x}$. ($a, b$ 为正实数);

26. 设函数 $f(x)$ 在 $[a, +\infty)$ 上有界, $f'(x)$ 存在且 $\lim\limits_{x \to +\infty} f'(x) = b$. 求证: $b = 0$.

27. 由拉格朗日微分中值定理, 有

$$\ln(1+x) = \dfrac{x}{1 + \theta x} \quad (0 < \theta < 1).$$

求证 $\lim\limits_{x \to 0} \theta = \dfrac{1}{2}$.

28. 由拉格朗日微分中值定理, 有

$$\arcsin x = \dfrac{x}{\sqrt{1 - \theta^2 x^2}} \quad (0 < \theta < 1).$$

求证 $\lim\limits_{x \to 0} \theta = \dfrac{1}{\sqrt{3}}$.

29. 设函数 $f(x)$ 在 $(a, +\infty)$ 上可导, 且 $\lim\limits_{x \to +\infty}[f(x) + f'(x)] = k$ (k 有限或 $\pm\infty$). 求证: $\lim\limits_{x \to +\infty} f(x) = k$.

30. 设函数 $f(x)$ 在实轴上任意阶可导, 令 $F(x) = f(x^2)$, 求证:
$$F^{(2n+1)}(0) = 0, \quad \dfrac{F^{(2n)}(0)}{(2n)!} = \dfrac{f^{(n)}(0)}{n!}.$$

31. 写出下列函数在 $x = 0$ 的带佩亚诺余项的泰勒公式:

(1) $\cos x^2$; (2) $\sin^3 x$;

(3) $\dfrac{1}{(1+x)^2}$; (4) $\dfrac{x^3 + 2x + 1}{x - 1}$.

32. 写出下列函数在 $x = 0$ 的带有佩亚诺余项的泰勒公式, 要求至所指定的阶数:

(1) $\dfrac{x}{\sin x}$ (x^4); (2) $\ln(\cos x + \sin x)$ (x^4);

(3) $\dfrac{x}{2x^2 + x - 1}$ (x^3); (4) $\ln \dfrac{1+x}{1-2x}$ (x^n);

(5) $\ln(1 + x + x^2 + x^3)$ (x^6); (6) $\dfrac{1 + x + x^2}{1 - x + x^2}$ (x^4).

33. 确定常数 a, b, 使当 $x \to 0$ 时,

(1) $f(x) = (a + b\cos x)\sin x - x$ 为 x 的 5 阶无穷小量;

(2) $f(x) = \mathrm{e}^x - \dfrac{1 + ax}{1 - bx}$ 是 x 的 3 阶无穷小量.

34. 求下列极限:

(1) $\lim\limits_{x \to 0}\left(\dfrac{1}{x} - \dfrac{1}{\sin x}\right)$; (2) $\lim\limits_{x \to 0} \dfrac{\mathrm{e}^{x^3} - 1 - x^3}{\sin^6 2x}$;

(3) $\lim\limits_{x \to +\infty}\left(\sqrt[3]{x^3 - 3x} - \sqrt{x^2 - 2x}\right)$; (4) $\lim\limits_{x \to \infty}\left(x + \dfrac{1}{2}\right)\ln\left(1 + \dfrac{1}{x}\right)$;

(5) $\lim\limits_{x \to 0}\left(\dfrac{\tan x}{x}\right)^{\frac{1}{x^2}}$; (6) $\lim\limits_{x \to \infty} x^2 \ln\left(x \sin \dfrac{1}{x}\right)$.

35. 设函数 $f(x)$ 在 $x = 0$ 的某个邻域内二阶可导, 且

$$\lim_{x\to 0}\Big(\frac{\sin 3x}{x^3}+\frac{f(x)}{x^2}\Big)=0.$$

(1) 求 $f(0), f'(0), f''(0)$;

(2) 求 $\lim\limits_{x\to 0}\Big(\dfrac{3}{x^2}+\dfrac{f(x)}{x^2}\Big)$.

36. 设函数 $f(x)$ 在 $x=0$ 的某个邻域内二阶可导, 且

$$\lim_{x\to 0}\Big(1+x+\frac{f(x)}{x}\Big)^{\frac{1}{x}}=\mathrm{e}^3.$$

(1) 求 $f(0), f'(0), f''(0)$;

(2) 求 $\lim\limits_{x\to 0}\Big(1+\dfrac{f(x)}{x}\Big)^{\frac{1}{x}}$.

37. 设函数 $f(x)$ 在 $(a,+\infty)$ 上有直到 n 阶导数, 且有 $\lim\limits_{x\to+\infty}f(x)=A$, $\lim\limits_{x\to+\infty}f^{(n)}(x)=B$. 求证 $B=0$.

38. 设函数 $f(x)$ 在 $x=a$ 的某个邻域内二阶导数连续, 且 $f''(a)\neq 0$, 由拉格朗日微分中值定理有

$$f(a+h)-f(a)=f'(a+\theta h)h \quad (0<\theta<1).$$

求证:
$$\lim_{h\to 0}\theta=\frac{1}{2}.$$

39. 设 $P(x)$ 为 n 次多项式, 证明:

(1) 若 $P(a), P'(a), \cdots, P^{(n)}(a)$ 皆为正数, 则 $P(x)$ 在 $(a,+\infty)$ 上无零点;

(2) 若 $P(a), P'(a), \cdots, P^{(n)}(a)$ 正负号相间, 则 $P(x)$ 在 $(-\infty,a)$ 上无零点;

40. 设 $P(x)$ 为 n 次多项式, 证明 $x=a$ 是 $P(x)=0$ 的 k 重根的充分必要条件是

$$P^{(j)}(a)=0 \ (j=0,1,\cdots,k-1), \quad P^{(k)}(a)\neq 0.$$

41. 设 $P_n(x)=\dfrac{1}{2^n n!}\dfrac{\mathrm{d}^n}{\mathrm{d}x^n}(x^2-1)^n$, 求证:

(1) $P_n(1)=1$;

(2) $P_n(-1)=(-1)^n$;

(3) $P_{2n-1}(0) = 0$;
(4) $P_{2n}(0) = \dfrac{(-1)^n (2n)!}{2^{2n}(n!)^2}$.

42. 设函数 $f(x) = e^{x^2}$.

(1) 求证：$f^{(n)}(x) = P_n(x)e^{x^2}$, 其中 $P_n(x)$ 为 n 次多项式, 且满足 $P_0(x) = 1$, $P_1(x) = 2x$, $P_{n+1}(x) = 2xP_n(x) + 2nP_{n-1}(x)$;

(2) 求 $f^{(n)}(0)$ 的值.

43. 设函数 $f(x)$ 在 $(0, +\infty)$ 上三阶可导, 而且有

$$|f(x)| \leqslant M_0, \quad |f'''(x)| \leqslant M_3, \quad \forall x \in (0, +\infty).$$

求证 $f'(x)$ 和 $f''(x)$ 在 $(0, +\infty)$ 上有界.

44. 求证:

(1) $0 < x - \ln(1+x) < \dfrac{1}{2}x^2 \ (0 < x \leqslant 1)$;

(2) $\lim\limits_{n\to\infty} \sum\limits_{k=1}^{n} \left[\dfrac{1}{k} - \ln\left(1 + \dfrac{1}{k}\right)\right]$ 存在.

45. 设函数 $f(x)$ 在 $[a,b]$ 上有二阶导数, 且 $f'(a) = f'(b) = 0$. 证明: 存在 $c \in (a,b)$, 使得

$$|f''(c)| \geqslant \dfrac{4}{(b-a)^2}|f(b) - f(a)|.$$

46. 若函数 $f(x)$ 在 $[-1,1]$ 上三阶可导, 且有

$$f(0) = f'(0) = 0, \quad f(1) = 1, \quad f(-1) = 0.$$

求证: 存在 $\xi \in (-1, 1)$, 使得 $f'''(\xi) \geqslant 3$.

47. 设函数 $f(x)$ 在 $(-\infty, +\infty)$ 上二阶可导, 且有

$$|f(x)| \leqslant M_0, \quad |f''(x)| \leqslant M_2, \quad \forall x \in (-\infty, +\infty).$$

(1) 写出 $f(x+h)$ 和 $f(x-h)$ 的泰勒公式;

(2) 求证: $|f'(x)| \leqslant \dfrac{M_0}{h} + \dfrac{h}{2}M_2$, $\forall h > 0$;

(3) 求 $\dfrac{M_0}{h} + \dfrac{h}{2}M_2$ 在 $(0, +\infty)$ 上的最小值;

(4) 求证：$|f'(x)| \leqslant \sqrt{2M_0 M_2}$.

48. 若函数 $f(x)$ 在 $[a,b]$ 上有定义，并满足

$$|f(x) - f(y)| \leqslant k|x-y|^2, \quad \forall x, y \in [a,b],$$

求证：$f(x) \equiv$ 常数.

49. 证明：

(1) 函数 $y = \left(1 + \dfrac{1}{x}\right)^x$ 当 $x \in (0, +\infty)$ 时严格递增；

(2) 函数 $y = \left(1 + \dfrac{1}{x}\right)^{x+1}$ 当 $x \in (0, +\infty)$ 时严格递减；

(3) $\left(1 + \dfrac{1}{x}\right)^x < e < \left(1 + \dfrac{1}{x}\right)^{x+1}, \ \forall x \in (0, +\infty)$.

50. 求下列函数的极值：

(1) $f(x) = 2x^3 - x^4$; (2) $f(x) = \dfrac{2x}{1+x^2}$;

(3) $f(x) = \dfrac{(\ln x)^2}{x}$; (4) $f(x) = |x(x^2 - 1)|$.

51. 求下列函数在指定区间上的最大值和最小值：

(1) $y = x^5 - 5x^4 + 5x^3 + 1, \ [-1, 2]$;

(2) $y = 2\tan x - \tan^2 x, \ [0, \pi/2)$;

(3) $y = \sqrt{x} \ln x, \ (0, +\infty)$.

52. 讨论方程 $x^3 - px + q = 0$ 有三个不同实根的条件.

53. 讨论方程 $\ln x - mx = 0$ 有两个实根的条件.

54. 设函数 $f(x)$ 和 $g(x)$ 在 (a,b) 上可导，记

$$F(x) = f(x)g'(x) - f'(x)g(x), \quad x \in (a,b).$$

(1) 证明：若在 (a,b) 上 $F(x) \equiv 0$，而 $g(x) \neq 0$，则存在常数 c，使得 $f(x) = cg(x)$;

(2) 若在 (a,b) 上恒有 $F(x) > 0$，求证在方程 $f(x) = 0$ 的两个不同的实根之间一定有 $g(x) = 0$ 的根.

55. 证明下列不等式：

(1) $\dfrac{2x}{\pi} < \sin x < x,\ \forall x \in \left(0, \dfrac{\pi}{2}\right)$;

(2) $x - \dfrac{x^2}{2} < \ln(1+x) < x - \dfrac{x^2}{2(1+x)},\ x \in (0, +\infty)$;

(3) $\dfrac{1}{2^{p-1}} \leqslant x^p + (1-x)^p \leqslant 1, \forall x \in [0,1],\ p > 1$.

56. 设函数 $f(x)$ 在 $[0, +\infty)$ 上可导, 且有

$$0 \leqslant f'(x) \leqslant f(x),\quad f(0) = 0.$$

求证: 在 $[0, +\infty)$ 上 $f(x) \equiv 0$.

57. 设函数 $f(x)$ 在 $[a,b]$ 上二阶可导, 且满足

$$f''(x) + b(x)f'(x) + c(x)f(x) = 0,\quad x \in [a,b],$$

其中 $c(x) < 0$.

(1) 求证: $f(x)$ 不能在 (a,b) 内取得正的最大值或负的最小值;

(2) 证明: 若 $f(a) = f(b) = 0$, 则在 $[a,b]$ 上 $f(x) \equiv 0$.

58. 证明: 若 $f(x)$ 和 $g(x)$ 均为区间 $[a,b]$ 上的凸函数, 则

$$F(x) = \max\{f(x), g(x)\},\quad x \in [a,b]$$

也为 $[a,b]$ 上的凸函数.

59. 设函数

$$f(x) = \begin{cases} x + 2x^2 \sin \dfrac{1}{x}, & x \neq 0, \\ 0, & x = 0. \end{cases}$$

求证: $f'(0) > 0$, 且 $f(x)$ 在 $x = 0$ 的任何邻域内不单调上升.

60. 设函数

$$f(x) = \begin{cases} 2 - x^2 \left(2 + \sin \dfrac{1}{x}\right), & x \neq 0, \\ 2, & x = 0. \end{cases}$$

求证:

(1) $x = 0$ 是 $f(x)$ 的极大值点;

(2) 在 $x = 0$ 的任意小邻域内, $f(x)$ 在 $x = 0$ 的右侧不单调下降, 而在 $x = 0$ 的左侧不单调上升.

61. 设 $f(x)$ 是 (a, b) 上的凸函数, $g(x)$ 是 (c, d) 上的单调上升凸函数, 且 $f(x)$ 的值域包含在 (c, d) 内. 求证: $g(f(x))$ 是 (a, b) 上的凸函数.

62. 求四次多项式是凸函数的条件.

63. 设 $f(x) > 0, f''(x)$ 存在. 证明: $\ln f(x)$ 是凸函数的充分必要条件为
$$\begin{vmatrix} f(x) & f'(x) \\ f'(x) & f''(x) \end{vmatrix} \geqslant 0.$$

64. 证明下列不等式:

(1) $|a|^p + |b|^p \geqslant 2^{1-p}(|a| + |b|)^p$ $(p > 1)$;

(2) $|a|^p + |b|^p \leqslant 2^{1-p}(|a| + |b|)^p$ $(0 < p < 1)$.

65. 设函数 $f(x)$ 在 (a, b) 上 $n(> 2)$ 阶可导, 且存在 $x_0 \in (a, b)$, 使
$$f'(x_0) = f''(x_0) = \cdots = f^{(n-1)}(x_0) = 0,$$
而 $f^{(n)}(x) > 0$ 对一切的 $x \in (a, b)$ 成立. 证明:

(1) 当 n 为奇数时, $f(x)$ 在 (a, b) 上严格单调上升;

(2) 当 n 为偶数时, $f(x)$ 在 (a, b) 上为严格凸函数.

66. 设 $f(x)$ 是 (a, b) 上的凸函数, 求证:

(1) 对任意的 $x_0 \in (a, b)$, $f'_+(x_0), f'_-(x_0)$ 存在, 从而 $f(x)$ 在点 x_0 处连续;

(2) $f'_-(x_0) \leqslant f'_+(x_0)$;

(3) $f'_-(x)$ 与 $f'_+(x)$ 在 (a, b) 上单调上升.

67. 设椭圆 $\dfrac{x^2}{a^2} + \dfrac{y^2}{b^2} = 1$ 的切线分别与 x 轴和 y 轴交于 A 和 B 两点.

(1) 求线段 AB 的最小长度;

(2) 求线段 AB 与坐标轴所围三角形的最小面积.

68. 求下列函数曲线的渐近线：

(1) $y = \dfrac{x^3}{2(1+x)^2}$；

(2) $y = x + 2\arctan x$；

(3) $y = x\mathrm{e}^{-x}$；

(4) $y = x^{-\frac{1}{2}}\mathrm{e}^{-x}$.

69. 讨论下列函数的性态并作出它们的图像：

(1) $y = 3x^5 - 5x^3$；

(2) $y = \mathrm{e}^{-x^2}(1+x^2)$；

(3) $y = (x-1)x^{\frac{2}{3}}$；

(4) $y = |x|^{\frac{2}{3}}(x-2)^2$；

(5) $y = \dfrac{x^3}{2(x-1)^2}$；

(6) $y = \dfrac{(x-1)^3}{(x+1)^3}$；

(7) $y = \sin^3 x + \cos^3 x \ (0 \leqslant x \leqslant 2\pi)$；

(8) $y = \sin x + \dfrac{1}{2}\sin 2x + \dfrac{1}{3}\sin 3x \ (0 \leqslant x \leqslant \pi)$；

(9) $y = \ln(1+x^2)$；

(10) $y = 1 - x + \sqrt{\dfrac{x^3}{3+x}}$.

第六章 不定积分

§6.1 原函数与不定积分

6.1.1 原函数与不定积分的概念

大家已经知道, 寻求一个已知函数的导数是一个十分有意义的问题, 这是因为各种各样的物理问题和几何问题的解决, 常常归结为求某一函数的导数. 但是, 我们也必须看到另一方面, 那就是很多的实际问题的解决, 不是归结为求某一已知函数的导数, 而恰恰相反, 是要寻求一个未知函数, 使之以某一已知函数为其导数. 例如, 考虑质点沿直线运动, 已知质点所走过的路程 $s = s(t)$, 如要求瞬时速度, 则我们有 $v(t) = s'(t)$. 反过来, 如果知道每个时刻的瞬时速度 $v(t)$, 要求质点所走过的路程 $s(t)$, 则是求导数的逆运算. 此时我们要找一个函数 $s(t)$, 使得 $s'(t) = v(t)$. 这个 $s(t)$ 称为 $v(t)$ 的一个原函数. 原函数的定义如下:

定义 6.1.1 在区间 I 上给定函数 $f(x)$, 若存在定义在 I 上的函数 $F(x)$, 使得

$$F'(x) = f(x), \quad \forall x \in I \quad \text{或} \quad \mathrm{d}F(x) = f(x)\mathrm{d}x, \quad \forall x \in I,$$

则称 $F(x)$ 是 $f(x)$ 的一个**原函数**.

由定义不难看出, 若 $f(x)$ 有原函数, 则它就有无穷多个原函数. 这是因为若 $F(x)$ 是 $f(x)$ 的一个原函数, 则对任意的常数 C, 函数 $F(x) + C$ 也是 $f(x)$ 的一个原函数. 几何上看这是明显的, 曲线 $F(x)$ 和 $F(x) + C$ 在点 x 有相同切线斜率 (参见图 6.1.1). 另一方面, 由拉格朗日微分中值定理的推论 2 知, 若 $F(x)$ 和 $G(x)$ 是 $f(x)$ 的两个原函数, 则它们之间只能是相差一个常数, 即 $G(x) = F(x) + C$. 原函数的这一特点,

也可以从实际问题中反映出来. 例如, 两个粒子如果以相同的速度 $v(t)$ 运动, 则它们在任何相同时间走过的路程是相同的. 因此, 它们的路程函数只差一个常数, 这是由它们的初始位置的不同而引起的.

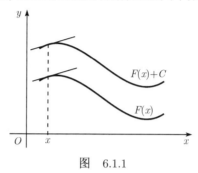

图 6.1.1

这样, 设 $f(x)$ 在区间 I 上有定义, 函数 $F(x)$ 是 $f(x)$ 的一个原函数, 则函数族 $F(x)+C$ (C 为任意常数) 包含了 $f(x)$ 的所有原函数.

定义 6.1.2 若函数 $f(x)$ 在区间 I 上存在原函数, 则称 $f(x)$ 的全体原函数为 $f(x)$ 的**不定积分**, 记为
$$\int f(x)\mathrm{d}x,$$
这里符号 "$\int$" 称为**积分号**, $f(x)$ 称为**被积函数**, x 称为**积分变量**.

根据上述定义以及上面的分析我们有, 若 $F(x)$ 是 $f(x)$ 的一个原函数, 则
$$\int f(x)\mathrm{d}x = F(x) + C,$$
其中 C 为任意常数. 另外我们有
$$\left(\int f(x)\mathrm{d}x\right)' = f(x), \qquad \mathrm{d}\left(\int f(x)\mathrm{d}x\right) = f(x)\mathrm{d}x$$
和
$$\int F'(x)\mathrm{d}x = F(x) + C, \qquad \int \mathrm{d}F(x) = F(x) + C,$$
其中 C 为任意常数. 因此, 在允许相差一个常数的意义下, 求不定积分的这一运算恰好是求导或求微分的逆运算.

6.1.2 基本不定积分表和不定积分的线性性质

由于微分和积分互为逆运算,因此对应于微分的每一种方法相应地就有一种积分的方法. 首先, 从求导数的公式中我们可以导出如下不定积分公式, 它是我们计算不定积分的基础, 务必牢记.

(1) $\int x^\alpha \mathrm{d}x = \dfrac{1}{\alpha+1} x^{\alpha+1} + C \quad (\alpha \neq -1);$

(2) $\int \dfrac{\mathrm{d}x}{x} = \ln|x| + C;$

(3) $\int \mathrm{e}^x \mathrm{d}x = \mathrm{e}^x + C;$

(4) $\int \cos x \mathrm{d}x = \sin x + C;$

(5) $\int \sin x \mathrm{d}x = -\cos x + C;$

(6) $\int \dfrac{\mathrm{d}x}{\cos^2 x} = \tan x + C;$

(7) $\int \dfrac{\mathrm{d}x}{1+x^2} = \arctan x + C;$

(8) $\int \dfrac{\mathrm{d}x}{\sqrt{1-x^2}} = \arcsin x + C;$

(9) $\int \sinh x \mathrm{d}x = \cosh x + C;$

(10) $\int \cosh x \mathrm{d}x = \sinh x + C;$

(11) $\int \dfrac{\mathrm{d}x}{\cosh^2 x} = \tanh x + C.$

其次, 对应于求导法则

$$\bigl(f(x) \pm g(x)\bigr)' = f'(x) \pm g'(x),$$

就有如下的求不定积分性质:

性质 6.1.1 设函数 $f(x), g(x)$ 存在原函数，则 $f(x) \pm g(x)$ 也存在原函数，而且有

$$\int [f(x) \pm g(x)]\mathrm{d}x = \int f(x)\mathrm{d}x \pm \int g(x)\mathrm{d}x.$$

证明 令

$$\int f(x)\mathrm{d}x = F(x) + C \quad \text{或} \quad F'(x) = f(x),$$

$$\int g(x)\mathrm{d}x = G(x) + C \quad \text{或} \quad G'(x) = g(x),$$

则

$$[F(x) \pm G(x)]' = f(x) \pm g(x),$$

所以

$$\int [f(x) \pm g(x)]\mathrm{d}x = F(x) \pm G(x) + C.$$

对应于求导法则 $(kf(x))' = kf'(x)$，其中 k 是常数，就有如下的求不定积分性质：

性质 6.1.2 设函数 $f(x)$ 存在原函数，则 $kf(x)$ 存在原函数，且

$$\int kf(x)\mathrm{d}x = k\int f(x)\mathrm{d}x,$$

其中 k 是常数，且 $k \neq 0$.

证明留作练习．

性质 6.1.1 和 6.1.2 说明求不定积分运算是一种线性运算．

例 6.1.1 求不定积分 $\int \dfrac{x^4}{1+x^2}\mathrm{d}x$.

解 将被积函数恒等变形，有

$$\int \frac{x^4}{1+x^2}\mathrm{d}x = \int \frac{x^4 - 1 + 1}{1+x^2}\mathrm{d}x$$
$$= \int \left(x^2 - 1 + \frac{1}{1+x^2}\right)\mathrm{d}x$$

$$=\frac{x^3}{3} - x + \arctan x + C.$$

例 6.1.2 求不定积分 $\int \tan^2 x \mathrm{d}x$.

解 将被积函数恒等变形, 有

$$\int \tan^2 x \mathrm{d}x = \int \frac{\sin^2 x}{\cos^2 x} \mathrm{d}x$$
$$= \int \Big(\frac{1}{\cos^2 x} - 1\Big) \mathrm{d}x = \tan x - x + C.$$

例 6.1.3 求不定积分 $\int \frac{1}{\sin^2 2x} \mathrm{d}x$.

解
$$\int \frac{1}{\sin^2 2x} \mathrm{d}x = \int \frac{1}{4 \sin^2 x \cos^2 x} \mathrm{d}x$$
$$= \int \frac{\sin^2 x + \cos^2 x}{4 \sin^2 x \cos^2 x} \mathrm{d}x$$
$$= \frac{1}{4} \Big(\int \frac{1}{\cos^2 x} \mathrm{d}x + \int \frac{1}{\sin^2 x} \mathrm{d}x \Big)$$
$$= \frac{1}{4}(\tan x - \cot x) + C.$$

§6.2 换元法与分部积分法

不定积分换元法是对应于复合函数的求导法则的. 大家已经知道, 对于复合函数而言, 我们有如下的一阶微分形式不变性

$$f\big(u(x)\big)u'(x)\mathrm{d}x = f(u)\mathrm{d}u,$$

其中 $u = u(x)$. 由此立得

$$\int f\big(u(x)\big)u'(x)\mathrm{d}x = \int f(u)\mathrm{d}u. \tag{6.2.1}$$

利用这一等式可导出两种求不定积分的方法: 如果所求的不定积分有 (6.2.1) 的左边所示的形式, 则我们可以利用变量替换 $u = u(x)$ 将其转化为 (6.2.1) 右边的形式, 然后通过求右边关于变量 u 的不定积分而得到所要求的不定积分, 这就是所谓的**第一换元法**; 如果所求的不定积分有 (6.2.1) 的右边所示的形式, 则我们可以利用变量替换 $u = u(x)$ 将其转化为 (6.2.1) 左边的形式, 然后通过求左边关于变量 x 的不定积分而得到所要求的不定积分, 这就是所谓的**第二换元法**.

6.2.1 第一换元法

定理 6.2.1 如果

$$\int f(u)\mathrm{d}u = F(u) + C,$$

而 $u = u(x)$ 是关于 x 的可微函数, 则有

$$\int f(u(x))u'(x)\mathrm{d}x = F(u(x)) + C.$$

证明 由定理的条件, 我们有

$$\mathrm{d}F(u) = f(u)\mathrm{d}u.$$

再根据一阶微分有形式不变性, 可得

$$\mathrm{d}F(u(x)) = f(u(x))\mathrm{d}u(x) = f(u(x))u'(x)\mathrm{d}x,$$

所以

$$\int f(u(x))u'(x)\mathrm{d}x = F(u(x)) + C.$$

例 6.2.1 求不定积分 $\int \dfrac{1}{x-1}\mathrm{d}x$.

解 我们已经知道

$$\int \frac{\mathrm{d}u}{u} = \ln|u| + C.$$

如果令 $u = x - 1$, 则 u 是关于 x 的可微函数, 而且 $\mathrm{d}u = \mathrm{d}x$, 因此我们有
$$\int \frac{1}{x-1} \mathrm{d}x = \int \frac{\mathrm{d}u}{u} = \ln|u| + C = \ln|x-1| + C.$$

例 6.2.2 求不定积分 $\int \dfrac{\mathrm{d}x}{ax+b}$ $(a \neq 0)$.

解 令 $u = ax + b$, 则有 $\mathrm{d}u = a\mathrm{d}x$, 即 $\mathrm{d}x = \dfrac{\mathrm{d}u}{a}$, 于是有
$$\int \frac{\mathrm{d}x}{ax+b} = \int \frac{1}{a}\frac{\mathrm{d}u}{u} = \frac{1}{a}\ln|u| + C = \frac{1}{a}\ln|ax+b| + C.$$

例 6.2.3 求不定积分 $\int (ax+b)^n \mathrm{d}x$ $(a \neq 0,\ n \neq -1)$.

解 令 $u = ax + b$, 则有
$$\int (ax+b)^n \mathrm{d}x = \frac{1}{a} \int u^n \mathrm{d}u = \frac{u^{n+1}}{a(n+1)} + C$$
$$= \frac{(ax+b)^{n+1}}{a(n+1)} + C.$$

例 6.2.4 求不定积分 $\int \dfrac{\mathrm{d}x}{a^2+x^2}$ $(a \neq 0)$.

解 由于
$$\int \frac{\mathrm{d}x}{a^2+x^2} = \frac{1}{a^2} \int \frac{\mathrm{d}x}{1+\left(\dfrac{x}{a}\right)^2},$$
因此令 $u = \dfrac{x}{a}$, 则有 $\mathrm{d}u = \dfrac{\mathrm{d}x}{a}$, 即 $\mathrm{d}x = a\mathrm{d}u$, 从而
$$\int \frac{\mathrm{d}x}{a^2+x^2} = \frac{1}{a} \int \frac{\mathrm{d}u}{1+u^2} = \frac{1}{a} \arctan \frac{x}{a} + C.$$

例 6.2.5 求不定积分 $\int \dfrac{\mathrm{d}x}{x^4-1}$.

解 将被积函数恒等变形, 有

$$\int \frac{\mathrm{d}x}{x^4-1} = \int \frac{\mathrm{d}x}{(x^2-1)(x^2+1)}$$
$$= \frac{1}{2}\Big(\int \frac{\mathrm{d}x}{x^2-1} - \int \frac{\mathrm{d}x}{x^2+1}\Big)$$
$$= \frac{1}{2}\Big[\frac{1}{2}\Big(\int \frac{\mathrm{d}x}{x-1} - \int \frac{\mathrm{d}x}{x+1}\Big) - \int \frac{\mathrm{d}x}{x^2+1}\Big]$$
$$= \frac{1}{4}\ln\frac{|x-1|}{|x+1|} - \frac{1}{2}\arctan x + C.$$

从以上例子可以看出, 采用第一换元法求不定积分的关键是, 要将所求不定积分的被积表达式 $f(x)\mathrm{d}x$ 写成两个因式的乘积, 前一因式形如 $g(u(x))$, 后一因式形如 $\mathrm{d}u(x)$. 对于与上面例子类似的一些简单的不定积分, 我们很容易做到这一点. 但对于较为复杂的不定积分, 要做到这一点就比较困难. 要对具体问题做具体分析, 灵活运用. 下面看一些较为复杂的例子.

例 6.2.6 求不定积分 $\int \frac{x\mathrm{d}x}{x^2+1}$.

解 令 $u = x^2+1$, 则有 $\mathrm{d}u = 2x\mathrm{d}x$, 即 $x\mathrm{d}x = \frac{1}{2}\mathrm{d}u$, 所以

$$\int \frac{x\mathrm{d}x}{x^2+1} = \frac{1}{2}\int \frac{\mathrm{d}(x^2+1)}{x^2+1} = \frac{1}{2}\ln(x^2+1) + C.$$

在此例中, 我们在计算过程中没有写出关于 u 的积分. 在熟练后, 我们不必每次写出代表中间变量的符号 u, 而只要在心目中将变量 u 所代表的函数 $u(x)$ 看做一个整体就可以了. 此外, 从这个例子也可以看出, 确定 $u = u(x)$ 的时候, 要仔细观察在除去因子 $g(u(x))$ 之后, 是否剩下的函数恰好为 $u'(x)$(或相差一个常数倍). 这些技巧读者应该在不断的练习过程中加以总结和掌握.

例 6.2.7 求不定积分 $\int \frac{\mathrm{d}x}{a^2-x^2} (a \neq 0)$.

解法 1 $\displaystyle\int\frac{\mathrm{d}x}{a^2-x^2}=\frac{1}{a}\int\frac{\mathrm{d}\left(\dfrac{x}{a}\right)}{1-\left(\dfrac{x}{a}\right)^2}=\frac{1}{2a}\ln\left|\frac{1+\dfrac{x}{a}}{1-\dfrac{x}{a}}\right|+C$

$$=\frac{1}{2a}\ln\frac{|a+x|}{|a-x|}+C.$$

解法 2 $\displaystyle\int\frac{\mathrm{d}x}{a^2-x^2}=\frac{1}{2a}\int\left(\frac{1}{a+x}+\frac{1}{a-x}\right)\mathrm{d}x$

$$=\frac{1}{2a}\left[\int\frac{\mathrm{d}(a+x)}{a+x}-\int\frac{\mathrm{d}(a-x)}{a-x}\right]$$

$$=\frac{1}{2a}\ln\frac{|a+x|}{|a-x|}+C.$$

例 6.2.8 求不定积分 $I=\displaystyle\int\frac{\mathrm{d}x}{\sqrt{a^2-x^2}}\ (a>0)$.

解 将被积函数变形得

$$I=\int\frac{\mathrm{d}\left(\dfrac{x}{a}\right)}{\sqrt{1-\left(\dfrac{x}{a}\right)^2}}=\arcsin\frac{x}{a}+C.$$

例 6.2.9 求不定积分 $I=\displaystyle\int\frac{\mathrm{d}x}{\sqrt{x(1-x)}}$.

解法 1 将被积函数变形得

$$I=\int\frac{\mathrm{d}x}{\sqrt{\dfrac{1}{4}-\left(x-\dfrac{1}{2}\right)^2}}=\arcsin(2x-1)+C.$$

解法 2 由 $\mathrm{d}x/\sqrt{x}=2\mathrm{d}\sqrt{x}$, 有

$$I=\int\frac{\mathrm{d}x}{\sqrt{x}\sqrt{1-x}}=2\int\frac{\mathrm{d}\sqrt{x}}{\sqrt{1-(\sqrt{x})^2}}=2\arcsin(\sqrt{x})+C.$$

注 虽然两种方法得到的答案形式不同,但实质上它们只相差一个常数. 这一点请读者自行验证之.

例 6.2.10 求不定积分 $I = \int \tan x \mathrm{d}x$.

解 利用 $\sin x \mathrm{d}x = -\mathrm{d}\cos x$,有

$$I = -\int \frac{\mathrm{d}\cos x}{\cos x} = -\ln|\cos x| + C.$$

例 6.2.11 求不定积分 $I_n = \int \tan^n x \mathrm{d}x$.

解 利用 $\tan^2 x = \sec^2 x - 1$,有

$$I_n = \int \tan^{n-2} x \frac{1 - \cos^2 x}{\cos^2 x} \mathrm{d}x$$

$$= \int \tan^{n-2} x \mathrm{d}\tan x - \int \tan^{n-2} x \mathrm{d}x$$

$$= \frac{1}{n-1} \tan^{n-1} x - I_{n-2}.$$

这是一个递推公式. 利用这一公式, 我们可以归纳地求出 I_n. 例如

$$I_3 = \frac{1}{2}\tan^2 x - \int \tan x \mathrm{d}x = \frac{1}{2}\tan^2 x + \ln|\cos x| + C;$$

$$I_4 = \frac{1}{3}\tan^3 x - \int \tan^2 x \mathrm{d}x$$

$$= \frac{1}{3}\tan^3 x - \tan x + \int 1 \mathrm{d}x$$

$$= \frac{1}{3}\tan^3 x - \tan x + x + C.$$

例 6.2.12 求不定积分 $\int \frac{\mathrm{d}x}{\cos x}$.

解法 1 将被积函数变形, 并利用 $\cos x \mathrm{d}x = \mathrm{d}\sin x$ 得

$$I = \int \frac{\cos x \mathrm{d}x}{\cos^2 x} = \int \frac{\mathrm{d}(\sin x)}{1 - \sin^2 x} = \frac{1}{2} \ln \frac{|1 + \sin x|}{|1 - \sin x|} + C$$

$$= \frac{1}{2} \ln \left| \frac{1 + \sin x}{\cos x} \right|^2 + C = \ln |\sec x + \tan x| + C.$$

解法 2 将被积函数变形得

$$I = \int \frac{\mathrm{d}x}{\cos^2 \frac{x}{2} - \sin^2 \frac{x}{2}} = 2 \int \frac{\mathrm{d}\left(\frac{x}{2}\right)}{\cos^2 \frac{x}{2} \left(1 - \tan^2 \frac{x}{2}\right)}$$

$$= 2 \int \frac{\mathrm{d} \tan\left(\frac{x}{2}\right)}{1 - \tan^2 \frac{x}{2}} = \ln \left| \frac{1 + \tan \frac{x}{2}}{1 - \tan \frac{x}{2}} \right| + C$$

$$= \ln \left| \tan \left(\frac{x}{2} + \frac{\pi}{4} \right) \right| + C.$$

例 6.2.13 求不定积分 $I = \displaystyle\int \frac{\mathrm{d}x}{1 + x^3}$ 和 $J = \displaystyle\int \frac{x \mathrm{d}x}{1 + x^3}$.

解 由于

$$I + J = \int \frac{1 + x}{1 + x^3} \mathrm{d}x = \int \frac{\mathrm{d}x}{1 - x + x^2} = \int \frac{\mathrm{d}x}{\left(x - \frac{1}{2}\right)^2 + \frac{3}{4}}$$

$$= \frac{2}{\sqrt{3}} \arctan \frac{2x - 1}{\sqrt{3}} + C,$$

$$I - J = \int \frac{1 - x}{1 + x^3} \mathrm{d}x = \int \frac{\mathrm{d}x}{1 + x} - \int \frac{x^2 \mathrm{d}x}{1 + x^3}$$

$$= \ln|1 + x| - \frac{1}{3} \ln|1 + x^3| + C,$$

所以

$$I = \frac{1}{\sqrt{3}} \arctan \frac{2x - 1}{\sqrt{3}} + \frac{1}{2} \ln|1 + x| - \frac{1}{6} \ln|1 + x^3| + C;$$

$$J = \frac{1}{\sqrt{3}} \arctan \frac{2x - 1}{\sqrt{3}} - \frac{1}{2} \ln|1 + x| + \frac{1}{6} \ln|1 + x^3| + C.$$

6.2.2 第二换元法

定理 6.2.2 设函数 $x = x(t)$ 在某一开区间上可导, 且 $x'(t) \neq 0$. 如果
$$\int f(x(t))x'(t)\mathrm{d}t = G(t) + C,$$
则有
$$\int f(x)\mathrm{d}x = G(t(x)) + C,$$
其中 $t = t(x)$ 为 $x = x(t)$ 的反函数.

证明 由不定积分的定义, 可得 $G'(t) = f(x(t))x'(t)$.

再由 $x'(t) \neq 0$ 和达布定理知, $x'(t)$ 恒大于 0 或恒小于 0. 所以 $x(t)$ 是严格单调连续函数, 从而其反函数 $t = t(x)$ 存在、连续、且严格单调. 注意到
$$t'(x) = \frac{1}{x'(t(x))},$$
便有 $(G(t(x)))' = G'(t(x))t'(x) = f(x)x'(t(x))t'(x) = f(x)$, 所以
$$\int f(x)\mathrm{d}x = G(t(x)) + C.$$

第二换元法主要用来求含有根式的不定积分.

例 6.2.14 求不定积分 $I = \int \sqrt{a^2 - x^2}\mathrm{d}x$.

解 令 $x = a\sin t$, $|t| < \pi/2$, 则
$$I = \int a^2 \cos^2 t\, \mathrm{d}t = \frac{a^2}{2}t + \frac{a^2}{4}\sin 2t + C$$
$$= \frac{a^2}{2}\arcsin\frac{x}{a} + \frac{1}{2}x\sqrt{a^2 - x^2} + C.$$

在将上面积分结果中的新变量 t 返回到变量 x 时, 我们根据变换 $x = a\sin t$ 作直角三角形 (见图 6.2.1), 可得出
$$\cos t = \frac{\sqrt{a^2 - x^2}}{a}.$$

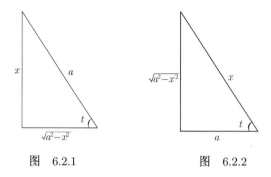

图 6.2.1　　　　　图 6.2.2

例 6.2.15 求不定积分 $I = \int \dfrac{1}{\sqrt{x^2 - a^2}} \mathrm{d}x \quad (a > 0, |x| > a)$.

解法 1 令 $x = a\sec t\ (0 < t < \pi/2)$, 则

$$I = \int \frac{a\sec t \tan t}{a\tan t}\mathrm{d}t = \int \frac{\mathrm{d}t}{\cos t} \xlongequal{\text{例 6.2.12}} \ln|\sec t + \tan t| + C$$

$$= \ln\left|\frac{x}{a} + \frac{\sqrt{x^2 - a^2}}{a}\right| + C = \ln|x + \sqrt{x^2 - a^2}| + C.$$

在将上面积分结果中的新变量 t 返回到变量 x 时, 我们利用了图 6.2.2, 其中 $\sec t = x/a,\ \tan t = \sqrt{x^2 - a^2}/a$.

解法 2 令 $x = a\cosh t,\ 0 < t < +\infty$, 则 $t = \ln|x + \sqrt{x^2 - a^2}| - \ln a$, 而且

$$I = \int \frac{a\sinh t}{a\sinh t}\mathrm{d}t = t + C = \ln|x + \sqrt{x^2 - a^2}| + C.$$

注 上面是对 $x > a$ 进行积分的, 对于 $x < -a$ 情形, 可以用同样方法处理.

例 6.2.16 求不定积分 $I = \int \dfrac{1}{\sqrt{x^2 + a^2}}\mathrm{d}x\ (a > 0)$.

解法 1 令 $x = a\sinh t$, 类似于上面的解法 2, 我们有

$$I = t + C = \operatorname{arcsinh}\frac{x}{a} + C = \ln(x + \sqrt{x^2 + a^2}) + C.$$

解法 2 令 $x = a\tan t$, 则 $dx = a \cdot \sec^2 t dt$,

$$I = \int \frac{1}{a\sec t} \cdot a\sec^2 t dt = \int \frac{1}{\cos t} dt$$
$$\xlongequal{\text{例 6.2.12}} \ln|\sec t + \tan t| + C$$
$$= \ln\left|\frac{\sqrt{a^2+x^2}}{a} + \frac{x}{a}\right| + C$$
$$= \ln|x + \sqrt{a^2+x^2}| + C.$$

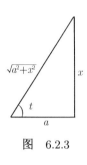

图 6.2.3

将 t 还原 x 的过程中, 用到图 6.2.3 中 $\tan t = x/a$ 的关系.

例 6.2.17 求不定积分 $I = \int \dfrac{1}{\sqrt{x} + \sqrt[3]{x}} dx$.

解 令 $x = t^6$, 则有

$$I = \int \frac{6t^5 dt}{t^3 + t^2} = 6\int \frac{t^3}{1+t} dt = 6\int \left(t^2 - t + 1 - \frac{1}{1+t}\right) dt$$
$$= 2t^3 - 3t^2 + 6t - 6\ln|1+t| + C$$
$$= 2\sqrt{x} - 3\sqrt[3]{x} + 6\sqrt[6]{x} - 6\ln|1 + \sqrt[6]{x}| + C.$$

6.2.3 分部积分法

对应于求导法则

$$\bigl(u(x)v(x)\bigr)' = u'(x)v(x) - u(x)v'(x),$$

有如下的分部积分法:

定理 6.2.3 设 $u(x), v(x)$ 可导, 若 $\int u'(x)v(x)dx$ 存在, 则

$$\int u(x)v'(x)dx = u(x)v(x) - \int u'(x)v(x)dx.$$

证明 由 $(uv)' = u'v + uv'$, 我们有 $uv' = (uv)' - u'v$. 而该等式的右端两项的原函数都存在, 故其左端项的原函数也存在, 且有

$$\int uv' dx = uv - \int u'v dx.$$

注 为了便于记忆, 常将分部积分公式写成
$$\int u\mathrm{d}v = uv - \int v\mathrm{d}u.$$
用分部积分法求不定积分的一般步骤为:

(1) 把被积函数拆成 uv', 并且将 $v'\mathrm{d}x$ 改写成 $\mathrm{d}v$, 通常 v' 取 $\mathrm{e}^{\pm x}$, $\sin x, \cos x, x^n, \sinh x, \cosh x$ 等函数;

(2) 使用分部积分公式;

(3) 求不定积分 $\int u'v\mathrm{d}x$, 或者设法建立函数方程来求解.

例 6.2.18 求不定积分 $I = \int x^3 \ln x \mathrm{d}x$.

解 令 $u = \ln x$, $\mathrm{d}v = x^3 \mathrm{d}x = \mathrm{d}\dfrac{x^4}{4}$, 即 $v = \dfrac{x^4}{4}$, 则
$$I = \frac{1}{4}x^4 \ln x - \frac{1}{4}\int x^3 \mathrm{d}x = \frac{1}{4}x^4 \ln x - \frac{1}{16}x^4 + C.$$

例 6.2.19 求不定积分 $I = \int \arctan x \mathrm{d}x$.

解 设 $v = x$, $u = \arctan x$, 则
$$I = x\arctan x - \int x\mathrm{d}(\arctan x) = x\arctan x - \int \frac{x\mathrm{d}x}{1+x^2}$$
$$= x\arctan x - \frac{1}{2}\ln(1+x^2) + C.$$

例 6.2.20 求不定积分 $I = \int x^2 \sin x \mathrm{d}x$.

解 设 $v = \cos x$, $u = x^2$, 即 $\sin x \mathrm{d}x = -\mathrm{d}v$, 则
$$I = -\int x^2 \mathrm{d}(\cos x) = -x^2 \cos x + \int \cos x \mathrm{d}x^2$$
$$= -x^2 \cos x + 2\int x\mathrm{d}(\sin x)$$
$$= -x^2 \cos x + 2x\sin x - 2\int \sin x \mathrm{d}x$$
$$= -x^2 \cos x + 2x\sin x + 2\cos x + C.$$

例 6.2.21　求不定积分 $I = \int \sqrt{x^2-1}\mathrm{d}x$.

解法 1　由于

$$\begin{aligned}I &= x\sqrt{x^2-1} - \int x\mathrm{d}(\sqrt{x^2-1}) = x\sqrt{x^2-1} - \int \frac{x^2}{\sqrt{x^2-1}}\mathrm{d}x \\ &= x\sqrt{x^2-1} - \int \sqrt{x^2-1}\mathrm{d}x - \int \frac{\mathrm{d}x}{\sqrt{x^2-1}} \\ &= x\sqrt{x^2-1} - \ln\left|x+\sqrt{x^2-1}\right| - I,\end{aligned}$$

所以

$$I = \frac{1}{2}x\sqrt{x^2-1} - \frac{1}{2}\ln\left|x+\sqrt{x^2-1}\right| + C.$$

解法 2　令 $x = \cosh t$, 则有

$$\begin{aligned}I &= \int \sinh^2 t\mathrm{d}t = \int \frac{\cosh 2t - 1}{2}\mathrm{d}t = \frac{1}{4}\sinh 2t - \frac{1}{2}t + C \\ &= \frac{1}{2}x\sqrt{x^2-1} - \frac{1}{2}\ln\left|x+\sqrt{x^2-1}\right| + C.\end{aligned}$$

例 6.2.22　求不定积分 $I = \int \mathrm{e}^{ax}\cos bx\mathrm{d}x$ 和 $J = \int \mathrm{e}^{ax}\sin bx\mathrm{d}x$.

解　利用分部积分公式, 可得

$$I = \frac{1}{b}\int \mathrm{e}^{ax}\mathrm{d}(\sin bx) = \frac{1}{b}\mathrm{e}^{ax}\sin bx - \frac{a}{b}J;$$

$$J = -\frac{1}{b}\int \mathrm{e}^{ax}\mathrm{d}(\cos bx) = -\frac{1}{b}\mathrm{e}^{ax}\cos bx + \frac{a}{b}I.$$

所以

$$\begin{cases}bI + aJ = \mathrm{e}^{ax}\sin bx, \\ aI - bJ = \mathrm{e}^{ax}\cos bx.\end{cases}$$

解此方程组, 可得

$$I = \frac{\mathrm{e}^{ax}(a\cos bx + b\sin bx)}{a^2+b^2} + C,$$

$$J = \frac{\mathrm{e}^{ax}(a\sin bx - b\cos bx)}{a^2 + b^2} + C.$$

例 6.2.23 求不定积分 $I = \int \dfrac{\sin x}{a\cos x + b\sin x}\mathrm{d}x$ 和 $J = \int \dfrac{\cos x}{a\cos x + b\sin x}\mathrm{d}x.$

解 由于

$$bI + aJ = \int \frac{a\cos x + b\sin x}{a\cos x + b\sin x}\mathrm{d}x = x + C,$$

$$bJ - aI = \int \frac{\mathrm{d}(a\cos x + b\sin x)}{a\cos x + b\sin x} = \ln|a\cos x + b\sin x| + C,$$

所以

$$I = \frac{1}{a^2 + b^2}\big(bx - a\ln|a\cos x + b\sin x|\big) + C,$$

$$J = \frac{1}{a^2 + b^2}\big(ax + b\ln|a\cos x + b\sin x|\big) + C.$$

例 6.2.24 求不定积分 $K_n = \int \cos^n x\mathrm{d}x.$

解 由于

$$K_n = \int \cos^{n-1} x\mathrm{d}(\sin x) = \sin x\cos^{n-1} x - \int \sin x\mathrm{d}(\cos^{n-1} x)$$

$$= \sin x\cos^{n-1} x + (n-1)\int \sin^2 x\cos^{n-2} x\mathrm{d}x$$

$$= \sin x\cos^{n-1} x + (n-1)\int \cos^{n-2} x\mathrm{d}x - (n-1)\int \cos^n x\mathrm{d}x$$

$$= \sin x\cos^{n-1} x + (n-1)K_{n-2} - (n-1)K_n,$$

所以

$$K_n = \frac{1}{n}\sin x\cos^{n-1} x + \frac{n-1}{n}K_{n-2}.$$

由此可推出:

$$K_0 = x + C; \quad K_1 = \sin x + C; \quad K_2 = \frac{1}{4}\sin 2x + \frac{1}{2}x + C;$$

$\cdots\cdots\cdots\cdots\cdots$

例 6.2.25 求不定积分 $I_n = \int \sin^n x \mathrm{d}x$.

解 由于

$$I_n = -\int \sin^{n-1} x \mathrm{d}\cos x$$
$$= -\sin^{n-1} x \cos x + (n-1)\int \cos^2 x \sin^{n-2} x \mathrm{d}x$$
$$= -\sin^{n-1} x \cos x + (n-1)I_{n-2} - (n-1)I_n,$$

所以

$$I_n = -\frac{\sin^{n-1} x \cos x}{n} + \frac{n-1}{n} I_{n-2}.$$

再注意到

$$I_0 = x + C, \qquad I_1 = -\cos x + C,$$

便有

$$I_2 = -\frac{1}{2}\sin x \cos x + \frac{1}{2}x + C;$$
$$I_3 = -\frac{1}{3}\sin^2 x \cos x - \frac{2}{3}\cos x + C;$$
$$I_4 = -\frac{1}{4}\sin^3 x \cos x - \frac{3}{8}\sin x \cos x + \frac{3}{8}x + C;$$
$$I_5 = -\frac{1}{5}\sin^4 x \cos x - \frac{4}{15}\sin^2 x \cos x - \frac{8}{15}\cos x + C;$$

$$\cdots\cdots\cdots\cdots$$

例 6.2.26 求不定积分 $I_n = \int \dfrac{\mathrm{d}x}{(x^2+a^2)^n}$.

解 由于

$$I_n = \frac{x}{(x^2+a^2)^n} + 2n\int \frac{x^2}{(x^2+a^2)^{n+1}} \mathrm{d}x$$
$$= \frac{x}{(x^2+a^2)^n} + 2nI_n - 2na^2 I_{n+1},$$

所以
$$I_{n+1} = \frac{x}{2na^2(x^2+a^2)^n} + \frac{2n-1}{2na^2}I_n.$$
特别地, 我们有
$$I_2 = \int \frac{\mathrm{d}x}{(x^2+a^2)^2} = \frac{x}{2a^2(x^2+a^2)} + \frac{1}{2a^3}\arctan\frac{x}{a} + C.$$

从理论上来讲, 任何初等函数都有原函数 (见下章的定积分理论). 上面我们所举的例子中遇到的初等函数的原函数均为初等函数, 但并非所有的初等函数的原函数都是初等函数. 例如, 已经证明如下的积分就都不能表成初等函数:

$$\int \mathrm{e}^{-x^2}\mathrm{d}x, \quad \int \frac{\sin x}{x}\mathrm{d}x, \quad \int \frac{\cos x}{x}\mathrm{d}x,$$

$$\int \frac{1}{\ln x}\mathrm{d}x, \quad \int \sin x^2 \mathrm{d}x, \quad \int \cos x^2 \mathrm{d}x.$$

再如, 积分 $\int (a+bx)^p x^q \mathrm{d}x$ 和椭圆积分 $\int R(x, \sqrt{ax^3+bx^2+cx+d})\mathrm{d}x$ 以及 $\int R(x, \sqrt{ax^4+bx^3+cx^2+\mathrm{d}x+e})\mathrm{d}x$ 也都不能用初等函数表出, 其中 p, q 和 $p+q$ 非整数, R 为两个变元的有理函数.

§6.3 其他类型函数的不定积分

6.3.1 有理函数的不定积分

有理函数是指两个多项式之比, 即有理函数有如下形式
$$R(x) = \frac{P(x)}{Q(x)},$$
其中 $P(x)$, $Q(x)$ 为互素多项式. 理论上讲, 它的不定积分一定能够表成初等函数.

有理函数可分为真分式和假分式: **真分式**是指分子次数小于分母次数的有理函数; **假分式**是指分子次数大于或等于分母次数的有理函

数. 显然, 通过作多项式除法, 任何一个假分式都可以写成一个多项式与一个真分式之和. 因此我们只需讨论真分式的不定积分即可.

从理论上来讲, 任何一个真分式都可以写成最简真分式之和. **最简真分式**是指分母为素多项式或素多项式之幂的真分式. 对于系数均为实数的多项式来讲, 素多项式只有两种, 即 $x-a$ 和 x^2+px+q, 其中 $p^2-4q<0$. 因此, 最简真分式只有如下四种:

$$\frac{A}{x-a}, \qquad \frac{A}{(x-a)^m} \ (m>1),$$

$$\frac{Ax+B}{x^2+px+q}, \qquad \frac{Ax+B}{(x^2+px+q)^n} \ (n>1),$$

其中 $p^2-4q<0$. 而前面所介绍的不定积分方法和例子表明, 我们已经有办法把这些最简真分式的原函数求出来, 而且它们的原函数均为初等函数.

事实上, 我们有

(1) $\int \dfrac{A}{x-a}\mathrm{d}x = A\int \dfrac{1}{x-a}\mathrm{d}(x-a) = A\ln|x-a|+C.$

(2) $\int \dfrac{A}{(x-a)^m}\mathrm{d}x = A\int \dfrac{1}{(x-a)^m}\mathrm{d}(x-a)$

$$= -\frac{A}{m-1}(x-a)^{1-m}+C.$$

(3) 将 x^2+px+q 进行配方得

$$x^2+px+q = \left(x+\frac{p}{2}\right)^2 + \left(q-\frac{p^2}{4}\right),$$

利用替换

$$z = x+\frac{p}{2}, \quad x = z-\frac{p}{2}, \quad \mathrm{d}x = \mathrm{d}z,$$

又由于 $p^2-4q<0$, 有 $q-\dfrac{p^2}{4}>0$, 记 $a^2 = q-\dfrac{p^2}{4}$, 得

$$\int \frac{Ax+B}{x^2+px+q}\mathrm{d}x = \int \frac{Ax+B}{(x+p/2)^2+(q-p^2/4)}\mathrm{d}x$$

$$= \int \frac{A(z-p/2)+B}{z^2+a^2}\mathrm{d}z$$

$$= \int \frac{Az}{z^2+a^2}\mathrm{d}z + \int \frac{B-Ap/2}{z^2+a^2}\mathrm{d}z$$
$$= \frac{A}{2}\ln(z^2+a^2) + \left(B - \frac{Ap}{2}\right)\frac{1}{a}\arctan\frac{z}{a} + C$$
$$= \frac{A}{2}\ln(x^2+px+q) + \frac{2B-Ap}{\sqrt{4q-p^2}}\arctan\frac{2x+p}{\sqrt{4q-p^2}} + C.$$

(4) 同样用变量替换 $z = x + \dfrac{p}{2}$, $x = z - \dfrac{p}{2}$, $\mathrm{d}x = \mathrm{d}z$, 且记 $a^2 = q - \dfrac{p^2}{4}$, 得

$$\int \frac{Ax+B}{(x^2+px+q)^n}\mathrm{d}x = \int \frac{Az}{(z^2+a^2)^n}\mathrm{d}z + \left(B-\frac{Ap}{2}\right)\int \frac{1}{(z^2+a^2)^n}\mathrm{d}z.$$

上式右边的第一项不定积分容易求出, 用换元积分法即可; 第二项积分要利用 §6.2 中例 6.2.26 的递推公式. 至此上述四种情况的不定积分全部得以解决.

现在我们讨论有理真分式的分解. 因为多项式 $Q(x)$ 在实数范围内能分解成一次因式和二次因式的乘积, 因此我们有

$$Q(x) = (x-a)^k \cdots (x-b)^t (x^2+px+q)^l \cdots (x^2+rx+s)^h,$$

其中 $a, \cdots, b, p, q, \cdots, r, s$ 为常数; 且 $p^2 - 4q < 0, \cdots, r^2 - 4s < 0$; $k, \cdots, t, l, \cdots, h$ 为正整数. 可以证明真分式 $\dfrac{P(x)}{Q(x)}$ 必可分解成如下部分分式之和:

$$\frac{P(x)}{Q(x)} = \frac{A_1}{x-a} + \frac{A_2}{(x-a)^2} + \cdots + \frac{A_k}{(x-a)^k} + \cdots$$
$$+ \frac{B_1}{x-b} + \frac{B_2}{(x-b)^2} + \cdots + \frac{B_t}{(x-b)^t}$$
$$+ \frac{C_1 x + D_1}{x^2+px+q} + \frac{C_2 x + D_2}{(x^2+px+q)^2} + \cdots + \frac{C_l x + D_l}{(x^2+px+q)^l} + \cdots$$
$$+ \frac{E_1 x + F_1}{x^2+rx+s} + \frac{E_2 x + F_2}{(x^2+rx+s)^2} + \cdots + \frac{E_h x + F_h}{(x^2+rx+s)^h},$$

其中 $A_1, A_2, \cdots, A_k; B_1, B_2, \cdots, B_t; C_1, C_2, \cdots, C_l; D_1, D_2, \cdots, D_l; E_1,$
$E_2, \cdots, E_h; F_1, F_2, \cdots, F_h$ 都是常数. 因此有理函数的原函数都可由初等函数表出.

例 6.3.1 求不定积分 $I = \int \dfrac{x \mathrm{d}x}{(x^2+1)(x-1)}$.

解 设
$$\frac{x}{(x^2+1)(x-1)} = \frac{Ax+B}{x^2+1} + \frac{C}{x-1}.$$
将右端通分, 并比较等式两端分子同次幂的系数, 得
$$\begin{cases} A + C = 0, \\ -A + B = 1, \\ -B + C = 0. \end{cases}$$
解之, 得
$$A = -\frac{1}{2}, \quad B = \frac{1}{2}, \quad C = \frac{1}{2}.$$
因此, 我们有
$$\begin{aligned} I &= -\frac{1}{2} \int \frac{x-1}{x^2+1} \mathrm{d}x + \frac{1}{2} \int \frac{\mathrm{d}x}{x-1} \\ &= -\frac{1}{4} \ln(x^2+1) + \frac{1}{2} \arctan x + \frac{1}{2} \ln|x-1| + C. \end{aligned}$$

例 6.3.2 求不定积分 $I = \int \dfrac{x^3+1}{x^4 - 3x^3 + 3x^2 - x} \mathrm{d}x$.

解 将分母作因式分解, 得 $x^4 - 3x^3 + 3x^2 - x = x(x-1)^3$. 于是, 我们可设
$$\frac{x^3+1}{x(x-1)^3} = \frac{A}{x} + \frac{B}{(x-1)^3} + \frac{C}{(x-1)^2} + \frac{D}{x-1}.$$
将两边乘 x, 然后令 $x = 0$, 得 $A = -1$; 两边乘 $(x-1)^3$, 然后令 $x = 1$, 得 $B = 2$; 两边乘 $x-1$, 然后令 $x \to -\infty$, 得 $D = 2$; 最后令 $x = -1$, 得 $C = 1$. 这样, 我们便有

$$I = -\int \frac{\mathrm{d}x}{x} + 2\int \frac{\mathrm{d}x}{(x-1)^3} + \int \frac{\mathrm{d}x}{(x-1)^2} + 2\int \frac{\mathrm{d}x}{x-1}$$

$$= -\frac{x}{(x-1)^2} + \ln \frac{(x-1)^2}{|x|} + C.$$

6.3.2 三角函数有理式的不定积分

二元有理函数是形如

$$R(u,v) = \frac{P(u,v)}{Q(u,v)}$$

的两个变元的函数, 其中 $P(u,v)$ 和 $Q(u,v)$ 是二元多项式 (即 $u^i, v^j, u^p v^q$ 的线性组合). **三角函数有理式**是指形如 $R(\sin x, \cos x)$ 的函数, 其中 $R(u,v)$ 为二元有理函数, 它是由基本三角函数 $\sin x, \cos x, \tan x, \cot x$ 经有限次四则运算所得的函数. 但像如下形式的函数

$$\frac{1}{\sqrt{\sin^2 x + 5\cos^2 x}}, \quad \sin x^2, \quad \frac{\sin x}{x}$$

则不属此列.

下面我们来说明三角函数有理式的不定积分

$$I = \int R(\sin x, \cos x) \mathrm{d}x$$

一定可以表成初等函数. 令

$$t = \tan \frac{x}{2} \quad \text{或} \quad x = 2\arctan t$$

(通常称之为**万能变换**), 并且注意到

$$\sin x = 2\sin \frac{x}{2} \cos \frac{x}{2} = \frac{2\tan \frac{x}{2}}{\sec^2 \frac{x}{2}} = \frac{2\tan \frac{x}{2}}{1 + \tan^2 \frac{x}{2}} = \frac{2t}{1+t^2},$$

$$\cos x = \cos^2 \frac{x}{2} - \sin^2 \frac{x}{2} = \frac{1 - \tan^2 \frac{x}{2}}{1 + \tan^2 \frac{x}{2}} = \frac{1-t^2}{1+t^2},$$

即有
$$dx = \frac{2dt}{1+t^2},$$
$$I = \int R\Big(\frac{2t}{1+t^2}, \frac{1-t^2}{1+t^2}\Big)\frac{2dt}{1+t^2}.$$

这样,我们就将求三角函数有理式的不定积分变成了有理函数的不定积分. 再由上一小节所介绍的有理函数的积分方法就可解决求三角函数有理式的积分问题. 这也表明, 三角函数有理式的原函数一定可以表成初等函数.

例 6.3.3 求不定积分 $I = \int \dfrac{dx}{5+4\sin x}$.

解 令 $t = \tan\dfrac{x}{2}$, 则

$$I = \int \frac{\dfrac{2}{1+t^2}}{5+\dfrac{8t}{1+t^2}}dt = \int \frac{2}{5t^2+8t+5}dt$$

$$= \frac{2}{5}\int \frac{dt}{\left(t+\dfrac{4}{5}\right)^2+\dfrac{9}{25}} = \frac{2}{3}\arctan\frac{5t+4}{3}+C$$

$$= \frac{2}{3}\arctan\frac{5\tan\dfrac{x}{2}+4}{3}+C.$$

这里需指出的是, 具体解题时千万不要死搬硬套, 要具体问题作具体分析, 灵活运用. 事实上, 这种"万能变换"往往导致所要求的有理函数的积分比较复杂, 而对某些三角函数有理式的不定积分来说, 采用其他变换会更加方便. 例如, 当 $R(u, -v) = -R(u, v)$ 时, 我们可以证明, 这时必有 $R(u, v) = vR_1(u, v^2)$ 成立, 其中 R_1 是一个二变元的有理函数. 于是若令 $t = \sin x$, 则有

$$\int R(\sin x, \cos x)dx = \int \cos x R_1(\sin x, \cos^2 x)dx$$
$$= \int R_1(t, 1-t^2)dt.$$

这表明, 若被积函数 $R(\sin x, \cos x)$ 关于 $\cos x$ 是奇函数, 则我们可用变换 $t = \sin x$ 将其转化为关于 t 的有理函数的不定积分.

同理, 若 $R(-u, v) = -R(u, v)$, 则有 $R(u, v) = u R_1(u^2, v)$, 其中 R_1 是一个二变元的有理函数. 于是若令 $t = \cos x$, 则有

$$\int R(\sin x, \cos x) dx = \int \sin x R_1(\sin^2 x, \cos x) dx$$
$$= -\int R_1(1 - t^2, t) dt.$$

这表明, 若被积函数 $R(\sin x, \cos x)$ 关于 $\sin x$ 是奇函数, 则我们可用变换 $t = \cos x$ 将其转化为关于 t 的有理函数的不定积分.

再有若 $R(-u, -v) = R(u, v)$, 则可证此时有 $R(u, v) = R_1\left(\dfrac{u}{v}, v^2\right)$, 其中 R_1 是一个二变元的有理函数. 于是, 若我们用变换 $t = \tan x$, 则有

$$\int R(\sin x, \cos x) dx = \int R_1(\tan x, \cos^2 x) dx$$
$$= \int R_1\left(t, \frac{1}{1+t^2}\right) \frac{dt}{1+t^2}.$$

这表明, 若被积函数 $R(\sin x, \cos x)$ 关于 $\sin x$ 和 $\cos x$ 是偶函数, 则我们可用变换 $t = \tan x$ 将其转化为关于 t 的有理函数的不定积分.

上述三种变换一般要比 "万能变换" 简单得多.

例 6.3.4 求不定积分 $I = \displaystyle\int \frac{\cos^3 x}{1 + \sin^2 x} dx$.

解 由于 $R(\sin x, -\cos x) = -R(\sin x, \cos x)$, 故令 $t = \sin x$, 则

$$I = \int \frac{1 - t^2}{1 + t^2} dt = \int 2 \frac{dt}{1+t^2} - \int dt$$
$$= 2 \arctan t - t + C$$
$$= 2 \arctan \sin x - \sin x + C.$$

例 6.3.5 求不定积分 $I = \displaystyle\int \frac{\sin x \cos x}{\sin^2 x + \cos x} dx$.

解 由于 $R(-\sin x, \cos x) = -R(\sin x, \cos x)$, 故令 $t = \cos x$, 则

$$I = -\int \frac{\sin x \mathrm{d}\cos x}{\sin^2 x + \cos x} = -\int \frac{t\mathrm{d}t}{1 - t^2 + t}$$

$$= \frac{1}{2}\int \frac{\mathrm{d}(1 + t - t^2)}{1 + t - t^2} - \frac{1}{2}\int \frac{\mathrm{d}t}{1 + t - t^2}$$

$$= \frac{1}{2}\ln|1 + t - t^2| - \frac{1}{2}\int \frac{\mathrm{d}t}{5/4 - (1/2 - t)^2}$$

$$= \frac{1}{2}\ln|1 + t - t^2| + \frac{1}{2}\frac{1}{\sqrt{5}}\ln\left|\frac{\sqrt{5} + 1 - 2t}{\sqrt{5} - 1 + 2t}\right| + C$$

$$= \frac{1}{2}\left[\ln|1 + \cos x - \cos^2 x| + \frac{1}{\sqrt{5}}\ln\left|\frac{\sqrt{5} + 1 - 2\cos x}{\sqrt{5} - 1 + 2\cos x}\right|\right] + C.$$

例 6.3.6 求不定积分 $I = \int \frac{\cos^2 x}{(a^2 \sin^2 x + b^2 \cos^2 x)^2}\mathrm{d}x$.

解 由于 $R(-\sin x, -\cos x) = R(\sin x, \cos x)$, 故令 $t = \tan x$, 则

$$I = \int \frac{\cos^4 x}{(a^2\sin^2 x + b^2\cos^2 x)^2 \cdot \cos^2 x}\mathrm{d}x = \int \frac{1}{(a^2\tan^2 x + b^2)^2}\mathrm{d}\tan x$$

$$= \frac{1}{b^4}\int \frac{1}{\left(1 + \frac{a^2}{b^2}t^2\right)^2}\mathrm{d}t \xrightarrow{u=(a/b)t} \frac{b}{ab^4}\int \frac{1}{(1+u^2)^2}\mathrm{d}u$$

$$= \frac{1}{ab^3}\int \frac{1}{(1+u^2)^2}\mathrm{d}t \xrightarrow{\text{例 6.2.26}} \frac{1}{ab^3}\left[\frac{1}{2}u \cdot \frac{1}{1+u^2} + \frac{1}{2}\arctan u\right] + C$$

$$= \frac{\tan x}{2b^2} \cdot \frac{1}{b^2 + a^2\tan^2 x} + \frac{1}{2ab^3}\arctan\left(\frac{a}{b}\tan x\right) + C.$$

例 6.3.7 求不定积分 $I = \frac{1}{2}\int \frac{1 - r^2}{1 - 2r\cos x + r^2}\mathrm{d}x$ ($0 < r < 1$, $|x| < \pi$).

解 令 $\tan\frac{x}{2} = t$, 则有 $\cos x = \frac{1 - t^2}{1 + t^2}$, $\mathrm{d}x = \frac{2\mathrm{d}t}{1 + t^2}$. 由此得

$$I = \int \frac{(1-r^2)\mathrm{d}t}{(1-r)^2 + (1+r)^2 t^2}$$

$$= \arctan\left(\frac{1+r}{1-r}t\right) + C$$

$$= \arctan\left(\frac{1+r}{1-r}\tan\frac{x}{2}\right) + C.$$

6.3.3 无理函数的不定积分

这里我们考虑两类无理函数的不定积分. 第一类是如下的积分:

$$I = \int R\left(x, \sqrt[m]{\frac{ax+b}{cx+d}}\right)\mathrm{d}x,$$

其中 $R(u,v)$ 是变元 u,v 的二元函数, m 为正整数, a,b,c,d 为常数, 且 $ad - bc \neq 0$. 令

$$\frac{ax+b}{cx+d} = t^m,$$

则有

$$x = \frac{dt^m - b}{a - ct^m}, \qquad \mathrm{d}x = \frac{m(ad-bc)t^{m-1}}{(a-ct^m)^2}\mathrm{d}t.$$

于是, 我们有

$$I = \int R\left(\frac{dt^m - b}{a - ct^m}, t\right)\frac{m(ad-bc)t^{m-1}}{(a-ct^m)^2}\mathrm{d}t.$$

这样, 原不定积分就变成了有理函数的积分, 从而这类无理函数一定有初等函数作为其原函数.

例 6.3.8 求不定积分 $I = \int \frac{1 - \sqrt{x+1}}{1 + \sqrt[3]{x+1}}\mathrm{d}x$.

解 令 $\sqrt[6]{x+1} = t$, 则有

$$I = 6\int \frac{t^5 - t^8}{1+t^2}\mathrm{d}t.$$

设

$$\frac{t^5 - t^8}{1+t^2} = P_6(t) + \frac{Bt + C}{1+t^2},$$

其中 $P_6(t)$ 为 t 的多项式, B, C 是实数. 在上式两边乘以 $1+t^2$, 并且将 $t = \mathrm{i} = \sqrt{-1}$ 代入, 得

$$\mathrm{i} - 1 = B\mathrm{i} + C,$$

于是有 $B = 1, C = -1$, 而且

$$\begin{aligned}P_6(t) &= \frac{t^5 - t^8}{1+t^2} - \frac{t-1}{1+t^2} \\ &= \frac{t^5 - t^8 - t + 1}{1+t^2} \\ &= 1 - t - t^2 + t^3 + t^4 - t^6.\end{aligned}$$

所以

$$\begin{aligned}I =& 6\int \left(1 - t - t^2 + t^3 + t^4 - t^6 + \frac{t-1}{1+t^2}\right)\mathrm{d}t \\ =& -\frac{6}{7}t^7 + \frac{6}{5}t^5 + \frac{3}{2}t^4 - 2t^3 - 3t^2 + 6t + 3\ln(1+t^2) - 6\arctan t + C \\ =& -\frac{6}{7}(x+1)^{\frac{7}{6}} + \frac{6}{5}(x+1)^{\frac{5}{6}} + \frac{3}{2}(x+1)^{\frac{2}{3}} - 2(x+1)^{\frac{1}{2}} - 3(x+1)^{\frac{1}{3}} \\ & + 6(x+1)^{\frac{1}{6}} + 3\ln(1+(x+1)^{\frac{1}{3}}) - 6\arctan(x+1)^{\frac{1}{6}} + C.\end{aligned}$$

我们要考虑的第二类无理函数的不定积分是如下的二项式微分式的积分:

$$I = \int x^m (a + bx^n)^p \mathrm{d}x,$$

其中 a, b 为常数, m, n, p 为有理数. 令 $x^n = t$, 则 $\mathrm{d}x = \dfrac{1}{n} t^{\frac{1}{n}-1} \mathrm{d}t$, 从而有

$$I = \int t^{\frac{m}{n}}(a+bt)^p \frac{1}{n} t^{\frac{1}{n}-1}\mathrm{d}t = \frac{1}{n}\int t^{\frac{m+1}{n}-1}(a+bt)^p \mathrm{d}t.$$

为简明起见, 令

$$q = \frac{m+1}{n} - 1,$$

则

$$I = \int x^m(a+bx^n)^p \mathrm{d}x = \frac{1}{n}\int t^q(a+bt)^p \mathrm{d}t. \qquad (6.3.1)$$

当 p 是整数而 $q = \dfrac{r}{s}(r,\ s$ 为整数) 时, 被积函数最多含有一个根式, 根式内的线性分式为 t, 因此只要作变换 $z = \sqrt[s]{t} = \sqrt[s]{x^n}$, 就可将原积分化为有理函数的积分.

当 q 为整数而 $p = \dfrac{\mu}{\lambda}(\mu,\ \lambda$ 为整数) 时, 被积函数也最多含有一个根式, 根式内的线性分式为 $a+bt$, 因此只要作变换 $z = \sqrt[\lambda]{a+bt} = \sqrt[\lambda]{a+bx^n}$, 就可将原积分化为有理函数的积分.

最后, 因为积分 (6.3.1) 还可以改写成

$$I = \int x^m(a+bx^n)^p \mathrm{d}x = \frac{1}{n}\int t^{p+q}\left(\frac{a+bt}{t}\right)^p \mathrm{d}t,$$

所以当 $p+q$ 是整数而 $p = \dfrac{\mu}{\lambda}$ ($\mu,\ \lambda$ 为整数) 时, 被积函数最多含有一个根式, 根式内的线性分式为 $\dfrac{a+bt}{t}$, 因此只要作变换 $z = \sqrt[\lambda]{\dfrac{a+bt}{t}} = \sqrt[\lambda]{\dfrac{a+bx^n}{x^n}}$, 就可将原积分化为有理函数的积分.

总之, 如果在 p, q 和 $p+q$ 之中至少有一个是整数, 则二项式微分式的积分就可以化成有理函数的积分, 从而也就可以表成初等函数.

19 世纪中叶, 切比雪夫曾经证明: 二项式微分式的积分, 除上述三种情形外, 都不能由初等函数表出. 比如, 积分

$$\int \frac{1}{\sqrt{1-x^4}} \mathrm{d}x$$

就不能用初等函数表出.

例 6.3.9 求不定积分 $I = \displaystyle\int \sqrt{x^2 + \dfrac{1}{x^2}} \mathrm{d}x\ (x > 0)$.

解 由于原积分可以写成

$$I = \int x^{-1}(1+x^4)^{\frac{1}{2}} \mathrm{d}x,$$

因此 $q = \dfrac{m+1}{n} - 1 = \dfrac{-1+1}{4} - 1 = -1$ 为整数，从而可用初等函数表出. 具体计算如下：

$$I = \frac{1}{2}\int \frac{\sqrt{1+x^4}}{x^2}\mathrm{d}(x^2) = \frac{1}{2}\int \frac{\sqrt{1+t^2}}{t}\mathrm{d}t \quad (x^2 = t > 0)$$

$$= \frac{1}{2}\int \frac{1+t^2}{t\sqrt{1+t^2}}\mathrm{d}t = \frac{1}{2}\int \frac{t\mathrm{d}t}{\sqrt{1+t^2}} + \frac{1}{2}\int \frac{\mathrm{d}t}{t^2\sqrt{1+\dfrac{1}{t^2}}}$$

$$= \frac{1}{2}\sqrt{1+t^2} - \frac{1}{2}\ln\left(\frac{1}{t} + \sqrt{1+\frac{1}{t^2}}\right) + C,$$

$$= \frac{1}{2}\sqrt{1+x^4} - \frac{1}{2}\ln\left|\frac{1+\sqrt{1+x^4}}{x^2}\right| + C.$$

习　题　六

1. 证明：若 $\displaystyle\int f(x)\mathrm{d}x = F(x) + C$，则

$$\int f(ax+b)\mathrm{d}x = \frac{1}{a}F(ax+b) + C \quad (a \neq 0).$$

2. 求下列不定积分：

(1) $\displaystyle\int (\sqrt{2x} + \sqrt[3]{3x})\mathrm{d}x$;

(2) $\displaystyle\int \left(1 + \frac{1}{x^2}\sqrt{x\sqrt{x}}\right)\mathrm{d}x$;

(3) $\displaystyle\int \left(3^{x+1} + 3^{-x} + \frac{1}{3}\mathrm{e}^x\right)\mathrm{d}x$;

(4) $\displaystyle\int \frac{2-\sin^2 x}{\cos^2 x}\mathrm{d}x$;

(5) $\displaystyle\int \left(\sqrt{\frac{1+x}{1-x}} + \sqrt{\frac{1-x}{1+x}}v\right)\mathrm{d}x$;

(6) $\displaystyle\int \frac{\cos 2x}{\cos^2 x \sin^2 x}\mathrm{d}x$;

(7) $\displaystyle\int \sqrt{1-\sin 2x}\,\mathrm{d}x$;

(8) $\displaystyle\int (x + |x|)\mathrm{d}x$;

(9) $\displaystyle\int \mathrm{sgn}(\sin x)\mathrm{d}x$;

(10) $\displaystyle\int [x]\mathrm{d}x$.

3. 用换元法求下列不定积分：

(1) $\int \dfrac{2\mathrm{d}x}{3-5x}$;

(2) $\int \dfrac{\mathrm{d}x}{\sqrt{2-x^2}}$;

(3) $\int x\sqrt[3]{1-3x}\,\mathrm{d}x$;

(4) $\int \dfrac{\mathrm{d}x}{1+\sin x}$;

(5) $\int x(1+x^2)^5\,\mathrm{d}x$;

(6) $\int \dfrac{x\mathrm{d}x}{\sqrt{1-x^2}}$;

(7) $\int \dfrac{x\mathrm{d}x}{4+x^4}$;

(8) $\int \dfrac{\mathrm{e}^x}{1+\mathrm{e}^x}\mathrm{d}x$;

(9) $\int \dfrac{\mathrm{d}x}{\sqrt{x}(1+x)}$;

(10) $\int \dfrac{\mathrm{d}x}{x\sqrt{x^2-1}}$;

(11) $\int \sin x \sin 3x\,\mathrm{d}x$;

(12) $\int \sin^2 x \cos^2 x\,\mathrm{d}x$;

(13) $\int \dfrac{\sin 2x}{\sqrt{1+\sin^2 x}}\mathrm{d}x$;

(14) $\int \dfrac{\sin x \cos x}{\sqrt{a^2\sin^2 x + b^2\cos^2 x}}\mathrm{d}x\,(a^2>b^2)$;

(15) $\int \dfrac{\sqrt{a^2-x^2}}{x}\mathrm{d}x$;

(16) $\int \dfrac{\mathrm{d}x}{x^2\sqrt{1+x^2}}$;

(17) $\int \dfrac{\mathrm{d}x}{\sqrt{(a^2+x^2)^3}}$;

(18) $\int \dfrac{x}{1+\sqrt{x}}\mathrm{d}x$;

(19) $\int \sqrt{\dfrac{2+x}{2-x}}\,\mathrm{d}x$;

(20) $\int \dfrac{\mathrm{d}x}{x\sqrt{4-x^2}}$.

4. 用分部积分法求下列不定积分：

(1) $\int \ln(1+x^2)\,\mathrm{d}x$;

(2) $\int x\mathrm{e}^{-3x}\,\mathrm{d}x$;

(3) $\int x\cos nx\,\mathrm{d}x$;

(4) $\int \arcsin x\,\mathrm{d}x$;

(5) $\int \dfrac{x}{\sin^2 x}\mathrm{d}x$;

(6) $\int \dfrac{\arctan x}{x^2(1+x^2)}\mathrm{d}x$;

(7) $\int \dfrac{e^{\arctan x}}{(1+x^2)^{3/2}} dx$;

(8) $\int \dfrac{x^2}{(1+x^2)^2} dx$;

(9) $\int \sin(\ln x) dx$;

(10) $\int e^x \cos^2 x dx$.

5. 对下列不定积分建立递推公式：

(1) $I_n = \int x^m \ln^n x dx$;

(2) $I_n = \int x^n e^{-x} dx$;

(3) $I_n = \int \dfrac{x^n}{\sqrt{1-x^2}} dx$;

(4) $I_n = \int \dfrac{dx}{x^n \sqrt{1+x^2}}$.

6. 求下列有理函数的不定积分：

(1) $\int \dfrac{2x}{(x-1)(x+1)^2} dx$;

(2) $\int \dfrac{2x^2+2x+13}{(x-2)(1+x^2)^2} dx$;

(3) $\int \dfrac{x^2-x+1}{2x+1} dx$;

(4) $\int \dfrac{3x+5}{(x^2+2x+2)^2} dx$;

(5) $\int \dfrac{x+1}{x^3+2x^2-x-2} dx$;

(6) $\int \dfrac{dx}{x(x^3+2)}$;

(7) $\int \dfrac{dx}{(x-2)^2(x+3)^3}$;

(8) $\int \dfrac{x dx}{x^3-1}$.

7. 求下列三角函数有理式的不定积分：

(1) $\int \dfrac{dx}{\sin^2 x \cos x}$;

(2) $\int \dfrac{dx}{\cos^2 x \sin x}$;

(3) $\int \dfrac{\sin 2x}{1+\cos^2 x} dx$;

(4) $\int \sin 5x \sin 3x dx$;

(5) $\int \dfrac{\sin^2 x}{1+\cos^2 x} dx$;

(6) $\int \dfrac{\sin^5 x dx}{\cos^4 x}$;

(7) $\int \dfrac{1}{1+\cos x} dx$;

(8) $\int \dfrac{1+\sin x}{1-\sin x} dx$;

(9) $\int \dfrac{\sin x}{a\sin x + b\cos x} dx$;

(10) $\int \dfrac{\sin x dx}{\sin x - \cos x + 2}$.

8. 求下列无理函数的不定积分：

(1) $\displaystyle\int \frac{\sqrt{x}}{\sqrt[4]{x^3}+1}\mathrm{d}x$;

(2) $\displaystyle\int \frac{\mathrm{d}x}{1+\sqrt{x}+\sqrt{x+1}}$;

(3) $\displaystyle\int \frac{\mathrm{d}x}{x^4\sqrt{1-x^2}}$;

(4) $\displaystyle\int \frac{\mathrm{d}x}{x\sqrt{x^2+x+1}}$;

(5) $\displaystyle\int \frac{\mathrm{d}x}{(x+1)\sqrt{x^2+4x+5}}$;

(6) $\displaystyle\int \frac{\mathrm{d}x}{x+\sqrt{x^2+x+1}}$;

(7) $\displaystyle\int \sqrt{\frac{1-x}{1+x}}\mathrm{d}x$;

(8) $\displaystyle\int \frac{\mathrm{d}x}{x\sqrt{4-x^2}}$;

(9) $\displaystyle\int \sqrt{\tan x}\,\mathrm{d}x$;

(10) $\displaystyle\int \sqrt[3]{\frac{2-x}{2+x}}\cdot\frac{\mathrm{d}x}{(2-x)^2}$.

部分习题答案与提示

第 一 章

1. $A \cup B = \{1,2,3,4,6,8,9\}, A \cap B = \{1\}, A - B = \{2,4,8\}.$
2. $A \cup B = \mathbb{N}, A \cap B = \varnothing, A - B = A, B - A = B.$
3. $(-1, 1).$
4. $[-1, 1].$
5. $\forall M > 0,$ 存在 $x \in X,$ 使得 $|x| > M.$
6. (1) $\sup E = 3, \inf E = 0;$ (2) $\sup E = 1, \inf E = 0;$
   (3) $\sup E = \sqrt{5}, \inf E = 1;$ (4) $\sup E = 1, \inf E = 0.$
7. $\forall x \in A, \forall y \in B,$ 有 $x + y \leqslant \sup A + \sup B,$ 从而 $\sup C \leqslant \sup A + \sup B.$ 反过来, $\forall \varepsilon > 0, \exists x' \in A, y' \in B,$ 使得有 $x' + y' > \sup A + \sup B - 2\varepsilon.$ 这说明 $\sup C \geqslant \sup A + \sup B - 2\varepsilon.$ 令 $\varepsilon \to 0$ 即得.
8. $[x] + [2x - 2[x]].$
9. $f(x) = \begin{cases} 10, & 0 < x < 3, \\ 2(x-3) + 10, & 3 \leqslant x < 10, \\ 3(x-10) + 24, & 10 \leqslant x. \end{cases}$
10. 假设 $|b| < 1/2,$ 比较 $f(1)$ 和 $f(-1).$
11. $0 \leqslant x \leqslant 1, 0 \leqslant y \leqslant 1/2.$
13. $f(x) = \dfrac{1}{3}(x^2 + 2x - 1).$
14. $f(x) = x^2 - 2.$
15. 从函数的上、下确界的定义出发证明.
16. 从函数的上、下确界的定义出发证明.
17. (1) $f(x) = \begin{cases} -2, & x \leqslant -1, \\ 2x, & -1 \leqslant x < 1, \\ 2, & 1 \leqslant x; \end{cases}$

(2) $f(x) = \begin{cases} 1, & x < -1/3, \\ 0, & x = -1/3, \\ -1, & -1/3 < x < 0, \\ 0, & x = 0, \\ -1, & 0 < x < 2, \\ 0, & x = 0, \\ -1, & 2 < x; \end{cases}$

(3) $f(x) = \begin{cases} 2k\pi + \dfrac{\pi}{2} - x, & 2k\pi \leqslant x \leqslant 2k\pi + \pi, \\ 2k\pi + x - \dfrac{3}{2}\pi, & 2k\pi + \pi \leqslant x \leqslant 2(k+1)\pi; \end{cases}$

(4) $f(x) = \begin{cases} x - n, & n < x < n+1, \\ 0, & x = n. \end{cases}$

18. (1) $f_1(x) = \begin{cases} \sqrt{-x}, & -1 < x \leqslant 0, \\ \sqrt{x}, & 0 < x < 1; \end{cases}$

(2) $f_2(x) = \begin{cases} -\sqrt{-x}, & -1 < x \leqslant 0, \\ \sqrt{x}, & 0 < x < 1; \end{cases}$

(3) $f_3(x) = \sqrt{x - [x]}$.

19. (1) $f^{-1}(x) = \dfrac{1-x}{1+x};$ (2) $f^{-1}(x) = \begin{cases} \dfrac{x+1}{2}, & -\infty < x \leqslant 1, \\ \sqrt{x}, & 1 < x \leqslant 100, \\ e^{\frac{x}{72}}, & 72\ln 10 < x < +\infty; \end{cases}$

(3) $-\sqrt{1-x^2}$.

20. $f(g(x)) = \begin{cases} x^2 - 2x, & x < 2, \\ x^2 - 6x + 8, & 2 \leqslant x; \end{cases}$

$g(f(x)) = \begin{cases} x^2 - 2x, & 1 - \sqrt{3} < x < 1 + \sqrt{3}, \\ 4 - x^2 + 2x, & x \leqslant 1 - \sqrt{3} \text{ 或 } x \geqslant 1 + \sqrt{3}; \end{cases}$

$$g(g(x)) = \begin{cases} x, & x \leq 2, \\ 4-x, & x > 2. \end{cases}$$

21. $\begin{cases} -2, & x \leq -\dfrac{1}{2^{n-1}}, \\ 2^n x, & -\dfrac{1}{2^{n-1}} < x < \dfrac{1}{2^{n-1}}, \\ 2, & \dfrac{1}{2^{n-1}} \leq x. \end{cases}$

22. 直接验证.   23. 用反证法.
24. $f(x)$ 的值域与它限制在 $[a, a+\sigma]$ 的值域相等.
25. 设 l 是其周期, 用特殊的 x(如 $x = -1, 0$) 的值代入推出矛盾.
26. 直接验证.
27. (1) 不唯一, $f(x) = -x$;   (2) 唯一.
28. 设 x_0 是 $f(f(x))$ 的不动点. 记 $y_0 = f(x_0)$, 则 y_0 也是 $f(f(x))$ 的不动点. 由唯一性得 $y_0 = x_0$. 另一方面, $f(x)$ 的不动点一定是 $f(f(x))$ 的不动点.
29. 由 $|x| \leq (1+x^2)/2$ 知 $f(x)$ 有上界 $1/2$.
30. (1) $\forall l > 0, \exists x' \in \mathbb{R}$, 使得有 $f(x') \neq f(x'+l)$;
    (2) $\forall M > 0, \exists x' \in (a,b)$, 使得有 $f(x') < -M$.

第 二 章

1. 以 $\mathbb{R}$ 中的整数点将其分成一列区间, 将每个区间的有理数排成一列, 然后再将所有的有理数排成一列.
2. (1) 否;   (2) 可以;   (3) 可以.
5. 不妨设 $a = 0$. 任给 $\varepsilon > 0$, 存在 $N > 0$, 当 $n > N$ 时, $|a_n| < \varepsilon$. 对 N 将分子分成两部分考虑.
8. $\exists \varepsilon_0 > 0, \forall N, \exists n_0 > N$, 使得有 $|x_{n_0}| \geq \varepsilon_0$.
9. 用反证法并利用三角恒等式与极限的性质.
10. (1) 0;   (2) $\dfrac{7}{2}$;   (3) $\dfrac{1}{2}$;   (4) 0 $(a \leq 1), a-1$ $(a > 1)$;
    (5) 0;   (6) 0;   (7) 1;   (8) $\dfrac{a-ab}{b-ab}$;   (9) 1;   (10) 0.
11. 分别讨论 $a = b$ 和 $a \neq b$ 两种情况, 并利用极限定义和定理 2.2.2 证明之.

部分习题答案与提示 277

12. (1) 当 $x \in (-1.1]$ 时, $F(x) = 1$; 当 $x \in (1, +\infty)$ 时, $F(x) = x$.
(2) 当 $x \in (-1, 1)$ 时, $G(x) = 1$; 当 $x \in [1, 2]$ 时, $G(x) = x$; 当 $|x| > 2$ 时, $G(x) = \dfrac{x^2}{2}$.

13. 1, 1, 1.   **14.** (1) 0;   (2) 2;   (3) 1.

15. 若 $\{x_n\}$ 收敛, $\{y_n\}$ 发散, 则 $\{x_n + y_n\}$ 一定发散, 而 $\{x_n y_n\}$ 不一定发散; 若 $\{x_n\}$ 和 $\{y_n\}$ 发散, 则 $\{x_n + y_n\}$ 不一定发散, $\{x_n y_n\}$ 也不一定发散; 若 $\{x_n y_n\}$ 是无穷小量, 则 $\{x_n\}, \{y_n\}$ 不一定是无穷小量.

16. 证明序列单调递增有上界, 然后利用恒等式求出极限.

17. 证明序列单调递增有上界.

18. (1) 2;   (2) 2.

19. 显然 $a_n \leqslant b_n$ 对一切 n 成立, 用数学归纳法容易证明 $\{a_n\}$ 是单调递增序列, 而 $\{b_n\}$ 是单调递减序列.

20. (1) $\dfrac{1}{e^2}$;   (2) 1;   (3) $+\infty$.

21. $\forall \varepsilon > 0, \exists N > 0$, 当 $k > N$ 时, 有 $(b_{k+1} - b_k)(A - \varepsilon) < a_{k+1} - a_k < (a + \varepsilon)(b_{k+1} - b_k)$. 分别令 $k = N+1, N+2, \cdots, n$ 代入上面不等式, 将所得不等式相加, 然后整理出所要不等式.

22. (1) 1;   (2) 2;   (3) $\dfrac{4}{3}$.

23. 用反证法并利用区间套定理.

24. 在 E 中取定一个点 a, 然后取定 E 的一个上界 b, 在 $[a, b]$ 上利用区间套定理.

25. 取一列单调递增 (或递减) 的数, 证明上 (下) 确界为这列数的聚点.

26. 是.

27. 直接对 $|x_n - x_m|$ 进行估计.

28. 存在 $\varepsilon_0 > 0$, 对 $\forall N > 0$, 存在 $n > N, m > N$, 使得有
$$|x_n - x_m| \geqslant \varepsilon_0.$$

29. 由 $\{a_n\}$ 有界, 存在子序列 $\{a_{n_k}\}$ 收敛, 令其极限为 c. 由于 c 不是 $\{a_n\}$ 的极限, 从而存在 $\varepsilon_0 > 0$, 在 $[c - \varepsilon_0, c + \varepsilon_0]$ 外, 有 $\{a_n\}$ 的无穷多项, 从而可以选出 $\{a_n\}$ 另一个收敛子列.

30. 取两个收敛子序列，使得它们的极限不同.

31. (1) $1, -1$; (2) $+\infty, -\dfrac{\sqrt{2}}{2}$; (3) $1, 0$; (4) $+\infty, 0$.

32. 利用上 (下) 极限的不等式证之.

33. 用反证法. 若 $\{x_n\}$ 不收敛, 则它必有两个子列分别收敛到上极限和下极限. 然后构造 $\{y_n\}$ 与已知等式矛盾.

34. 证明上、下极限相等.

35. 用反证法. 若 $\xi \in (\ell, L)$ 不是任意子列的极限, 则 $\exists \varepsilon_0 > 0$, 当 n 充分大时, 有 $x_n < \xi - \varepsilon_0$ 或 $x_n > \xi + \varepsilon_0$. 证明该事实与 $\lim\limits_{n \to \infty}(x_{n+1} - x_n) = 0$ 矛盾.

36. 证明上、下极限相等.

37. 证明对任意的正整数 k, $\left\{\dfrac{x_n}{n}\right\}$ 的下极限不小于 $\dfrac{x_k}{k}$.

第 三 章

3. (1) $\forall \varepsilon > 0, \exists \delta > 0$, 当 $x \in (x_0 - \delta, x_0)$ 时, 有 $|f(x) - A| < \varepsilon$;
   (2) $\forall M > 0, \exists \delta > 0$, 当 $x \in (x_0 - \delta, x_0 + \delta) \setminus \{x_0\}$ 时, 有 $f(x) < -M$;
   (3) $\forall \varepsilon > 0, \exists X > 0$, 当 $x < -X$ 时, 有 $|f(x) - l| < \varepsilon$;
   (4) $\forall M > 0, \exists X > 0$, 当 $|x| > X$ 时, 有 $f(x) < -M$.

4. (1) $\exists M > 0, \forall X > 0$, 存在 $x' > X$, 使得 $f(x') < M$;
   (2) $\forall A \in R, \exists \varepsilon_0 > 0$, 使得对 $\forall \delta > 0, \exists x' \in (a, a+\delta)$, 有 $|f(x') - A| \geqslant \varepsilon_0$.

5. (1) 用三角不等式证明; (2) 对 $A = 0$ 和 $A \neq 0$ 分别考虑.

6. (1) 2; (2) $1/2$; (3) $3/2$; (4) $1/4$;
   (5) 0; (6) 0; (7) 0; (8) $1/2$.

7. (1) 1; (2) $+\infty$.

8. (1) 2; (2) 1; (3) 1; (4) 2; (5) $\dfrac{1}{2}$; (6) $\dfrac{2}{\pi}$;
   (7) $(-1)^{m+n}\dfrac{m}{n}$; (8) 2; (9) $(-1)^{(n-1)/2} \cdot n$; (10) 0.

9. (1) e^{-4}; (2) e^{-2}; (3) $a - b$; (4) $\mathrm{e}^{-\frac{a^2}{2}}$; (5) 1; (6) e.

10. 由无界的定义找出序列.

11. 直接利用序列极限和函数极限的定义证之.

12. 用反证法.

13. 用反证法并利用序列极限与函数极限的关系.
14. 用反证法并利用序列极限与函数极限的关系.
15. 利用极限的四则运算.
16. 前者用极限定义证之, 后者不一定.
17. (1) $2k\pi - \frac{\pi}{6}, 2k\pi - \frac{5}{6}\pi, k \in \mathbb{Z}$, 跳跃;　　(2) -1, 第二类;

　　(3) -1, 第二类, 1, 跳跃;　　(4) 0, 第二类.
18. (1) $\frac{2}{3}$;　　(2) 0.　　**19.** $\alpha = 1$.
20. $f(x) + g(x)$ 一定不连续, $f(x)g(x)$ 不一定.
21. $f(x) = \begin{cases} 1, & x \in \mathbb{Q}, \\ -1, & x \in \mathbb{R}\backslash\mathbb{Q}. \end{cases}$
22. $f(x) = \begin{cases} \frac{1}{n}, & x = x_n, \\ 0, & x \in \mathbb{R}\backslash\{x_n\}. \end{cases}$
23. (1) $x = 0$ 跳跃;　　(2) $x = n, n \in \mathbb{Z}$ 跳跃;　　(3) $x = n, n \in \mathbb{Z}$ 跳跃;

　　(4) $f(x) \equiv 0$.
24. 利用第二章习题 11 的结论.
25. 利用单调序列存在极限和连续函数的性质.
26. $\sqrt[p]{a_1 \cdots a_p}$.
27. 利用连续函数的介值定理.
28. 记 $x' = \min\{x_1, x_2, \cdots, x_n\}, x'' = \max\{x_1, x_2, \cdots, x_n\}$, 在 $[x', x'']$ 上利用连续函数的介值定理.
29. 利用连续函数的介值定理和已知条件可以找到一列趋于 b 的 $\{z_n\}$, 且满足 $f(z_n) = \eta, n = 1, 2, \cdots$.
30. 对 $F(x) = f(x) - x$ 利用连续函数的介值定理.
31. 证明 $f(x)$ 在 $[a, b]$ 上不变号.
32. 用反证法并利用连续函数的介值定理推出矛盾.
33. 利用连续函数的介值定理.
34. 对 $f(0)$ 必存在 $X > 0$, 当 $|x| > X$ 时, 有 $f(x) > f(0)$. 由 $f(x) \in C[-X, X]$ 推出结论.

35. 注意 $Q(x)$ 只取 $0, 1$ 两个值.

36. 利用已知条件证明 $|f(x)|$ 的最小值为零.

37. (1) 用一致连续的定义; (2) 取 $x_n' = \sqrt{2n\pi}; x_n'' = \sqrt{2n\pi + \dfrac{\pi}{2}}(n = 1, 2, \cdots)$, 则有 $|x_n' - x_n''| \to 0 (n \to \infty)$, 但 $|\cos x_n'^2 - \cos x_n''^2| \equiv 1 (n = 1, 2, \cdots)$.

38. $\sin \dfrac{1}{x}$ 在 $x = 0$ 不右连续, 从而在 $(0, 1)$ 上不一致连续. 用一致连续定义可证它在 $[1, +\infty)$ 一致连续.

39. 设 $f(x)$ 周期为 T. $\forall \varepsilon > 0$, 由 $f(x) \in C[-T, T], \exists 0 < \delta < T$, 当 $x', x'' \in [-T, T], |x' - x''| < \delta$ 时, 有 $|f(x') - f(x'')| < \varepsilon$. 由 $f(x)$ 的周期性容易推出当 $x', x'' \in [-\infty, \infty]$ 且 $|x' - x''| < \delta$ 时, 有 $|f(x') - f(x'')| < \varepsilon$.

40. $\forall \varepsilon > 0$, 由 $\lim\limits_{x \to +\infty} f(x)$ 存在知, $\exists X > 0$, 当 $x', x'' > X$ 时有 $|f(x') - f(x'')| < \varepsilon$. 由于 $f(x)$ 在 $[a, X+1]$ 上一致连续, $\exists 0 < \delta < 1$, 当 $x', x'' \in [0, X]$ 且 $|x' - x''| < \delta$ 时, 有 $|f(x') - f(x'')| < \varepsilon$, 从而当 $x', x'' \in [0, +\infty]$ 且 $|x' - x''| < \delta$ 时, 有 $|f(x') - f(x'')| < \varepsilon$.

41. 注意到两个一致连续的函数的和函数也一致连续, 利用第 40 题的结论.

42. 不一定, 如 $f(x) = x, g(x) = \sin x$.

43. (1) $-2x^2$; (2) x; (3) $\dfrac{x}{n}$; (4) $\sqrt[8]{x}$.

44. (1) $2x^3$; (2) $\sqrt{x}$; (3) $\dfrac{10^{10}}{2x}$; (4) x^{-1}.

45. 利用 $\lim\limits_{x \to a} f_1(x) g_1(x) = \lim\limits_{x \to a} f_2(x) g_2(x) \dfrac{f_1(x) g_1(x)}{f_2(x) g_2(x)}$.

46. (1) $\dfrac{3}{4}$; (2) -1; (3) $\dfrac{a^2}{b^2}$; (4) $\dfrac{\ln 2 - \ln 3}{\ln 3 - \ln 4}$.

第 四 章

1. $f(x)$ 在 $x = 0$ 处不可导, $g(x)$ 在 $x = 0$ 处可导且 $g'(0) = 0$.

2. 利用 $f(x) = f(x_0) + f'(x_0)(x - x_0) + o(x - x_0) \ (x \to x_0)$.

3. 利用极限不等式. **4.** 利用导数的定义.

5. (1) $x = 1$ 为不可导点, $x = 2$ 和 $x = 3$ 是可导点;
(2) $x = -1$ 为不可导点, $x = 0, 1$ 为可导点.

6. $\frac{1}{2}f'(0)$.　　**7.** (1) $\frac{1}{2}$;　　(2) $\sqrt{e}$.

8. 注意到当 $x > M$ 时, $P_n(x) > P_n(M)$.　　**9.** $\varphi(a) = 0$.

10. (1) b=3;　　(2) $m = 9$ 或 $m = 1$.

11. (1) $q = \frac{p\sqrt{3p}}{3} - \left(\frac{\sqrt{3p}}{3}\right)^3$ 或 $q = -\frac{p\sqrt{3p}}{3} + \left(\frac{\sqrt{3p}}{3}\right)^3$;

(2) $\left(\frac{\sqrt{3p}}{3}\right)^3 - \frac{p\sqrt{3p}}{3} < q < \frac{p\sqrt{3p}}{3} - \left(\frac{\sqrt{3p}}{3}\right)^3$.

12. (1) $m = \frac{1}{e}$;　　(2) $0 < m < e^{-1}$.　　**13.** $(2, -1)$.

14. (1) $\frac{1}{2\sqrt{x}} - \frac{1}{x^2} - 6x^2$;　　(2) $2^x(x^2 \ln 2 + 2x)$;

(3) $\frac{2 - 2x - 3x^2}{(1 + x + x^2)^2}$;　　(4) $\frac{-2x - \sin 2x}{(x \sin x - \cos x)^2}$;

(5) $\frac{1}{3}(x^{-2/3} - x^{-4/3})$;　　(6) $\frac{-\sqrt{x} - 1/\sqrt{x}}{(1 - x)^2}$;

(7) $3x^2 \ln x + x^2 - x^{n-1}$;　　(8) $\left(1 - \frac{1}{x^2}\right) \ln x + 1 + \frac{1}{x^2}$;

(9) $\tan x \sec x$;　　(10) $-\left(\frac{\cos x}{x^5} + \frac{x^4 \sin x + 4x^3 \cos x}{x^8} \ln \frac{1}{x}\right)$.

15. $a = 2, b = -1$.

16. (1) $(3x^2 + a^2)\sqrt{a^2 - x^2} - \frac{x^2(a^2 + x^2)}{\sqrt{a^2 - x^2}}$;

(2) $\frac{2x^2}{(1 - x^3)^2}\left(\frac{1 + x^3}{1 - x^3}\right)^{-\frac{2}{3}}$;　　(3) $\frac{1}{x \ln x}$;

(4) $\frac{1}{a^2 - x^2}$;　　(5) $\frac{1}{\sqrt{a + x^2}}$;

(6) $\frac{1}{\sin x}$;　　(7) $3(\sin 3x - \cos^2 x \sin x)$;

(8) $n \sin^{n-1} x \cos nx \cos x - n \sin^n x \sin nx$;

(9) $\frac{1}{2\sqrt{x}} \sin \sqrt{x} \sin(\cos \sqrt{x})$;

(10) $\frac{\sin 2x \sin x^2 - 2x \cos x^2 \sin^2 x}{\sin^2 x^2}$;

(11) $2(e^{2x} - e^{-2x})$; (12) $-\dfrac{1}{\sin x}$.

17. 由已知条件推出 $f'(1) = f(1)f'(1)$.
18. 两曲线在 x_0 满足 $\sin ax_0 = \pm 1$ 时相切. 在这些点处两曲线具有相同的斜率.
19. (1) $x^x(\ln x + 1)$;   (2) $x^{\tan x}\left(\sec^2 x \ln x + \dfrac{\tan x}{x}\right)$;

    (3) $x^{\ln x}\dfrac{2\ln x}{x}$;   (4) $(1+x)^{\frac{1}{x}} \cdot \dfrac{\dfrac{x}{1+x} - \ln(1+x)}{x^2}$;

    (5) $x^{x^x}[x^x(\ln x+1)\ln x + x^{x-1}]$;   (6) $e^{-\frac{\sin x}{x^2}}\left(\dfrac{2\sin x - x\cos x}{x^3}\right)$.

20. (1) $-\dfrac{x}{|x|}\dfrac{1}{\sqrt{1-x^2}}$;   (2) $-\dfrac{\cos x}{|\cos x|}$;

    (3) $\arctan x$;   (4) $\dfrac{2}{1+x^2} - \dfrac{1}{2\sqrt{1-x^2}}$;

    (5) $2\dfrac{\sin x}{\cos^3 x(1+\tan^4 x)}$;   (6) $\left(\dfrac{a}{b}\right)^x\left(\dfrac{b}{x}\right)^a\left(\dfrac{x}{a}\right)^b\left(\ln x + \dfrac{b-a}{x}\right)$;

    (7) $\dfrac{1}{2x\sqrt{x-1}\arccos\dfrac{1}{\sqrt{x}}}$;   (8) $\dfrac{e^x}{\sqrt{1+e^{2x}}}$;

    (9) $\dfrac{a^2 - 2x^2}{2\sqrt{a^2-x^2}} + \dfrac{a^3}{2(a^2+x^2)}$;   (10) $\dfrac{1}{x^4+1}$.

21. 利用复合函数求导法则.
22. (1) $-\tan t$;   (2) 写出切线方程, 再求出与坐标轴的交点直接计算.
23. 写出椭圆参数方程, 再求出切线斜率 $k = -\dfrac{b}{a}$ 的参数 t.
24. 求出切线方程直接计算.
25. $\dfrac{r(\theta)}{r'(\theta)} = \tan\theta$.   26. $dr = \dfrac{xdx + ydy}{\sqrt{x^2+y^2}}$; $d\theta = \dfrac{xdy - ydx}{x^2+y^2}$.
27. (1) $\dfrac{3x^2 - y}{x - 3y^2}$;   (2) $\dfrac{x+y}{x-y}$;

    (3) $\dfrac{\cos x}{\sin 2y}$;   (4) $\dfrac{x - 2x(x^2+y^2)}{y(2x^2+2y^2+1)}$.

29. $\lambda = \pm\dfrac{ab}{2}, bx + ay - \sqrt{2}ab = 0$.

30. $\dfrac{1}{|\ln a|}$.

31. (1) $(2x + 2\sin 2x)\mathrm{d}x$;　　(2) $\mathrm{e}^{ax}(a\sin bx + b\cos bx)\mathrm{d}x$;

(3) $\dfrac{1}{\cos x}\mathrm{d}x$;　　(4) $x^{\sin x^2}\left(2x\ln x\cos x^2 + \dfrac{\sin x^2}{x}\right)\mathrm{d}x$;

(5) $\dfrac{\mathrm{e}^x}{1+\mathrm{e}^{2x}}\mathrm{d}x$;　　(6) $\dfrac{-x\mathrm{d}x}{|x|\sqrt{1-x^2}}$.

32. (1) $\dfrac{v\mathrm{d}u - u\mathrm{d}v}{u^2+v^2}$;　　(2) $\dfrac{u\mathrm{d}u + v\mathrm{d}v}{u^2+v^2}$;

(3) $\cot(u+v)(\mathrm{d}u + \mathrm{d}v)$;　　(4) $-\dfrac{u\mathrm{d}u + v\mathrm{d}v}{(u^2+v^2)^{3/2}}$.

33. (1) 1.0067;　　(2) $\dfrac{\pi}{6} - \dfrac{0.02}{\sqrt{3}} \approx 0.5121$;

(3) 1.01;　　(4) 0.06;　　(5) $\dfrac{3651}{1215}$;　　(6) $\dfrac{2651}{242}$.

34. 由已知解出 $\ell = \dfrac{g}{4\pi^2}T^2$ 可得 $\Delta\ell \approx \ell'(T)\Delta T$. 已知 $\Delta\ell = -0.01, \ell'(T)|_{T=1} = \dfrac{g}{2\pi^2}T|_{T=1} = \dfrac{g}{2\pi^2}$. 只要求出 $\Delta\ell = -0.01$ 时, ΔT 的值, 就知 T 缩短了多少. 由 $-0.01 = \dfrac{g}{2\pi^2}\Delta T$ 得出 $\Delta T = -0.0002$. 这说明把钟摆的周期为 1 s 变为 0.9998 s, 时间快了 0.0002 s. 故一天 24 小时为 86400 s 快了

$$86400 \times 0.0002 \text{ s} = 17.40 \text{ s}.$$

35. $f'(0) = f''(0) = 0, f'''(0)$ 不存在.

36. (1) $y' = \ln a, y^{(n)}(x) = 0 (n \geq 2)$;

(2) $y^{(n)} = (-1)^n n!\left[\dfrac{1}{(x-2)^{n+1}} - \dfrac{1}{(x-1)^{n+1}}\right]$;

(3) $y^{(n)} = \sum\limits_{k=0}^{n} \mathrm{C}_n^k [(1-x)^{-\frac{1}{3}}]^{(n-k)} \cdot (1+x)^{(k)}$

$= [(1-x)^{-\frac{1}{3}}]^{(n)} \cdot (1+x) + n[(1-x)^{-\frac{1}{3}}]^{(n-1)}$

$= \dfrac{1\cdot 4\cdot 7\cdots(3n-2)}{3^n}(1-x)^{-\frac{1}{3}-n}$

$\quad + n\cdot\dfrac{1\cdot 4\cdot 7\cdots(3n-5)}{3^{n-1}}(1-x)^{-\frac{1}{3}-(n-1)}$;

(4) 利用 $\sin 3x = 3\sin x - 4\sin^3 x$ 得 $\sin^3 x = \dfrac{3}{4}\sin x - \dfrac{1}{4}\sin 3x$, 所以
$$y^{(n)} = \dfrac{3}{4}\sin\left(x + \dfrac{n\pi}{2}\right) - \dfrac{3^n}{4}\sin\left(3x + \dfrac{n\pi}{2}\right);$$

(5) $y' = \sqrt{2}e^x \sin\left(x + \dfrac{\pi}{4}\right)$, 用归纳法可证 $y^{(n)} = 2^{\frac{n}{2}}e^x \sin\left(x + \dfrac{n\pi}{4}\right);$

(6) 由于 $y = \dfrac{x^n - 1 + 1}{1 - x} = -\dfrac{x^n - 1}{x - 1} - \dfrac{1}{x - 1} = -(x^{n-1} + x^{n-2} + \cdots + x + 1) - \dfrac{1}{x - 1}$, 所以
$$y^{(n)} = -\left(\dfrac{1}{x-1}\right)^{(n)} = \dfrac{(-1)^{n+1} \cdot n!}{(x-1)^{n+1}}.$$

(7) $y^{(n)} = \dfrac{1}{2} \cdot (-1)^n n!(x-1)^{-n-1} - \dfrac{1}{2}n!(x+1)^{-n-1};$

(8) $y^{(n)} = \dfrac{(-1)^n n!}{x^{n+1}}\left(\ln x - \displaystyle\sum_{k=1}^{n}\dfrac{1}{k}\right).$

39. (1) $y'' = \dfrac{1}{3}x^{-\frac{4}{3}}y^{\frac{1}{3}} + \dfrac{1}{3}x^{-\frac{2}{3}}y^{-\frac{1}{3}};$

(2) $y'' = \dfrac{2a(ay-x^2)(y^2-ax) - 2x(y^2-ax)^2 - 2y(ay-x^2)^2}{(y^2-ax)^3}.$

40. $f'(0) = f''(0) = f'''(0) = 0$; 当 $n \geqslant 4$ 时, $f^{(n)}(0)$ 不存在.

45. $(f^{-1})^{(3)}(y) = -\dfrac{f'''(x)}{[f'(x)]^4} + \dfrac{3(f''(x))^2}{[f'(x)]^5}.$

第 五 章

1. 证明在题目条件下必存在 $x_1, x_2 \in (a,b)$, 使得有 $f(x_1) = f(x_2)$.
2. 注意到 $x = a, b$ 是 $f(x), f'(x), \cdots, f^{n-1}(x)$ 的零点, 对 $f(x)$ 的各阶导数进行讨论即可.
3. $f'(x)$ 的零点满足题目结论.
4. 对 $F(x) = ax^4 + bx^3 + cx^2 - (a+b+c)x$ 应用罗尔微分中值定理.
5. 注意到 $x = 0$ 是 $L_n(x)$ 的 n 重零点, 而且 $\displaystyle\lim_{x \to +\infty}\dfrac{\mathrm{d}^k}{\mathrm{d}x^k}(x^n e^{-x}) = 0 (k = 1, 2, \cdots, n)$.
6. 注意到 $\displaystyle\lim_{x \to \pm\infty}\dfrac{\mathrm{d}^k}{\mathrm{d}x^k}(e^{-\frac{x^2}{2}}) = 0\ (k = 1, 2, \cdots, n).$

7. 利用微分中值定理.
11. 分别对 $\dfrac{f(x)}{x}, \dfrac{f(x)}{x^2}$ 和 $\dfrac{f(x)}{x^3}$ 应用柯西微分中值定理.
12. 利用达布定理.
13. 先用一次洛必达法则, 再用导数的定义.
14. 分析函数图像的几何特征可知, 存在 $a < x_1 < x_2 < b$, 满足
$$f'(x_1) > 0, \quad f'(x_2) < 0.$$
15. 求出 $\theta(x)$ 的解析式求出极限.
16. 构造辅助函数.
17. 注意到此时 ξ 可能只取特殊的值.
18. 容易找到两个趋于正无穷的序列 $\{x'_n\}, \{x''_n\}$, 使得 $\lim\limits_{n\to+\infty}(x'_n - x''_n) = 0$, 但 $\lim\limits_{n\to+\infty}(f(x'_n) - f(x''_n)) = \infty$.
19. 利用上题.
20. 注意 $F(a) = F(b) = 0$.
21. 对 $f(x)$ 和 x^2 应用柯西微分中值定理.
22. 对 $f(x)$ 和 $\ln x$ 应用柯西微分中值定理.
23. 对 $\mathrm{e}^x f(x)$ 利用拉格朗日微分中值定理.
25. (1) $-\dfrac{4}{\pi^2}$; (2) 0; (3) $\dfrac{1}{2}$; (4) 1; (5) 1;
    (6) $\dfrac{1}{2}$; (7) 0; (8) $-\dfrac{\mathrm{e}}{2}$; (9) e^{-1}; (10) 0;
    (11) 1; (12) $\dfrac{3}{2}$; (13) e^{-1}; (14) $\dfrac{3}{2}$; (15) 0;
    (16) 1; (17) 1/e.
26. 对 $\dfrac{f(x)}{x}$ 用洛必达法则.
27. 求出 θ 的解析式, 用洛必达法则求极限.
28. 求出 θ 的解析式, 用洛必达法则求极限.
29. 对 $\dfrac{\mathrm{e}^x f(x)}{\mathrm{e}^x}$ 用洛必达法则求极限.
30. 利用 $f(x^2)$ 的带佩亚诺余项的泰勒公式.
31. (1) $\cos x^2 = \sum\limits_{k=0}^{n}(-1)^k \dfrac{x^{4k}}{(2k)!} + o(x^{4n})$;

(2) $\sin^3 x = \sum_{k=1}^{n}(-1)^k \left(\frac{3}{4} - \frac{3^{2k+1}}{4}\right) \frac{x^{2k+1}}{(2k+1)!} + o(x^{2n+1})$;

(3) $\frac{1}{(1+x)^2} = \sum_{k=1}^{n+1}(-1)^{k+1}kx^{k-1} + o(x^n)$;

(4) $\frac{x^3 + 2x + 1}{x - 1} = -1 - 3x - 3x^2 - 4\sum_{k=3}^{n} x^k + o(x^n)$.

32. (1) $\frac{x}{\sin x} = 1 + \frac{x^2}{6} + \frac{7x^4}{360} + o(x^4)$;

(2) $\ln(\cos x + \sin x) = x - x^2 + \frac{2}{3}x^3 - \frac{3}{4}x^4 + o(x^4)$;

(3) $\frac{x}{2x^2 + x - 1} = -x - x^2 - 3x^3 + o(x^3)$;

(4) $\ln \frac{1+x}{1-2x} = \sum_{k=1}^{n} \frac{2^k + (-1)^{k-1}}{k} x^k + o(x^n)$;

(5) $\ln(1 + x + x^2 + x^3) = x + \frac{x^2}{2} + \frac{x^3}{3} - \frac{3}{4}x^4 + \frac{x^5}{5} + \frac{x^6}{6} + o(x^6)$;

(6) $\frac{1+x+x^2}{1-x+x^2} = 1 + 2x + 2x^2 - 2x^4 + o(x^4)$.

33. (1) $a = \frac{4}{3}, b = -\frac{1}{3}$; (2) $a = b = \frac{1}{2}$.

34. (1) 0; (2) $\frac{1}{128}$; (3) 1; (4) 1; (5) $e^{\frac{1}{3}}$; (6) $-\frac{1}{6}$.

35. (1) $f(0) = -3, f'(0) = 0, f''(0) = 9$; (2) $\frac{9}{2}$.

36. (1) $f(0) = f'(0), f''(0) = 4$; (2) e^2.

37. 用洛必达法则求 $\frac{f(x)}{x^n}$ 的极限.

38. 用 $f'(a + \theta h) = f'(a) + \theta h f''(a + \theta_1 h)$ 代入, 求出 θ 的表达式.

39. 写出 $P(x)$ 在点 a 的泰勒公式.

40. 写出 $P(x)$ 在点 a 的泰勒公式.

41. 考查首项系数.

42. 用归纳法证之.

43. 将 $f(x)$ 在 $x, x+1$ 写出泰勒公式, 然后将 $f'(x), f''(x)$ 用 $f(x), f'''(x)$ 表

部分习题答案与提示 287

示.

44. (1) 写出 $\ln(1+x)$ 的泰勒公式;
(2) 将 $k=1,2,\cdots,n$ 代入 (1) 然后相加.

45. 写出 $f(x)$ 分别在 a,b 处的泰勒公式, 然后考虑 $f\left(\dfrac{a+b}{2}\right)$.

46. 写出 $f(x)$ 在 0 处的泰勒公式, 然后考虑 $f(1),f(-1)$.

48. 证明 $f'(x)\equiv 0$.

50. (1) 当 $x=\dfrac{3}{2}$ 时, 极大值 $y=\dfrac{27}{16}$;

(2) 当 $x=-1$ 时, 极小值 $y=-1$; 当 $x=1$ 时, 极大值 $y=1$;

(3) 当 $x=1$ 时, 极小值 $y=0$; 当 $x=\mathrm{e}^2$ 时, 极大值 $y=\dfrac{4}{\mathrm{e}^2}$;

(4) 当 $x=0,\pm 1$ 时, 极小值 $y=0$; 当 $x=\pm\dfrac{\sqrt{3}}{3}$ 时, 极大值 $y=\dfrac{2\sqrt{3}}{9}$.

51. (1) 当 $x=1$ 时, 最大值 $y=2$; 当 $x=-1$ 时, 最小值 $y=-10$;

(2) 当 $x=\dfrac{\pi}{4}$ 时, 最大值 $y=1$, 无最小值;

(3) 当 $x=\mathrm{e}^{-2}$ 时, 最小值 $y=-\dfrac{2}{\mathrm{e}}$, 无最大值.

52. $p>0$ 且 $\dfrac{q^2}{4}-\dfrac{p^3}{27}<0$.   **53.** $0<m<\dfrac{1}{\mathrm{e}}$.   **54.** 考虑 $\dfrac{f(x)}{g(x)}$.

56. 考虑 $\mathrm{e}^{-x}f(x)$.   **58.** 用凸函数的定义.

62. 设 $f(x)=a_0x^4+a_1x^3+a_2x^2+a_3x+a_4$, 则 $f(x)$ 为凸函数的条件为

$$\begin{cases} a_0>0, \\ 3a_1^2-8a_1a_2\leqslant 0. \end{cases}$$

65. 写出泰勒公式对 $f'(x)$ 讨论.

67. (1) $a+b$;   (2) ab.

68. (1) $x=-1,y=x/2-1$;   (2) $x=\pm\pi$;   (3) $y=0$;   (4) $x=0,y=0$.

第 六 章

2. (1) $\dfrac{2}{3}\sqrt{2}x^{\frac{3}{2}}+\dfrac{3}{4}\sqrt[3]{3}x^{\frac{4}{3}}+C$;   (2) $x-4x^{\frac{1}{4}}+C$;

(3) $\dfrac{1}{\ln 3}(3^{x+1}-3^{-x})+\dfrac{e^x}{3}+C$;

(4) $\tan x+x+C$;

(5) $(1+v)\arcsin x+(v-1)\sqrt{1-x^2}+C$;

(6) $-(\tan x+\cot x)+C$;

(7) $(\sin x-\cos x)\operatorname{sgn}(\sin x-\cos x)+C$;

(8) $\dfrac{1}{2}(x^2+x|x|)+C$;

(9) $\begin{cases} x+C, & x\in(2k\pi,2k\pi+\pi), \\ -x+C, & x\in(2k\pi+\pi,2k\pi+2\pi); \end{cases}$

(10) $kx+C, x\in(k,k+1)$.

3. (1) $-\dfrac{2}{5}\ln|3-5x|+C$;

(2) $\arcsin\dfrac{x}{\sqrt{2}}+C$;

(3) $\dfrac{1}{21}(1-3x)^{\frac{7}{3}}-\dfrac{1}{12}(1-3x)^{\frac{4}{3}}+C$;

(4) $-\tan\left(\dfrac{\pi}{4}-\dfrac{x}{2}\right)+C$;

(5) $\dfrac{1}{12}\cdot(1+x^2)^6+C$;

(6) $-\sqrt{1-x^2}+C$;

(7) $\dfrac{1}{4}\arctan\dfrac{x^2}{2}+C$;

(8) $\ln(1+e^x)+C$;

(9) $2\arctan\sqrt{x}+C$;

(10) $\arctan(x^2-1)^{\frac{1}{2}}+C$;

(11) $\dfrac{1}{4}\sin 2x-\dfrac{1}{8}\sin 4x+C$;

(12) $\dfrac{1}{8}x-\dfrac{1}{32}\sin 4x+C$;

(13) $2\sqrt{1+\sin^2 x}+C$;

(14) $\dfrac{1}{a^2-b^2}\sqrt{(a^2-b^2)\sin^2 x+b^2}+C$;

(15) $\sqrt{a^2-x^2}-a\ln\left|\dfrac{a}{x}+\sqrt{\left(\dfrac{a}{x}\right)^2-1}\right|+C$;

(16) $\dfrac{-1}{\sin(\arctan x)}+C$;

(17) $\dfrac{x}{a^2\sqrt{x^2+a^2}}+C$;

(18) $\dfrac{2}{3}\sqrt{x^3}-\sqrt{x^2}+2\sqrt{x}-2\ln|1+\sqrt{x}|+C$;

(19) $2\arcsin\dfrac{x}{2}-\sqrt{4-x^2}+C$;

(20) $\dfrac{1}{4}\ln\dfrac{|\sqrt{4-x^2}-2|}{|\sqrt{4-x^2}+2|}+C$.

4. (1) $x\ln(1+x^2)-2x+2\arctan x+C$;

(2) $-\dfrac{1}{3}xe^{-3x}-\dfrac{1}{9}e^{-3x}+C$;

(3) $\dfrac{1}{n}x\sin nx+\dfrac{1}{n^2}\cos nx+C$;

(4) $x\arcsin x+\sqrt{1-x^2}+C$;

(5) $-x\cot x+\ln|\sin x|+C$;

(6) $-\dfrac{\arctan x}{x} - \dfrac{1}{2}(\arctan x)^2 + \dfrac{1}{2}\ln\dfrac{x^2}{1+x^2} + C$;

(7) $(1+x)\dfrac{e^{\arctan x}}{2\sqrt{1+x^2}} + C$;

(8) $\dfrac{1}{2}\left(\arctan x - \dfrac{x}{1+x^2}\right) + C$;

(9) $\dfrac{1}{2}x(\sin(\ln x) - \cos(\ln x)) + C$;

(10) $\left(\dfrac{1}{2} + \dfrac{1}{10}\cos 2x + \dfrac{1}{5}\sin 2x\right)e^x + C$.

5. (1) $I_n = \dfrac{1}{m+1}x^{m+1}\ln^n x - \dfrac{n}{m+1}I_{n-1}$;

(2) $I_n = -x^n e^{-x} + nI_{n-1}$;

(3) $I_n = -\dfrac{1}{n}x^{n-1}\sqrt{1-x^2} + \dfrac{n-1}{n}I_{n-2}$;

(4) $I_n = \dfrac{\sqrt{1+x^2}}{(1-n)x^{n-1}} - \dfrac{n-2}{n-1}I_{n-2}$.

6. (1) $\dfrac{1}{2}\ln\left|\dfrac{x-1}{x+1}\right| - \dfrac{1}{x+1} + C$;

(2) $\dfrac{1}{2}\ln\dfrac{(x-2)^2}{x^2+1} - \dfrac{3x^2+4x}{2(x^2+1)} - 4\arctan x + C$;

(3) $\dfrac{1}{4}x^2 - \dfrac{3}{4}x + \dfrac{7}{8}\ln\left|x+\dfrac{1}{2}\right| + C$;

(4) $\dfrac{2x-1}{2(x^2+2x+2)} + \arctan(x+1) + C$;

(5) $\dfrac{1}{3}\ln\left|\dfrac{x-1}{x+2}\right| + C$;   (6) $\dfrac{1}{6}\ln\left|\dfrac{x^3}{x^3+2}\right| + C$;

(7) $\dfrac{2}{625}\ln|x-2| - \dfrac{1}{125(x-2)} + \dfrac{3}{625}\ln|x+3| - \dfrac{2}{125(x+3)} - \dfrac{1}{50(x+3)^2} + C$;

(8) $\dfrac{1}{6}\ln\dfrac{(x-1)^2}{x^2+x+1} + \dfrac{1}{\sqrt{3}}\arctan\dfrac{2x+1}{\sqrt{3}} + C$.

7. (1) $-\dfrac{1}{\sin x} + \dfrac{1}{2}\ln\left|\dfrac{1+\sin x}{1-\sin x}\right| + C$;   (2) $\sec x + \ln|\csc x - \cot x| + C$;

(3) $-\ln|1+\cos^2 x| + C$;   (4) $\dfrac{1}{4}\sin 2x - \dfrac{1}{16}\sin 8x + C$;

(5) $\sqrt{2}\arctan\left(\dfrac{\sqrt{2}}{2}\tan x\right) - \arctan(\tan x) + C;$

(6) $-\cos x - 2\sec x + \dfrac{1}{3\cos^3 x} + C;$

(7) $\tan\dfrac{x}{2} + C;$　　(8) $2\sec x + 2\tan x - x + C;$

(9) $\dfrac{1}{a^2+b^2}(ax - b\ln|a\sin x + b\cos x|) + C;$

(10) $\dfrac{4}{5}\ln\left|1 + 2\tan\dfrac{x}{2}\right| - \dfrac{2}{5}\ln\sec^2\dfrac{x}{2} + \dfrac{x}{5} + C.$

8. (1) $\dfrac{4}{3}(x^{\frac{3}{4}} - \ln|1 + x^{\frac{3}{4}}|) + C;$

(2) $\sqrt{x} - \dfrac{1}{2}\ln(\sqrt{x} + \sqrt{x+1}) + \dfrac{x}{2} - \dfrac{1}{2}\sqrt{x(x+1)} + C;$

(3) $-\dfrac{1}{3}\dfrac{\sqrt{1-x^2}}{x}\left(2 + \dfrac{1}{x^2}\right) + C;$

(4) $-\ln\left|\dfrac{1 + \sqrt{1+x+x^2}}{x} + \dfrac{1}{2}\right| + C;$

(5) $-\dfrac{\sqrt{2}}{2}\ln\left|\dfrac{\sqrt{2}(x+3)}{2(x+1)} + \dfrac{\sqrt{2}}{2}\sqrt{\left(\dfrac{x+3}{x+1}\right)^2 + 1}\right| + C;$

(6) $\dfrac{1}{2}\ln\dfrac{(x + \sqrt{x^2+x+1})^4}{|2(x + \sqrt{x^2+x+1}) + 1|^3} + \dfrac{3}{4(x + \sqrt{x^2+x+1}) + 2} + C;$

(7) $\arcsin x + \mathrm{con}(\arcsin x) + C;$　　(8) $-\dfrac{1}{2}\ln\left|\dfrac{2 + \sqrt{4-x^2}}{2x}\right| + C;$

(9) $\dfrac{\sqrt{2}}{4}\ln\left|\dfrac{\tan x - \sqrt{2\tan x} + 1}{\tan x + \sqrt{2\tan x} + 1}\right| + \dfrac{\sqrt{2}}{2}\arctan\dfrac{\sqrt{2\tan x}}{1 - \tan x} + C;$

(10) $\dfrac{3}{8}\sqrt[3]{\left(\dfrac{2+x}{2-x}\right)^2} + C.$

名词索引

A

凹函数	219

B

保序性	41, 86
被积函数	242, 244
闭区间	9
闭区间套定理	56, 63, 114
伯努利 (Bernoulli) 不等式	7
不动点	28
不定积分	242
不定式	186

C

初等函数	24
垂直渐近线	226

D

戴德金分割定理	5
单侧极限	90
单调递减 (下降) 的序列	49
单调递增 (递减)	21
单调递增 (上升) 的序列	49
单调函数	21
单调上升 (下降)	21
单调收敛原理	50
单调序列	49
导函数	138
导数	134, 137
狄利克雷 (Dirichlet) 函数	13
第二换元法	246
第二类间断点	105
第一换元法	246
第一类间断点	105
定义域	11
对数求导法	150

E

二阶导数	161
二阶微分	169
二元有理函数	263

F

发散序列	31, 34
反函数	17
分部积分法	254
分划	4, 5, 7
分式线性函数	18
符号函数	13
覆盖	59
复合函数	15
负无穷大量	36, 94

G

高斯 (Gauss) 取整函数	14
孤立点	62

广义极限	37, 94	开区间	9
广义收敛	37, 50	可导	137
拐点	225	可去间断点	105

H

		可数集	62
函数	11	可微	155
函数的有界性	20	柯西微分中值定理	184
函数极限	83	柯西序列	65–68, 99
赫尔德 (Hölder) 不等式	224	柯西不等式	224

J   **L**

基本初等函数	12	拉格朗日微分中值定理	180
基本周期	22	罗尔微分中值定理	178
积分号	242	拉格朗日余项的泰勒公式	203
积分变量	242	莱布尼茨公式	164–167
集合	1	黎曼 (Riemann) 函数	14
极大值	177	连续	103
极大值点	177	连续点	103
奇函数	23	链锁法则	146
极限	31	连通集	4
极值	177, 210	零点存在定理	116

                                   M

夹逼收敛原理	45		
假分式	260	麦克劳林 (Maclaurin) 公式	198

                                   N

间断	103		
间断点	103	内函数	15
渐近线	225		

                                   O

介值定理	115		
界	20	偶函数	23

                                   Q

聚点	62		
聚点原理	62	去心邻域	10

K

开覆盖	59	确界存在定理	7

S

三角不等式	7
三角函数有理式	263
三阶导数	161
上极限	69, 103
上界	5
上确界	6
实数系	4
收敛的 (序列)	31
数列	29
双曲余切	24
双曲余弦	24
双曲正切	24
双曲正弦	24
水平渐近线	226, 227
算术–几何平均不等式	8

T

泰勒 (Taylor) 公式	197, 198
特征函数	14
跳跃间断点	105
通项	29
凸函数	219
图像	11

W

完备的空间	66
外函数	15
万能变换	263
微分	155
微分法	156
微商	157
唯一性 (收敛序列极限的)	40
无界	20
无理分划	4
无理数	4
无穷大量	37, 122
无穷区间	10
无穷小量	35, 122

X

下极限	69, 103
下界	5
下确界	6
限制	15
线性主部	155
斜渐近线	226
序列	29

Y

严格单调上升 (下降) 函数	21
压缩映照原理	67
延拓	15
一阶微分的形式不变性	158
一一对应	17
一致连续	118
因变量	11
隐函数	148
有界性 (收敛序列的)	40
有理分划	4
有理数	4
有理函数	259
有界	20

有上界	20	驻点	178
有下界	20	子集	2
有限覆盖	59	子序列	63
有限覆盖定理	59	自变量	11
右导数	140	最简真分式	260
右可导	140	最值定理	114
右极限	91	左闭右开区间	9
右连续	104	左导数	140
原函数	241	左可导	140
元素	2	左极限	91

Z

		左开右闭区间	9
真子集	2	左连续	104
真分式	259		

其他

正无穷大量	36, 94	n 阶导数	161
值域	11	n 阶微分	169
周期	22	ε 邻域	10
周期函数	22		